时间的历史映像——中国钟表史论集

郭福祥 著

故宫出版社

目录

绪论

这些年笔者参观了不少世界各地的博物馆，尤其是对各个博物馆的钟表藏品多有关注。随着参观的增多，研究的增多，对故宫博物院钟表收藏的特殊性也有了更多的理解，就越发觉得清宫钟表收藏实在是世界钟表收藏中极为特殊和重要的一部分，是值得向世界钟表研究界推荐的。十几年来，对中国钟表史和中国宫廷钟表收藏史的研习成为笔者研究工作的主要兴趣点之一，其间在各种刊物上发表了十数篇相关论文和文章，现在将其中关于中国钟表历史方面的论文按照论述内容的时间顺序系统整理出来辑录成书，竟也囊括了中国钟表史基本的和主要的方面。由于所辑论文都与中国钟表史的内容密切相关，力图通过实物、档案、文献的整理、考证、辨析，以实实在在的历史事实勾勒出中国钟表历史和中国宫廷钟表收藏的真实图景，故将本书定名为《时间的历史映像》。书中论文涉及的都是十分具体的细节，因此这里将中国钟表史和中国宫廷钟表收藏史几个通识性的问题作一些交代，权且作为本书的绪论。

一　自然时间与钟表时间

在日常生活中，每一个人都能感觉到时间的存在和流逝。那么，时间是什么？开始你或许觉得这个问题很简单，但若组织自己的语言，试图作出回答的时候，可能又会感到茫然，不知如何措辞为好。普通人如此，哲学家们也是如此。奥古斯丁〔Augustine〕就曾写道："时间究竟是什么？没有人问我，我倒清楚，有人问我，我想证明，便茫然不解了。"[1]最终他作出了这样的回答："时间存在于我们心中，别处找不到。"[2]时间是人类心灵和思想的伸展。这里我们不妨追随先哲们的脚步去浏览一下他们对时间的领会。

在西方传统中，时间一直是物理学的问题，传统意义上的时间首先就是在物理学中生长起来的，因此，它所具有的基本特征不可避免地受到"物理学"的规定。而早期的物理学所面对和讨论的就是"自然"，追问"自然"产生的根据和基始，而自然是一种现成的不以人的意志为转移的存在，且永远处于无休无止的运动之中。古代的人们就是在这种无休止的运动之中感受和领会时间的，由此获得的时间概念被称为"物理学时间"。

物理学时间也可以称为"自然"时间，因为它的基本含义来源于自然界所发生的变化：日出日落，潮退潮涌，月亮绕着地球转，地球绕着太阳转，随着季节的更替，植物和天空的颜色也发生着变化。这些变化成了测量时间及形成相应观念的基础。太阳绕着地球转，季节永远在周而复始，庄稼年复一年地被收割，这些世间最基本的具有周期性特点的运动变化，使人们意识到时间的真实存在，形成了时间是生死轮回的无尽周期这样一种观念。万事万物可以有生有灭，但时间不可能失去，因为时间进程中出现的事件将永恒地循环，变化不断地出现，运动总在继续。正如泰利斯所说："时间是最智慧的，因为它发现了一切。"也如赫拉克里特所说："时间是一个玩游戏的儿童，儿童掌握着王权。"[3]透过这些古希腊哲学家们的描述，多少可以理解他们心目中的时间概念：时间是一种现成的自在存在，它总是与运动联系在一起，并且与运动相互规定。时间就是运动和变化的主宰，时间带来了变化和运动；万物因时间的到来而产生，又随时间的流逝而消亡；时间不是人的所有物，更不能通过人的意愿和行为来塑造。

随着对时间领会的不断深入和相应科学的发展，公元前 4 世纪时，亚里士多德在其著名的《物理学》中为时间下了这样的定义："时间是计算前后出现的运动得到的所计之数。"彻底挑明了传统时间即物理学时间的本质，也

⑴ ［古罗马］奥古斯丁著，周士良译：《忏悔录》页 242，商务印书馆，1981 年。

⑵ ［古罗马］奥古斯丁著，周士良译：《忏悔录》页 247，商务印书馆，1981 年。

⑶ 转引自黄裕生：《时间与永恒——论海德格尔哲学中的时间问题》页 5，社会科学文献出版社，1997 年。

就是说，从现成的自然那里领会到的时间在本质上是一种测量的时间。测量的目的是为了调整人自身的生存活动和解释活动对时间进行定期，即是……的时候或不是……的时候，但随着测量活动越来越专意于测量本身而不在意于时间的定期，即不在意于时间的关联结构，时间便越来越显明为纯粹测量的时间。不管表象有多么复杂，归根结底，运动和变化在不断出现，测量前后出现的运动所得到的计数即时间在不断地累积，从而形成了一种抽象的线性时间流，且这种时间流是一个一面逝去一面来临的现在系列。这样，时间的定义就可以明确为：它是一个现成的现在之流，它自在地流失着，整个物理世界的生灭就受这种自在之流的时间支配。"时间的长河"的说法和"逝者如斯夫"的感叹就隐含着对这种时间流的领悟。可以说，亚氏的时间定义是对传统时间本质特征的抽象概括和总结，以后有关时间概念的讨论原则上都依附于亚氏的这一定义。

按照物理学时间的领会，一切都置于时间的支配之下，包括全能的上帝。而在基督教信仰看来，上帝则是全能的、绝对的自由意志，怎么能受时间的支配呢？物理学时间在逻辑上给基督教信仰带来了困境。奥古斯丁在信仰领域首先洞察到了时间与上帝的冲突，为了摆脱基督教信仰的这种困境，他提出了时间存在于人类的心灵中，是心灵或思想的伸展的时间概念。通过时间的心灵化，通过把时间与人的拉近来拉开时间与上帝的距离，缓解了两者间的冲突。

奥古斯丁的时间观在一千年后的康德那里得到了回应。同样，在物理学时间面前，人也是没有任何自由可言的，作为这种时间存在，人的生存没有丝毫价值。然而，在康德哲学中，人的生存世界本身恰恰就具有最高价值，具有真理性，因此，康德发现人的自由同样受到物理学时间的威胁，从而在哲学上第一次证明了时间与人的自由的矛盾。为了解决这一矛盾，康德对时间问题进行了革命性的阐发：取消了时间作为自在存在者的地位，使之成为人的内在感性形式，时间只是人的时间。尽管康德没有从根本上解决时间与自由的冲突，但他的时间观却在一定程度上启发了海德格尔。海德格尔在哲学上对时间的思考将我们对时间的认识引入了一个新的层次。

海德格尔是德国著名的哲学家，现代存在主义的创始人。在著名的《存在与时间》中，海德格尔论述了"存在"问题。他认为，哲学要真正把存在作为存在本身来思考，就必须从时间问题着手。在海德格尔看来，存在者并不是永恒的，迟早要走向死亡，走向虚无。也就是说，存在和存在者本质上是有时间性的，死亡使存在者意识到时间的存在，对死亡的恐惧和忧烦则使存在者认识到时间的有限性，因此，他要在有限的时间中规划自己，调整自己，从而不得不计算时间，以便不浪费时间。这就是人类为什么要测量时间的根本原因。要计算时间，测量时间，就必须有一个具体的我们都能感知到的参照系，太阳作为放送光明的东西，受到人类的密切关注而成为这个参照系的首选。太阳的东升西落，生成了最自然的时间尺度——日，一日之时间的内涵指的就是太阳从东方升起，在天宇中沿半圆形的路线运行，至西方落下，完成的一种空间位移。一日内时间的划分，则以太阳在这个半圆形曲线的空间位置来确定。借助于太阳及其运动位置计算时间对于相互共在于同一天空下的每个人来说，都是可行的，在这一过程中，时间即被公共化。同时，无形的时间借助有形的空间表现出来，使时间的分割成为可能，从而形成测量时间的"自然钟表"。当然，人类也可以摆脱自然钟表即摆脱直接根据天体运动解读时间的做法而利用更加直接便捷的人工钟表，只要这种人工钟表能够执行公共计时，依照自然钟表进行调整即可。事实上，古人早已这么做了，比如利用垂直插在地上的竹竿投下的影子来计算时间，这种方法被不断精确化，就是几乎所有民族都使用过的日晷。它的发展就是人类历史上发明的各种各样的计时仪器，包括钟表。而对时间显示精度的追求一直是西方钟表业最基本的目标[1]。

西方对时间的认识是这样，那么，中国古代对时间的认识和感知又是怎样的呢？

与西方传统的物理学时间概念不同，中国古代的人们是通过许多具体的情境完成对时间的感知和表述的。他们或者用太阳在天空中的位置规定白天的时间、或者用月亮和星星在夜空中的位置推测夜晚的时间、或者用他们自己亲身经历的时间段作为时间计量的尺度，于是就出现了诸如"日上三竿"、"月出一更"、"三星在隅"、"一顿饭工夫"、"一炷香的时候"、"一袋烟的工

---

[1] 以上关于西方时间哲学的内容，主要参考黄裕生：《时间与永恒——论海德格尔哲学中的时间问题》，社会科学文献出版社，1997年。

夫"、"鸡叫三遍"等表述时间点和时间段的词汇，显现出相当的模糊性。这种情况的出现与中国传统的农耕文明社会形态有着密切的关系。一般情况下，他们的生产和生活都不需要他们对时间进行细密而精确地划分，无论是吃饭、睡觉，还是农田里的活计，都可以根据个人的感觉安排，早一点或晚一点，这完全是他们自己的事情，与他者的关系不大。他们只是从每个个人的角度来看待和评判时间的价值，时间尚未充分社会化。因此，他们对时间的使用、计算、表述中表现出随意性和模糊性。缺乏精确的时间概念，由此引起他们对时间流逝和珍贵程度也比较淡漠。尽管历史和现实中不乏"一寸光阴一寸金"、"逝者如斯夫，不舍昼夜"、"百川东到海，何时复西归。少壮不努力，老大徒伤悲"等箴训，但这只是圣贤的感悟，并不是人们的普遍意识。相反，对时间精确的漠视却是普遍的，常态化的。他们对钟表精准的要求也不像西方那样迫切而持久。

如果我们将视线从哲学的思辨转移到现实的世界，就会发现东西方时间观念的差异同样会影响到他们对时间测量器具不同的态度和不同的关注视角。即使是我们现在普遍使用的钟表也体现出其间的区隔。所以，当明末清初西方的自鸣钟传入中国，如此小的人工制品居然能够自动告诉人们十分精确各个时间点的时候，对于已经习惯于模糊性计时的中国人来讲，该是多么不可思议的事情，其惊奇和心动是可想而知的。事实上，当时西方传教士们记述的钟表传入中国的情况也正是如此。这可以很好地揭示出为什么中国人从一开始就对传入的钟表抱有浓厚的兴趣，而当时的西洋传教士为什么将钟表作为进入中国和宫廷的重要敲门砖的缘由。

二　钟表与清代的时间观念

机械钟表的传入和传播是明清中西文化交流史中的重要内容之一，伴随着钟表的传播和社会生活的深刻变化，人们的时间观念和时间感知方式也在不断地发生着改变。总的趋势是由相对模糊的时间观念逐步向较为精确的时间观念发展，日常生活中对时间的确认逐渐从对自然现象的观察转向对钟表时间的依赖，计时方法从以中国时制为主逐渐演变为与中西时制并用，到最终为西方时制所取代。钟表在社会生活中的作用越来越突出地显示出来。当然，这种变化只是在西方文化与中国文化相互接触甚至是剧烈冲突的区域，尤其是在文化相对发达的都市和沿海口岸为中心的辐射区域才能明显地感觉到，但不断扩散，影响渐广。

清代时间观念的变化首先反映在历法推算领域，是汤若望〔Johann Adam Schall von Bell〕与杨光先的中西历法之争中的焦点之一。康熙四年〔1665 年〕三月，"江南徽州府新安卫官生杨光先叩阍，进所著《摘谬论》一篇，摘汤若望新法十谬……所摘十谬，杨光先、汤若望各言己是，历法深奥，难以分别。但历代旧法，每日十二时，分一百刻，新法改为九十六刻"[1]。从而掀起康熙初年著名而且影响深远的中西历法之争。其中杨光先攻击汤若望的重要一点就是在新法历书中使用九十六刻计时法，而非中国传统的一日百刻制。经过四年的反复较量，康熙八年二月初七日"议政王等遵旨会议：前命大臣二十员，赴观象台测验。南怀仁所言逐款皆符，吴明烜所言逐款皆错。传问监正马祜、监副宜塔喇、胡振钺、李光显，亦言南怀仁历皆合天象。窃思百刻历日，虽历代行之已久，但南怀仁推算九十六刻之法，既合天象，自康熙九年始应将九十六刻历日推行……杨光先职司监正，历日差错，不能修理，左袒吴明烜，妄以九十六刻推算乃西洋之法，必不可用，应革职，交刑部从重议罪。得旨，杨光先著革职，从宽免交刑部。余依议"[2]。九十六刻之法不但与天象相合，也与西洋钟表的计时法是一致的，西方九十六刻之法在中国获得官方认可，这是计时制度史上十分重要的事件，也为西方钟表更广泛的传播奠定了基础。

由于钟表所具有的使用方便、报时直观、造型新颖等特点，越来越多的人将钟表作为主要的计时工具，尤其是在那些能够获得较多钟表的特殊阶层中，逐渐摆脱以往传统的计时方式，对钟表产生了越来越多的依赖。其中最典型的莫过于乾隆时期著名学者赵翼记述的朝臣因钟表而延误朝会的例子。"自鸣钟、时辰表，皆来自西洋。钟能按时自鸣，表则有针随晷刻指十二时，皆绝技也。……钟表亦须常修理，否则其中金线或有缓急，辄少差。故朝臣之有钟表者，转误期会，而不误者皆无钟表也。傅文忠公〔恒〕家所在有钟

⑴《清圣祖实录》卷一四，康熙四年三月壬寅。

⑵《清圣祖实录》卷二八，康熙八年二月庚午。

表，甚至仆从无不各悬一表于身，可互相印证，宜其不爽矣！一日御门之期，公表尚未及时刻，方从容入值，而上已久坐，乃惶恐无地，叩首阶陛，惊惧不安者累日"[1]。这里的傅恒是乾隆皇帝孝贤皇后的弟弟，乾隆朝举足轻重的人物。年未而立即位登首辅，二十余年中，出将入相，活跃在乾隆朝政治和军事舞台，在推动乾隆盛世形成的过程中，贡献甚巨，乾隆帝对其评价之高，恩宠之异，罕有人及。傅恒在乾隆时期不但位高权重，而且传其"颇好奢靡，衣冠器具皆尚华美"，生活的奢侈为人共知。从上述记载其府内"仆从无不各悬一表于身"中可见一斑。钟表在傅恒府中与当时的皇宫一样无所不在，而且是真正的用来校准时刻，成为不可或缺的东西。不但仆从之间相互用钟表校准时刻，就连傅恒上朝也更多地依据钟表所显示的时间，以至于出现了因钟表迟慢而导致误了早朝时刻的情况。如果将此与同是乾隆宠臣的于敏中将表置于砚侧，看着表针起草奏章[2]的记载联系在一起进行思考，就不难看出当时对钟表过分依赖的具体情况。钟表的出现和普及无形中在改变着人们对时间的感知，过去那种在时间面前人占有绝对支配权的情况悄然变化，而钟表对人们的控制似乎越来越明显和强化。

中国清代时间观念的巨大转变是与近代中国社会的深刻变革紧密联系在一起的，尤其是鸦片战争以后，中国传统的社会结构和国际关系模式被打破，西方的时间观念强烈冲击着中国固有的传统的时间观念和意识。从 19 世纪中叶到 20 世纪初这半个世纪，成为中国时间观念和意识变革最为剧烈的时期，即西方的时间观念逐渐占据上风，成为主导人们时间意识的主流。这种西方时间观念对中国传统时间的冲击和影响主要体现在以下几个方面：

1. 西方公元纪年法的引入

在中国传统中，史书的编纂均采用中国式纪年，即王朝年号加天干地支纪年法。这种王朝纪年法在古代中国具有极强的政治性，是一种政治权力关系的表达。一方面这种纪年将中国视为一个受到内部因素驱动的独立区域，基本忽略了发生在同一时间的外部世界的事件，是以中国为中心而忽略外部世界的史观体现，也是中国传统的天朝上国理念和华夏中心意识的反映，时

---

[1] 〔清〕赵翼：《檐曝杂记》卷二，中华书局，1982 年。

[2] 〔清〕沈初：《西清笔记》卷二，载《笔记小说大观》第 24 册，广陵古籍刻印社，1983 年。

间的流逝与王朝更迭息息相关；另一方面这种纪年方式还牵涉到奉谁之正朔的问题，代表着史家的政治立场，也是正统观念的具体体现。这种纪年一直作为中国史书中历史时间的记述传统而得到遵循。然而，随着近代西方文化的强力冲击，代表西方时间观念的公元纪年法出现在历史著作中。根据邹振环的研究，早在 1856 年出版的慕维廉〔William Muirhead〕翻译的《大英国志》中就采用西历纪年描述英国的历史脉络，而 1874 年刊行的《四裔编年表》中则采用中西历对照的方式介绍西方历史，反映出当时史学领域中西时间观念的交融。可以说，"到了清末，中国经历了一个时间意识的重要转变，基督教纪年法作为一种世界时间观念已得到了学界的普遍接受。"这种时间观念的交融，让中国人调整了基本的时间坐标，将中国纳入到整个世界体系当中，中国成为世界的一部分[1]。

2. 大型钟楼的建造执行着公共时间传递的任务

从 19 世纪中叶开始，西方势力对我国的侵入日深，影响渐广，尤其是在沿海和通商口岸的城市中西方的物质文明和思想文化逐渐流行起来，对中国传统生活方式和文化观念的改变起到了催化剂的作用。其中钟表的广泛普及和公共建筑上大型钟楼的建造对人们的时间感知和时间观念影响深远。以上海为例，早在 1865 年建成的法租界工部局主楼上即安装有大型自鸣钟〔图 1〕，时人记载："钟设法工部局，离地八九丈，高出楼顶，势若孤峰。四面置针盘一，报时报刻，远近咸闻。"[2] 而另一座与之齐名的大型塔钟则是建于 1893 年的江海北关钟楼〔图 2〕。"江海北关设在沪北英租界黄浦滩上，规模宏敞，轮奂聿新。近日新造钟塔一座，屹立中央，高耸霄汉，并向外洋购运大钟安设其上。此钟每开一次，可走八日。计大小钟共有五架，权之约重五千八百八十斤。报时者最大，其声甚洪，与工部局之警钟不相上下"[3]。此外，在 19 世纪末上海还建有多座大型公共塔钟，如徐家汇、虹口天主堂、学堂、跑马厅等〔图 3〕。这些大型公共塔钟都是英国、美国、德国等国家制造的以重锤为动力的机械钟，造价昂贵。它们的建造正是当时城市公众生活对统一

[1] 邹振环：《西方传教士与晚清西史东渐》页 160 ~ 171，上海古籍出版社，2007 年。

[2] 〔清〕葛元煦：《沪游杂记》卷一"大自鸣钟"，上海书店出版社，2006 年。

[3] 《点石斋画报·巨钟新制》。

大自鳴鐘

西人之工於制作愈出愈奇愈
工愈巧誠有焉衆妙畢臻衆
界製有大自鳴鐘一具高逾數丈聲
閭里許一其不謂通於上海法租
聞夫不謂更有進於此者英國來信云
英京有西貢愿摩教者殫心竭力以備
士克打城製成大自鳴鐘一座之通小
雪聲聲歷歷務每一寓富報時報
劃擊大而宏難在百里之遠必
能聽得鐘內置有電機如
在夜間則每一點鐘放電
光一次以致中備遠
齊可一日瞭然聞英
國徒來再製之鐘
當以此為巨擘云

[图1] 大自鸣钟
〔采自《吴友如画宝》〕

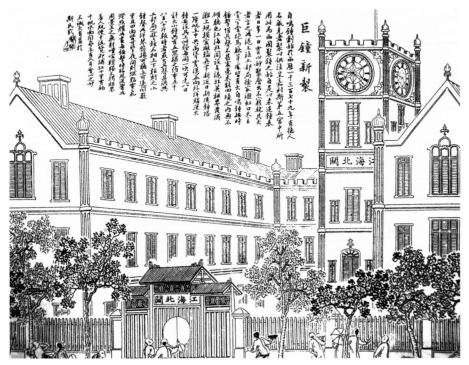

巨鐘新製

自鳴鐘創始於西歷二千三百二十九年有張人
名威首畫創供法旦嘉利斯第五宮十所
用以為西國製鐘之始以來遠鐘來
者日一日雲以妙製舉以志彰究其大
昔之一為滬上江海北口之小
富之堂勘虹口矣馬為塔時
傾麾如江海北關汊吳淞北海租界黃浦
滬上規模恢闊與今新近日新造特設
一座凡十二時復聲闇嚮一吹三五日
計水小鐘之聲自黑疎約四五日
一人予所轄時西畫昔意義之遠邇深
里且四面時刻毫無俾燈辨上電氣如
燈影響鐘壯鐵衷亦昭澄與互電氣如
十帆水南關多春有會必可
斯成氏劉嗣
不威自奮

[图2] 巨钟新制
〔采自《点石斋画报》〕

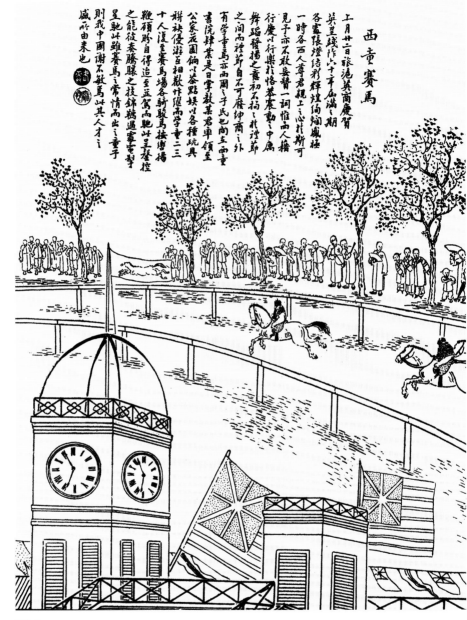

西童赛马

上月廿二日张沪英商庆贺英皇踐祚六十年瓜满之期各處張燈結彩輝煌絢爛臧極一時各西人尊君親上心忻斯可見于慶以行樂扑恪蒸震動之中庭舞踴頌揚之意初不彻于札祥節之间而神斯自不可麾仲商之外百有学音马亦西闹之子民也主雲書院肆業是日常教其君率领之能彼秦腾骥之技錦鞠過審电彩聯袂優遊互相散扑荼點娛以各種玩具十人復各骥马場各駿马挨學提鞭頗畊自得追至正駕内馳扑呈聲控則我中國雖賽馬之常情而出之童乎盛所由来也

〔图 3〕 西童赛马
〔采自《点石斋画报》〕

时间需求的反映，正如乾隆时期的交泰殿大自鸣钟是宫廷中的标准计时器一样，这些大型公共塔钟也是当时上海地区的标准钟，承担起了传递公共时间的任务。晚清人所著的《申江杂咏》中"大自鸣钟莫与京，半空罍刻示分明。

到来争对腰间表，不觉人歌缓缓行"⁽¹⁾的诗句正是当时人们以法工部局大自鸣钟校准自己所佩带怀表时间的形象反映。而江海关大自鸣钟则"报刻之小钟声如洋琴，悠扬可听，亦可远闻数里。且四面皆可望，夜间则燃点电气灯，照耀如昼。每锤击时，临风送响，如周景王之无射，噌吰鞳鞳，不独租界居人既便于浏览，即浦江十里，贾舶千帆，水面闻声，亦有入耳会心之妙，不诚大有益于斯民哉"⁽²⁾。这些大型公共塔钟在统一区域内人们的时间，促使时间公共化过程中起到了重要作用。

3. 日常生活中时间的划分渐趋精密，时、分的时间单位被普遍接受

时间观念的变动受各种因素影响，既有来自于西方思想文化在观念层面的冲击，还有来自于生活层面物质因素的影响。而物质生活发展所带来的时间观念的变化莫过于新式公共交通工具和工业化生产方式的发展。正如丁贤勇的研究所揭示的那样，近代新式交通工具的发展使人们开始确立科学的时间观念，标准时间开始取代地方性时间，新式交通还改变了人们生活中的时间节奏以及对时间感知的形式，对于人们接受近代新的观念都产生了影响⁽³⁾。那些作为工业文明成果的新式交通如轮船、火车、汽车等都需要按精确时刻运行，便捷、高速则带来了将时间划分为更精细的时段的要求，分钟观念走进人们的生活，而钟表的普及则提供了这种可能性。从现在的资料来看，19世纪末20世纪初，小时、分钟已经成为人们日常生活中挂在嘴边的时间表达词汇，在李宝嘉的《官场现形记》中具体到小时、分钟的时间描写比比皆是，如"当下一个人，也不进上房，仍走到小客厅里，背着手，低着头，踱来踱去。有时也在炕上躺躺，椅子上坐坐，总躺不到、坐不到三分钟的时候，又爬起来，在地下打圈子了"⁽⁴⁾。"现在是五点钟，州里大老爷吃点心，六点钟看公事，七点钟坐堂。大约这几位老爷八点钟可以出城"⁽⁵⁾。而在1884年创刊的《点石斋画报》和宣统元年〔1909年〕创刊的北京《醒世画报》中，具体到"某时"成为常见的讲述时态，如"初五日下午三点钟"、"上礼拜六夜

⑴ 〔清〕葛元煦：《沪游杂记》卷三 "申江杂咏·大自鸣钟"，上海书店出版社，2006年。

⑵ 《点石斋画报·巨钟新制》。

⑶ 丁贤勇：《新式交通与生活中的时间——以近代江南为例》，《史林》2005年第4期。

⑷ 〔清〕李宝嘉：《官场现形记》第三回，三秦出版社，2006年。

⑸ 〔清〕李宝嘉：《官场现形记》第四十五回，三秦出版社，2006年。

［图4］妓女可恶
〔采自北京《醒世画报》〕

十二点钟"、"初四日四点一刻"[1]等〔图4〕,时刻的讲述与过去相比已经十分清晰、准确。时、分的概念进入人们的生活,成为日常生活中的重要内容。时间观念和时间意识的不断强化反映出中国近代社会的巨大变迁。

上述时间观念的变化,是与钟表的逐步推广和普及密切相关的。无论是18世纪乾隆时期社会顶层日常生活中对钟表的依赖,还是19世纪中叶以后时段划分中时、分渐成主流,如果没有钟表的广泛持有,上述时间意识和时间感知方式的改变几乎是不可能的。

三 中国三百年钟表制作和收藏史概观

从16世纪80年代西方钟表自南部沿海传入内地开启中国钟表收藏和制作的历史,到1911年清朝结束,期间经历了三百多年的历程。在这三百多年中,中国钟表史以其独特的历史面貌,构成了世界钟表发展史的重要组成部分。综观自西洋钟表传入以来的中国钟表史,可以从下面几个层面对其进行整体的认识和观察。

1. 逐步形成了三个中心区域

在这三百年中,就钟表制作而言,逐步形成了三个中心区域,即以清宫

---

[1]〔清〕张风纲编,李菊侪、胡竹溪绘:《醒世画报》页89、页101、页104,中国文联出版社,2003年。

造办处为主的北京区域、以广州为中心的岭南区域和以南京、苏州、上海等地为中心的长江三角洲区域。这三个区域各具特色。其中造办处主要是为宫廷服务，从顺治朝〔1644～1661年〕开始钟表制作，集中了当时最优秀的工匠，技术力量雄厚，加之皇帝的参与，其产品都经过严格的设计、制作、验收程序，专门定制，不惜工本，具有富丽堂皇的皇家气派。以广州为中心的岭南地区则具有浓郁的中西结合的特点。广州作为中西文化交流的前沿，是中国最早接触自鸣钟，也是最早制作自鸣钟的地区，其产品与宫廷关系密切，普通的产品在民间销售，精品都进入宫廷，具有半官方半民间的性质。外来技术与本地工艺完美结合并相互促进，使其产品颇为绚丽精致。而长江三角洲地区虽然也很早就有自鸣钟的制作，但一直没有规模化生产，直到嘉庆时期〔1796～1820年〕才形成自己独立的系统，其产品主要以插屏钟为主，绝大多数销售当地，与精巧典雅的江南文化的特质相得益彰。以上三个钟表制作中心区域都连接着各自不同的市场和消费群体，在不同的文化类型中生成和积淀，形成了不同于其他地区的具有独特风格的产品，丰富而多彩，成为中国钟表发展史的一条主线。

2. 模仿一直是中国钟表制造技术的主流

在这三百年中，就钟表技术而言，模仿一直是中国钟表制造的主流。中国人对钟表的兴趣是众所周知的，由感兴趣进而进行仿制亦为自然之举。但是，比较遗憾的是，中国的钟表制造竟一直以模仿为主，对技术创新缺乏兴趣和动力。综观三百年的钟表制造，中国在钟表方面能够为人称道的发明竟只有造办处更钟的设计这区区一项而已。中国的钟表匠们的任务更多的是潜心于制作出和西洋钟一模一样的作品，至于其所制作的钟表要多么高的精确度，似乎从来不是他们着重考虑的问题，这种状况直到19世纪后期仍未改变。根据《纽约时报》1875年的观察："清国人非常喜欢西方的钟表，他们尤其喜欢察看这些钟表的内部结构。不过，虽然在有些地方清国人能非常灵巧地模仿许多欧洲器械，但我们并不认为他们已经在钟表的制造上取得了成功，我们对此十分肯定，决不含糊。在我们居住过的大清国许多地方，在好几年的时间里，我们从未见过哪怕是一块钟表的样本，虽然我们经常看到清国人很能修理这些外国钟表。当地人确认时间的主要方法还是漏壶、熏香或日晷。"[1] 这样的观察和中国三百年的钟表技术状况是十分符合的。

3. 钟表技术本身和与钟表相关的技术的发展也存在不平衡

这三百年中，一方面，与中国人的喜好有关，尽管钟表技术多仿自西方，但是与钟表制作密切相关的机械玩偶和变动机械水平却得到发展，甚至达到极致。比如经过清宫钟表匠师改造的写字人钟能使用中国传统的毛笔写出"八方向化、九土来王"八个字，笔画的表现精准到位，令人叹为观止；另一方面，中国钟表制作绝大部分都集中于钟的制作，而表的制作一直处于比较低的水平，难以生产出令人满意的作品。迄今为止，我们见到的中国的钟表几乎都是钟，怀表寥寥无几，可见，怀表的制作似乎一直是中国钟表匠师没有解决的问题。

4. 中国是世界上重要的钟表市场

在这三百年中，就钟表交易而言，西洋钟表一直是中国人极力搜罗的对象，中国作为世界上重要的钟表市场备受关注。从钟表传入中国始，就预示着中国会成为世界上十分重要的钟表市场。中国的地域相当于整个欧洲，但人口却远远多于欧洲，而且中国人对钟表又一直抱有极大的兴趣，因此这个市场便逐渐引起西方钟表业的注意，其结果便是适应中国市场的钟表的出现。说到中国市场钟表〔图5〕，可以追溯到18世纪的乾隆时期。那时英国东印度公司占据着欧洲与中国贸易的主动权，当时欧洲各国的钟表多是通过英国的中转输出到中国。从现存清宫的钟表中可以看出，那时欧洲尤其是英国的钟表制造商对中国的品位和喜好是进行过一番研究的，在具体的钟表作品上有所反映，与同时期销往欧洲本地的钟表有很大不同，可以称之为早期的中国市场钟表。到了19世纪，以瑞士为主力，中国市场表的制作风头更盛，此时出现了一个有趣的现象，许多瑞士表的制作者都在表上标注出中文商标，如"播喊"、"有喊"、"利喊"、"怡嘷"、"余喊"等，统计所得大约有三十多种，欧洲的品牌居然使用中文标识，这完全是由市场因素决定的，中国市场的重要性可想而知〔图6〕。

---

[1] 郑曦原编：《帝国的回忆：纽约时报晚清观察记》页88，三联书店，2001年。

[图5] 铜镀金方花盆式表
英国伦敦 18世纪
通高80厘米 底39厘米见方
[故宫博物院藏]

［图 6］铜镀金嵌珐琅怀表
瑞士制造　19 世纪
直径 5.9 厘米
〔故宫博物院藏〕

四　多种面相、多重价值

综观清代各个阶层的钟表收藏，清宫的钟表收藏无疑是最为引人注目的部分，无论从哪个方面讲，它们都引领着潮流，起到风向标的作用。现在我们再次将视角移回到清宫的钟表收藏，这牵涉到对清宫钟表收藏的总体定位和评价问题。对于清宫所藏的钟表，人们过去往往只从实用的计时功能或者表面的绚丽堂皇等方面进行研究和描述，并过分强调其华丽的装饰背后所隐含着的对科技的淡漠和另类取向。这当然不错，但并不全面。从前面的讨论可以看出，中国的钟表史呈现出十分复杂的面目，不同的场合会以不同的面目出现，就看我们在什么范围内从什么角度去观察。

1. 钟表是实用方便的计时器具

钟表最早令中国人惊异之处即在于它能够按时报响告诉时刻，那时中国民间还处于用传统的自然现象观测时间的阶段。钟表的计时功能通过这样一种奇妙的方式体现出来，这是中国人对钟表发生兴趣的原点。自此以后，钟表成为越来越重要的计时器具，在人们的生活中对规划时间所起的作用也越来越明显。康熙皇帝在清晨用钟表验定时刻，处理政务。乾隆时期的大臣于敏中看着钟表起草奏章，而傅恒家中钟表的使用更是无所不在，无论主仆，腰间各悬钟表，以便于对时。而到了晚清，不但大型公共塔钟出现，就是在一家一户中钟表也得到了很大的普及，依靠钟表，对时间的划分渐趋精密。说明钟表作为基本的计时器，其计时功能随着时间的推移和社会的发展越来越得到强化。

2. 钟表是重要的室内陈设品

大量的清宫档案表明在皇家宫苑之内钟表成为室内陈设的重要组成部分。随着宫廷钟表收藏数量的增加，其在宫室内的使用也大大超出钟表计时的范畴，清宫陈设档案提供了诸多钟表用于陈设的范例。如果仅仅是为了计时，一般房间中一座钟表足矣，然而实际的情况是在某些室内陈设的钟表往往不止一件，我们现在见到的陈设较多的一间房间钟表数竟达 16 件之多，陈设的地方包括地面、墙壁、床上、窗台等，陈设的方式与其他种类的艺术品一样，充分展示出钟表精美典雅可供欣赏的另一面。

3. 钟表是奢侈品的代表

回顾钟表发展的历史，不可否认钟表往往是和奢侈二字联系在一起的。由于早期钟表的产量不多，完全是手工制造，高昂的价格非一般人所能消费得起。根据传教士的记录，能奏乐的自鸣钟在广州的售价高达 3000 到 5000 金币，价格之高让人瞠目结舌，即使是小表也都是几十两银子一个。数量少，价格高，品质高者更少，从而激发起人们占有和收藏的欲望。乾隆时期，精美的怀表作为珍宝的一部分经常收藏于专门存放珍奇物品的百宝箱中，从奢侈品的角度看是完全可以理解的。

4. 钟表是文化交流的媒介和载体

钟表在中西文化交流过程中沟通人与人之间关系方面所起的重要媒介作用是显而易见的，毋庸多言。同时作为中西方文化之间交汇与融合的物质成果，不同文化的元素在留存下来的钟表中同样都有很明显的体现。与世界上其他收藏相比，清宫收藏的钟表在展现东西方两个不同的世界间相互碰撞和交流的关系方面显然更为突出，是研究文化交流十分难得的实物资料。

5. 钟表在清代扮演了多重的文化角色，呈现出不同的面相

钟表所蕴含的价值是值得充分发掘的。笔者以为，以清宫所藏为代表的钟表至少有以下几方面的价值值得关注：

首先是其机械和科技价值。钟表制作技术的不断完善从来都不是孤立进行的，需要天文、机械、物理、金属冶炼等多种学科的发明成果作为知识保障和技术支持，摆、发条、游丝、各种擒纵器的发明使钟表越来越精确。同时，对计时精度的更高要求也不断地促使制作者改进金工技术和车床，寻找更优质的材料，这对其他制造业的发展具有十分重要的影响。可以说，钟表打破了各种知识、智慧和技术之间的无形障碍，成为名副其实的"机器之母"。明清宫廷中的钟表正是人类钟表史上巅峰时期的辉煌之作，通过这些钟表，我们可以了解当时钟表制作及其相关领域的发展水平。尤其是熟练掌握制钟技术的西洋传教士的东来，使中国制作的钟表和机械玩偶在很短的时间内便与西方并驾齐驱，且有所发明，其中更钟的设计和研制成功便是一个很好的例子，尽管像这样的发明并不是很多〔图 7〕。可以这样说，在明清两代皇宫所收藏的科学仪器中，钟表是科技含量相当高的一个门类。

其次是其工艺美术价值。故宫所藏钟表大多设计独特，造型别致，制作一丝不苟，精益求精，往往集雕刻、镶嵌等多种工艺于一身，具有相当高的工艺水平，显示出不同国家、不同地区、不同时期鲜明的风格特点。有的甚至可以填补相关领域研究的空白。比如故宫博物院收藏有英国 18 世纪著名钟表匠詹姆斯·考克斯〔James Cox〕制作的几十件钟表，这在国内外都是罕见的，这些钟表有的完全是西方风格，有的则融合了东方文化的特质，反映出当时西方钟表业对中国需求和审美的迎合，是研究其人其作的最具权威的第一手资料〔图 8〕。再比如在清代广州盛行一时的透明珐琅，色彩艳丽，制作精细，是广州工匠效法西洋技术，并结合我国民族艺术特色创制的一种工艺，曾大量在广州制造的钟表上运用。然而这种独具特色的工艺品种的历史现在却变得相当模糊，在广州既找不到作坊的遗迹，相关的文献亦记载寥寥。而故宫博物院所藏的清代广州钟表上却留下了大量的成品，为广珐琅的研究提供了最多最集中的样本〔图 9〕。应该说，故宫博物院所藏的钟表是研究明清中国工艺美术和西方造型艺术的重要资料。

再次是其社会文化价值。钟表自传入中国始就扮演了一种非同寻常的角

〔图 7〕 紫檀楼式时刻更钟

清宫造办处　清乾隆

通高 100 厘米　宽 51 厘米　厚 41 厘米

〔故宫博物院藏〕

[图8] 铜镀金长方形山石座犀牛驮塔式转花钟
英国伦敦　18世纪
通高78厘米　宽38厘米　厚25厘米
〔故宫博物院藏〕

[图9] 铜镀金珐琅瓶式开花变字转花钟

广州制造　清乾隆
通高 83 厘米　宽 30 厘米　厚 22 厘米
[故宫博物院藏]

色，成为东西方之间相互了解的媒介、交往的工具。从早期传教士带给中国人的惊奇到赢得中国人的认同，从在中国内地取得居留权到打开中国皇宫的大门，从私人交际携带的礼物到国家使团送给皇帝的珍贵礼品，从皇室用品的采办到中西间的贸易活动，其间都能看到钟表的影子，钟表在中国传播和被认知接受的速度是其他任何西方物品无法比拟的。钟表的输入不但改变了中国传统的计时方法，过去广泛使用的日晷、刻漏逐渐被更为简便易用美观精巧的钟表所取代，更为重要的是对中国人的时间观念产生了不小的影响。钟表已经不单单是实用的计时工具，更是文化交流和传播的使者，其光彩夺目的表象背后隐含着更深层次的文化内涵，这是值得我们特别关注的。

五　关于本书

最近十年来，故宫博物院在钟表方面与国际同行的交流日益频繁，其中包括与大英博物馆的钟表修复交流、与荷兰国家音乐博物馆的钟表修复及展览合作等。作为这些交流活动的直接参与者，笔者在对自己获得诸多良好机遇深感庆幸的同时，也对故宫博物院得天独厚的优越条件心存感念。这些交流使自己的视野不断开阔，对世界其他地区钟表史有了比较深入的了解。在交流过程中，每当引领着各国同行参观故宫钟表收藏的时候，他们惊异而好奇的眼神每每给我留下十分强烈的印象。实际上，西方钟表界对中国钟表历史的了解是相当缺乏的，相关的知识显得零散而不成系统，这与其对西方钟表史研究的深度形成鲜明的对照。中国和西方必须打破各说各话的局面，在沟通和交流中使真实的世界钟表文化历史图景在统一的格局中得到认知和展现。而要补足中国钟表史这一缺环，故宫博物院无疑占有绝对的优势。故宫博物院的钟表收藏直接源自清宫，数量庞大，序列完整，而且又有中国第一历史档案馆庋藏的大量清宫档案可以依托，如果将这些实物资料和档案文献结合起来，还原明末以来中国钟表史的真实面目，虽不能窥其全豹亦不远矣！正是在这样一种想法的驱使下，不断找寻相关史料，结合实物资料进行研究，并促使自己将对中国钟表史和宫廷钟表收藏的研究心得发表出来，逐渐形成了比较完整的序列。本书就是笔者多年来对中国钟表史和宫廷钟表收藏史学习和探索的成果。

本书收入笔者关于钟表史的 13 篇论文,包括三个方面的内容。前 6 篇基本上以朝代分期为界,分别论述我国古代水力机械钟表的发展历程,明末西方钟表传入中国的历程和当时各地对自鸣钟的仿制情况,中国宫廷钟表收藏的兴起,清代康熙、雍正、乾隆时期以及晚清钟表历史的情况,基本囊括了中国钟表史自明末至清末 300 多年的历史面貌。第 7 篇至第 11 篇是以清宫钟表收藏为主要对象进行的专题研究。包括对清代顺治至嘉庆 150 多年间服务于中国宫廷的 15 位西洋钟表匠师、清代中俄两国交往过程中钟表赠与和贸易等,清代宫廷中钟表的使用如陈设、随侍和赏赐等,清宫太阳系仪及英使马嘎尔尼进贡的钟表的辨析,清宫旧藏的以钟表为题材的装饰纹样在绘画、家具、瓷器、玉器、珐琅器以及室内装修等文物上的表现等诸问题专门予以探讨,以便于对清宫钟表收藏全面了解和深入认识。最后两篇则是针对清代重要的钟表产地苏州地方的钟表史所作的讨论,通过对实物、档案、私人笔记等基本材料的梳理,修正以往学界对苏州钟表的错误认识,以还原苏州钟表历史的本来面目。

由于实物庋藏和文献资料的限制,对中国钟表史的研究还局限于相当小的范围之内,迄今绝大部分的著述是属于实物介绍性质的,关于中国钟表史和宫廷钟表收藏史的研究与其他领域相比还处于不很成熟的阶段,此书也只是笔者阶段性的成果,深信还有许多方面需要进一步的深化研究。我愿意以此为基础,努力吸收国际上钟表史研究的经验和成果,拓宽研究视域,推动这一领域的合作和交流。也希望此书能够起到抛砖引玉的作用,将来有更多更好的成果问世。

中国古代水力机械钟的发展历程

中国古代的科学家在日晷、刻漏的制作和使用的精确上达到了相当高的水平，同样，在机械计时装置的发明创造方面也一直领先于世界。中国是世界上最早成功地制造出机械计时器的国家，英国著名科技史家李约瑟曾说："欧洲在 14 世纪早期机械钟出现以前，主要靠日晷，而中国则对水钟或刻漏十分重视。这种计时器在他们的文化中已发展到登峰造极的地步。"[1]特别是漏水驱动的天文钟，可以说是现代机械钟表的源头，出现了一系列堪称世界第一的发明，引发了诸多国内外学者的研究热情。刘仙洲、王振铎、李约瑟等著名科技史学者都为此付出了巨大努力，取得了丰硕成果。特别是上个世纪末李志超先生出版的《水运仪象志》[2]一书，对中国历史上的"漏水驱动的机械天文钟作出全面的阐明"，基本解决了水力机械天文钟的重大疑难问题。这里我们不妨依据以上成果，简述我国古代水力机械钟表的发展历程。

一　张衡和早期水运浑象

最早应用漏壶原理，用水作为动力系统运转的天文仪器浑天仪，是由东汉安帝时期的张衡创制完成的。他制作的漏水转浑天仪是中国历史上第一个机械计时器，从而使中国的水钟从以天文现象为依据逐渐走上以非天文的物理过程为依据的机械计时器阶段。

张衡〔78 ～ 139 年〕，字子平，南阳人。出生于官宦名门，生长于文化名都，从小就显出超人的才华。17 岁外出游学，到长安一带考察历史民风，入京都洛阳，观太学，访名师，学习五经六艺，历六载归南阳，接受南阳郡太守鲍德的邀请，做了南阳郡主簿。其间博览群书，从事天文历算和文学创作，声名大振。后来，汉安帝听说他的科学造诣很高，就把他调到首都洛阳任职，受到汉安帝的信任，两次任命他为太史令。张衡不仅是伟大的科学家，也是著名的文学家和画家，郭沫若说他"如此全面发展之人物，在世界史中亦所罕见"是十分恰当的。他作为天文学的理论家兼仪器技术家，其许多创造发明都是划时代的。漏水转浑天仪也是如此。

⑴ ［英］李约瑟：《中国科学技术史·天文卷》页 336，科学出版社，1975 年。

⑵ ［英］李志超：《水运仪象志——中国古代天文钟的历史》，中国科学技术大学出版社，1997 年。

据《晋书·天文志》记载：

> 至顺帝时，张衡又制浑象，具内外规、南北极、黄赤道，列二十四
> 气、二十八宿、中外星官及日月五纬，以漏水转之于殿上室内。星中出
> 没与天相应。因其关戾，又转瑞轮蓂荚于阶下，随月盈虚，依历开落[1]。

张衡的漏水转浑天仪十分精巧，其主要部分是一个大天球，全天上的星
辰出没都能表现于这个球面，类似真正的太空，一天正好转一圈，准确地演
示出天体运行的情况。从上述记载中可知：

其一，这架浑天仪是以刻漏漏水作为动力源的。其刻漏是什么样子的，
唐代徐坚在《初学记》中转引张衡《漏水转浑天仪制》中的描写为：

> 以铜为器，再叠差置，实以清水，下各开孔。以玉虬漏水入两壶，右
> 为夜，左为昼。铸金铜仙人居左壶，为金胥徒居右壶。皆以左手抱箭右
> 手指刻，以别天时早晚[2]。

李智超先生据此认为再叠差置的铜器当然是二级漏壶，玉虬是开孔处的
水嘴，以玉为之，作虬形。其上既有箭刻，则其下必有浮子。受水箭壶有两
个，当是为壶满时及时接换，不误浑象转动。如此则带动浑象转动的是浮子，
于是不但等时性有了保证，也用不着齿轮减速。浮子上升速度很容易与浑象
轴轮配合，直接以绳传动即可[3]。

其二，这架浑天仪已经具有计时装置的钟表结构。因为要想使浑天仪演
示的结果与天上日月星辰的实际变化相一致，准确报知天体运动的状况，就必
须考虑时间问题，否则，仪器运转忽快忽慢，没有时间的测量装置，根本无法
让人们得知所演示的现象是哪一天的天象。张衡很好地解决了这一问题。仪器
中的"瑞轮蓂荚"就是这样的计时装置，它由浑象带动，"因其关戾"按月循

[1] 〔唐〕房玄龄等撰：《晋书》卷一一《天文志》。
[2] 〔唐〕徐坚等编纂：《初学记》卷二五《器物部·漏刻》第一。
[3] 李志超：《水运仪象志——中国古代天文钟的历史》页49，中国科学技术大学出版社，1997年。

环。所谓"蓂荚"，是古代传说中的一种瑞草，亦名"历荚"。《白虎通》说：

> 蓂荚，树名也。月一日一荚生，十五日毕；至十六日一荚去。故荚
> 阶而生，以明日月也[1]。

从初一到十五日每天生一荚，十六日以后每天落一荚，所以看荚数的多少，就可以知道是何日。不难推知，张衡浑仪中的瑞轮蓂荚就是一个机械的自动日历，随着月亮的圆缺变化，每日依次开落，计时功能是显而易见的。

张衡的浑天仪是非常精确的天文仪器，达到了预想的结果。《晋书·天文志》写道：

> 张平子既作铜浑天仪，于密室中以漏水转之，令伺之者闭户而唱之。
> 其伺之者以告灵台之观天者曰："璇玑所加，某星始见，某星已中，某星
> 今没。"皆如合符也[2]。

可以说，张衡堪称是中国计时机械的鼻祖。

张衡以后，直到唐代的五百余年间，曾先后有三国时吴国的葛衡，南北朝时宋朝的钱乐之、齐梁之间的陶弘景以及隋代的耿询制造过附有计时装置的浑天仪，都是以"漏水转之"，其基本模式也是一样，都继承了张衡浑天仪的设计思想和原理，并没有突破浮子动力模式。直到唐开元年间张遂和梁令瓒才开辟了计时机械的新天地。

二 唐代的水轮天文钟

唐代是中国历史上政治相对稳定，文化高度发达的时代，尤其是唐玄宗时代，百年一统之业极盛于开元之治，史称盛唐。期间出现的诸多文化成就令人注目。在机械计时装置方面，开元十三年〔725年〕由一行和尚主持，梁

---

[1] 〔汉〕班固：《白虎通》卷五《封禅》。

[2] 〔唐〕房玄龄等撰：《晋书》卷一一《天文志》。

令瓒设计的浑天仪，是历史上第一架水轮天文钟。其中首次实现了时间量的机械自动化 A—D 变换，首创擒纵机构，开辟了中国计时机械史的新纪元。

僧一行名张遂〔683～717 年〕，魏州昌乐人〔今河南洛阳〕。我国著名的天文学家，对我国的天文学、历算学有巨大的贡献，尤其是由他主持的大地测量否定了盖天说，并对浑天说提出了责难，为地心说开辟了道路。在他的推举下，仪器制造家梁令瓒设计制造了浑天仪。

据《旧唐书·天文志》记载：

> 玄宗开元九年，太史频奏日食不效，诏沙门一行改造新历。一行奏云："今欲创历立元，须知黄道进退，请太史令测候星度。"有司云："承前惟依赤道推步，官无黄道游仪，无由测候。"时率府兵曹梁令瓒待制于丽正书院，因造游仪木样，甚为精密。一行乃上言曰："黄道游仪，古有其术而无其器。以黄道随天运动，难用常仪格之，故昔人潜思皆不能得，今梁令瓒创造此图，日道月交，莫不自然契合。既于推步尤要，望就书院更以铜铁为之，庶得考验星度，无有差舛。"从之。至十三年造成[1]。

唐玄宗亲自为梁令瓒造的仪器撰写铭文，并下诏再造一架水运浑象。

> 又诏一行与梁令瓒及诸术士更造浑天仪，铸铜为圆天之象，上具列宿赤道及周天度数。注水击轮，令其自转，一日一夜，天转一周。又别置二轮络在天外，缀以日月，令得运行。每天西转一匝，日东行一度，月行十三度十九分度之七，凡二十九转有余而日月会，三百六十五转而日行匝。仍置木柜以为地平，令仪半在地下，晦明朔望，迟速有准。又立二木人于地平之上，前置钟鼓以候辰刻，每一刻自然击鼓，每辰则自然撞钟。皆于柜中各施轮轴，钩键交错，关锁相持。既与天道合同，当时共称其妙。铸成，命之曰"水运浑天俯视图"，置于武成殿前以示百僚。无几而铜铁渐涩，不能自转，遂收置于集贤院，不复行用[2]。

---

[1] 〔后晋〕刘昫等撰：《旧唐书》卷三五《天文志》。
[2] 〔后晋〕刘昫等撰：《旧唐书》卷三五《天文志》。

这架浑象结构复杂，以一个球面星图为核心，浑象之外，加上一个日环，一个月环，以示日月运行。在计时方面，上半部装有两个小木人，一木人前面放一面鼓，一木人前面放一个钟，每当一刻时木人就敲鼓，每个时辰另一个木人则撞钟，达到了既观天又计时的作用。其运转与天象恰相吻合，迟速有准，既是天象演示仪，又具有计时功能。

值得注意的是，在动力方面，则为"注水击轮"，即其动力系统为秤漏—水轮结构。通过秤漏与水轮的结合首次实现了连续化物理量的自动 A—D 变换，即自动给出其数学化量值，首先是流出的水量，然后在水流量不变时又是时间。其中秤漏的秤实质上就是擒纵器。非常巧妙地解决了等时驱动问题。

开元水轮天文钟的计时精度不会太高，它的制作目的并不是为了实用，而是给人参观。但梁令瓒的创作却实行了等时驱动方式的革命，把传统的浮子驱动改为水轮—秤漏驱动，加大了驱动功率，从而能够比较自由地增设各种形声显示装置。

在欧洲，把轴叶擒纵器和悬锤传动结合起来是 14 世纪初的事。而在中国，从八世纪开始就已能综合各种漏壶制作技术，制成一种特殊类型的机械钟。在这种仪器中，测时的主要部分是刻漏的恒定水位壶，由它把水或水银送到水的戽斗中。次要部分是可调整的秤或台秤，由它举起戽斗，直接把水注满或接近注满为止。725 年僧一行和梁令瓒的新发明，实质上就是成为一切擒纵器的祖先的平行联动装置[1]。

开元水轮天文钟的水轮驱动装置为以后这类仪器所效法。

三　宋代的水力机械计时器

经过长期的知识积累和实践总结，到宋代我国的水力机械计时器的制作达到了前所未有的水平，哲宗时期苏颂、韩公廉制造的水运仪象台成为中国水力天文钟最高成就的代表，在世界钟表史上占有相当重要的位置。

在水运仪象台之前，我们还必须谈一谈北宋时期的另一架水力天文钟，

⑴ ［英］李约瑟：《中国科学技术史·天文卷》页 347，科学出版社，1975 年。

它是在太平兴国四年〔979年〕由司天监学生张思训制作的。《宋史·天文志》记载：

> 太平兴国四年正月，巴中人张思训创作以献。太宗召工造于禁中，逾年而成，诏置于文明殿东鼓楼下。其制：起楼高丈余，机隐于内，规天矩地。下设地轮、地足；又为横轮、侧轮、斜轮、定身关、中关、小关、天柱；七直神，左摇铃，右扣钟，中击鼓，以定刻数，每一昼夜，周而复始；又以木为十二神，各直一时，至其时则自执辰牌，循环而出，随刻数以定昼夜短长；上有天顶、天牙、天关、天指、天托、天束、天条，布三百六十五度。为日、月、五星、紫微宫、列宿、斗建、黄赤道，以日行度定寒暑进退。开元遗法，运转以水，至冬中凝冻迟涩，遂为疏略，寒暑无准。今以水银代之，则无差失。……新制成于自然，尤为精妙[1]。

这件仪器大概是继开元浑仪以后的第一件水轮—秤漏式天文钟，它高一丈有余，显时装置分为几层，都由木偶的动作完成。如做七个木偶或摇铃或击鼓或敲钟用以定刻数；又做12个木偶代表十二时辰，每当一个时辰到时，相应的木偶就拿着这个时辰的牌子循环而出，达到显示时间的效果。此外，所记述的一系列专用机件名词为了解其结构提供了便利。这些大多被后来的苏颂水运仪象台所沿用，为水运仪象台的出现奠定了基础。

苏颂〔1020～1101年〕，字子容，我国著名科学家〔图1〕。元祐二年〔1087年〕任吏部尚书期间，受命制造科学仪

[图1] 苏颂画像
〔福建同安芦山堂苏氏宗祠藏〕

[1] 〔元〕脱脱等撰：《宋史》卷四八《天文志》。

器。当时在吏部任令史的韩公廉是位难得的科技人才，苏颂发现了他，向他详细解说了历代天文钟的大意，问他能否制造。韩公廉信心十足，说可以完成，于是很快便作了一个小模型。苏颂看后很满意，认为其作品虽与古不同，但有创新巧思，便立即奏请皇帝批准，组织庞大的制作队伍。尽管工程规模庞大，技术复杂，但只用了一年多时间便完成了，这就是著名的水运仪象台。《宋史》在谈到水运仪象台的制作时说：

> 既又请别制浑仪，因命颂提举。颂既邃于律历，以吏部令史韩公廉晓算术，有巧思，奏用之。授以古法，为台三层，上设浑仪，中设浑象，下设司辰，贯以一机，激水转轮，不假人力。时至刻临，则司辰出告。星辰躔度所次，占候则验，不差晷刻，昼夜晦明，皆可推见，前此未有也[1]。

这是一架超大型天文钟，高 10.5 米，多功能，高精度，含多项首创性重要发明，是中国古代科技的集大成之作〔图 2〕。

水运仪象台在当时即引起了人们的高度重视。苏颂根据实物精心研究，于 1096 年写成《新仪象法要》一书，书中不仅详细描述了这架仪器的构造、制作方法，还系统叙述了北宋以前有关浑仪、仪象和机械计时方面的有关发明创造。尤其是书中绘制的 60 余幅机械结构图，使我们能够对这架大型仪器有清楚的了解，从而对其进行复原研究，成为我国古代一部重要的科技文献。

水运仪象台共分三层。上层放浑仪，用来观测日月星辰的位置，以活动木屋覆盖；中层放浑象，有机械能使浑象的旋转周期和天球的周日运动一样，自动运转，可以和浑仪所观察到的天象核对；下层为木阁，是最主要的显时装置。木阁又分五层，层层有门，每到一定时刻，门中有木人出来报时。第一层开三门，内置昼时钟鼓轮，每时初一绯衣木人在左门内摇铃，时中一绿衣木人在中门内击鼓，时正一紫衣木人在右门内扣钟。第二层在正中开一门，内置昼夜时初正轮，上安报时初木人 12，报时正木人 12，衣着不同，每至时初有绯衣木人执牌出报，时正有紫衣木人执牌出报。第三层也是在正中开一门，内置报刻司辰轮，上安木人 96 个，每一刻到时有一人执牌出报，与

[图 2] 苏颂《水运仪象台》图
〔采自：Joseph Needham, wang ling, Heavenly Clockwork, Cambridge University Press, 1960〕

城市内钟鼓楼所报时刻相呼应。第四层、第五层亦在正中开门，负责指示每日的入昏、五更、待旦及晓日的时刻，其中第四层内置夜漏金钲轮，每至日出日入时则有木人击金钲；第五层内置夜漏司辰轮及夜漏箭轮，负责夜间更辰，调整一年中不同节气的入更出更时间，每更有木人执牌出报。通过以上这些装置，基本解决了不同时段、不同时制的时间指示问题。在木阁后面装有水力发动的机械系统，由人在台内搬动水车，使水上下循环，利用秤漏的恒定流量发动枢轮，进行运转。使浑仪、浑象和计时装置构成了一个统一的系统〔图 3〕。

　　尤其是水运仪象台中控制枢轮做等时转动的一系列装置，过去学者大都把天衡部分视为擒纵器而使一些机件的作用无法解释，李志超先生在他的

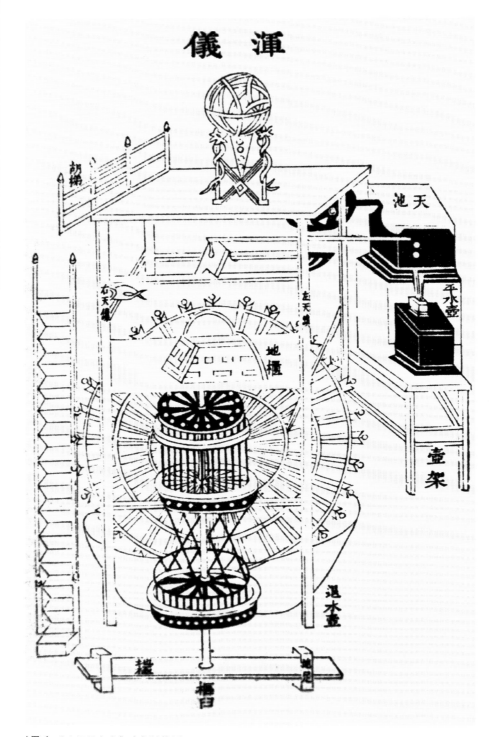

[图3] 《水运仪象台》内部结构图

〔采自苏颂《新仪象法要》卷三〕

《水运仪象志——中国古代天文钟的历史》一书中对各个机件的作用和工作原理作出了精确的解释，指出这些尽细极精的机构或者用于消除负效应，或者用于防止枢轮倒转，天衡关锁系统只是给作为擒纵器的枢衡帮忙的辅助系统，严格说，枢衡加天衡关锁整体是一个擒纵系统，不可分割。从而使我们对水运仪象台高超的机械学水平有了更深刻的理解，"使得中国古代这项最大的世界第一能以强大的说服力展示于世界"。

苏颂、韩公廉的水运仪象台以其结构的精巧合理，制作的精良成为中国古代水力机械计时仪器的最高成果。

四 元明时期的机械钟

宋代以后，水轮天文钟仍有制作，其中最著名的当属元代的郭守敬。

郭守敬〔1231～1316年〕字若思，邢台人〔图4〕。承袭家学，精通天文历算水利之学，是中国历史上一位杰出的科学家。他所创制的天文仪器具有精致、灵巧、简便、准确等优点，不仅为元代以前我国历史上所未有，即使在当时世界上也是第一流的。

郭守敬在计时器方面的发明创造也令人瞩目，所制的大明殿灯漏已是初步脱离天文仪器的相对独立的水力机械时钟。据《元史·天文志》记载：

〔图4〕郭守敬像
〔采自中国人民邮政1982年发行的纪念邮票〕

灯漏之制，高丈有七尺，架以金为之。其曲梁之上，中设云珠，左日右月。云珠之下，复悬一珠。梁之两端，饰以龙首，张吻转目，可以审平水之缓急。中梁之上，有戏珠龙二，随珠俛仰，又可察准水之均调。凡此皆非徒设也。灯球杂以金宝为之，内分四层，上环布四神，旋当日月参辰之所在，左转日一周。次为龙虎鸟龟之象，各居其方，依刻跳跃，铙鸣以应于内。又次周分百刻，上列十二神，各执时牌，至其时，四门通

报。又一人当门内，常以手指其刻数。下四隅，钟鼓钲铙各一人，一刻鸣
钟，二刻鼓，三钲，四铙，初正皆如是。其机发隐于柜中，以水激之[1]。

从以上记载看，大明殿灯漏主要用于计时，有报时、报刻诸功能。其外
观装饰非常豪华，以金作架，灯球杂以金宝，辉煌灿烂之姿可以想见。

大明殿灯漏内部机械的结构原则上与水运仪象台一样，但大明殿灯漏没
有装设仪象，只有显时系统，对计时精度的要求不高，使大明殿灯漏省略了
水运仪象台中的一些精致构件如左右天锁、天衡、关舌等，是一项非常实用
的设计。据史料记载，大明殿灯漏只是在有重大典礼和集会的时候才开动。
特别是灯漏上装有能按时自动跳跃的动物模型，与后来出现在自鸣钟上的各
种变动机械十分相近，开了观赏型计时器的先河。

1354 年，元朝末帝妥欢帖睦尔也自制宫漏，《元史》记载：

> 又自制宫漏，约高六七尺，广半之。造木为柜，阴藏诸壶其中，运
> 水上下。柜上设西方三圣殿，柜腰立玉女捧时刻筹，时至辄浮水而上。左
> 右列二金甲神，一悬钟，一悬钲，夜则神人自能按更而击，无分毫差。当
> 钟钲之鸣，狮凤在侧者皆翔舞。柜之东西有日月宫，飞仙六人立宫前，遇
> 子午时，飞仙自能耦进，度仙桥，达三圣殿，已而复退，立如前。其精
> 巧皆出人谓，前代所鲜有[2]。

这是一个自动化的水力时钟，除了动力系统仍是中国传统的漏壶运水，
其他部分已与近代机械钟表毫无二致。

到明朝初年，当时在司天监任职的詹希元创制了一种机械时钟——五轮
沙漏。《明史·天文志》记载：

> 明初，詹希元以水漏至严寒水冻辄不能行，故以沙代水。然沙行太

---

[1] 〔明〕宋濂等撰：《元史》卷四八《天文志》。
[2] 〔明〕宋濂等撰：《元史》卷四三《顺帝纪》。

疾，未协天运，乃于斗轮之外，复加四轮，轮皆三十六齿[1]。

明初名臣宋濂在其《五轮沙漏铭》的序文中详细介绍了其结构：

> 沙漏之制，贮沙于池而注于斗。凡运五轮焉。其初轮长二尺有三寸，围寸有五分，衡奠之。轴端有轮，轮围尺有二寸八分，上环十六斗。斗广八分，深如之。轴杪傅六齿。沙倾斗运。其齿钩二轮旋之。二轮之轴长尺，围如初轮，从奠之。轮之围尺有五寸，轮齿三十六，轴杪亦傅六齿，钩三轮旋之。三轮之围轴与二轮同，其奠如初轮，轴杪亦傅六齿，钩四轮旋之。四轮如三轮，惟奠与二轮同，轴杪亦傅六齿，钩中轮旋之。中轮如四轮。余轮侧旋，中轮独平旋。轴崇尺有六寸，其杪不设齿，挺然上出，贯于测景盘。盘列十二时，分刻盈百。斫木为日形，承以云，丽于轴中。五轮犬牙相入，次第运益迟。中轮日行盘一周，云脚至处则知为何时何刻也。……轮与沙池皆藏机腹，盘露机面，旁刻黄衣童子二，一击鼓，二鸣钲，亦运衍沙使之[2]。

五轮沙漏通过一系列齿轮的传动，最后至中轮，到中轮时齿轮的转速已经很慢，每天转一周，从而起到计时效果。中轮上安有测景盘，"盘列十二时，分刻盈百"，有云脚，二物相当于现在的时刻盘和指针。可以说，詹希元的五轮沙漏已经具有了和现代钟表相似的传动系统、走时系统和显时系统。

综上所述，中国古代的机械天文钟是沿着从复杂到简单的路线发展的。中国的水力天文钟经过了漫长的发展历程，作为计时的功能越来越明显，以至于出现了像大明殿灯漏、五轮沙漏这样的独立计时器。但由于受到动力系统的限制，其成品一般都体量巨大，难于推广和普及。机械计时器为社会各个阶层所利用，还是在西方的自鸣钟传入中国以后。

[1] 〔清〕张廷玉等撰：《明史》卷二五《天文志》。
[2] 〔明〕宋濂：《宋文宪公全集》卷四七《五轮沙漏铭》。

西方钟表的传入与宫廷钟表收藏的兴起

钟表是人类最伟大的发明之一，它将无形的时间流化作有形的时针的循环运动，成为人类奇思巧智和知识积累的最完美的结晶。

我国制造机械时钟的历史相当悠久。北宋哲宗时期苏颂制造的水运仪象台已经具有较完备的计时机械，其中的擒纵调速机构在世界范围内都名列前茅，当然水运仪象台还是天文仪器和计时仪器的混合体。14世纪我国的机械时钟已经脱离了天文仪器而独立，不但具有传动系统——齿轮系，而且还有擒纵器，如果继续努力，很可能出现完全现代意义上的钟表。但可惜的是，中国没有能做到这一点，最终机械钟表还是从西方引进的。因此，要讲述中国机械钟表的发展史，讲述宫廷钟表的收藏史，就不能不从机械钟表的源头欧洲谈起。

一 公共计时器的私人化——欧洲机械钟表简史

为了寻找准确测量时刻的方法，人们运用了难以估量的智巧和机敏，从而完成了钟表这一人类历史上最伟大的发明。当然，钟表的出现并不是一蹴而就的，它的发明权也不应归于某一个人，而是经过人类长期积累，不断改进的结果。

> 人类最早迈出机械计时步子的，也就是在欧洲最初使用新式时钟的，不是农民或牧民，也不是商人和手工艺人，而是渴望迅速而又准时崇敬上帝的宗教界人士。僧侣们需要知晓规定的祈祷时间[1]。

最早的机械时钟就是为了提醒人们进行祈祷而制作的，主要是在教堂中使用，人们听到清亮的钟声，就知道是该做祷告的时间了。由于祷告只在白天举行，因此，最早的教堂钟只在白天敲响，夜间不敲。但很快，这种专门为教堂呼唤祈祷时间的钟便被能够将昼夜等份并以同样间隔定时敲响的钟表所代替，小时钟表便应运而生〔图1〕。

现在所知有记载的最早的小时机械钟表是1335年在意大利米兰教堂内

---

[1] Daniel J.Boorstin，*The Discoverers* P.53，Random House，New York，1983.

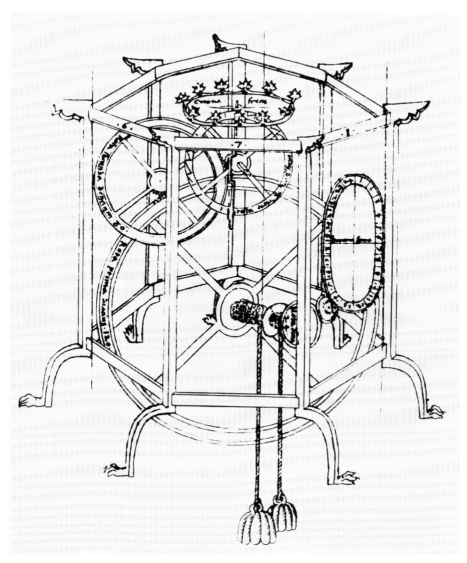

[图1] 意大利科学家唐棣［Dondi］1364年制作的钟表
〔采自：Zhang Pu et Guo Fuxiang, L'art de l'horlogerie occidentale et la Chine, China Intercontinental Press, 2005〕

建造的，"钟内有个很大的槌……按照一天昼夜二十四个小时敲钟二十四次：每晚第一个小时敲一下，第二个小时敲二下，第三个小时敲三下，第四个小时敲四下，以此来区别各个小时。"到了十四五世纪，欧洲各地许多教堂的钟楼和市政厅都安装了大型钟表，它们以划一的小时鸣响，使人们的活动空前地一致起来。这些钟表已经成为为全社区服务的公共设施，在市民生活中发挥出越来越重要的作用，成为公共活动场所的标志。一个城市没有一座像样的大钟是不可想象的，1481年，法国里昂的公民曾向市镇议会请愿，目的就是为了制造公用大钟。

　　〔他们〕感到迫切需要一座全镇公民都能听到鸣声的大钟。如果制造了这样一座大钟，更多商人会群集于市，市民会得到莫大的欣慰、愉快和欢乐，生活会过得更有规律，市容也将增光不少[1]。

〔图 2〕 荷兰科学家惠更斯 (Huygens) 像
　　〔采自：Pierre Huguenin, The Inside Storg of The Swiss Watch〕

可以想见，当悠长的钟声回荡在市镇的上空，人们都驻足倾听，是何等浪漫的景致啊！

以现在的眼光来看，早期的钟表相当粗陋。没有表盘，没有时针，以重锤为动力，只能靠鸣响报时。其结构最重要的部分有二：一是动力源及传动装置，一是擒纵装置。前者包括驱使钟表走时的动力源及传送这种动力的大小齿轮，后者则是通过自身的擒纵收放控制力源均匀发力，并控制冠轮、机轴和钟摆运动，使钟表走时准确。有没有擒纵装置，是区分机械钟表和其他计时工具的标志。

为了谋求更高的准确性，各国的钟表技师对钟表的主要部分不断进行改进。在动力源方面，大约 1510 年左右，德国钟表匠彼得·希勒〔Peter Hele〕将重锤改为盘簧，亦即发条。发条的发明，为钟表向小型化发展创造了条件；而在擒纵装置方面，1583 年意大利物理学家伽利略发现了摆的等时性原理，根据这一发现，1657 年荷兰数学家惠更斯〔Christian Huygens，图 2〕将摆用作钟表的调节器，发明了摆钟，钟表的走时精度大大提高〔图 3〕。20 年后，他又试制了游丝调控的发条钟表。从此，钟表越做越小，携带起来十分方便。

[1]　Daniel J.Boorstin, *The Discoverers* P64, Random House, New York, 1983.

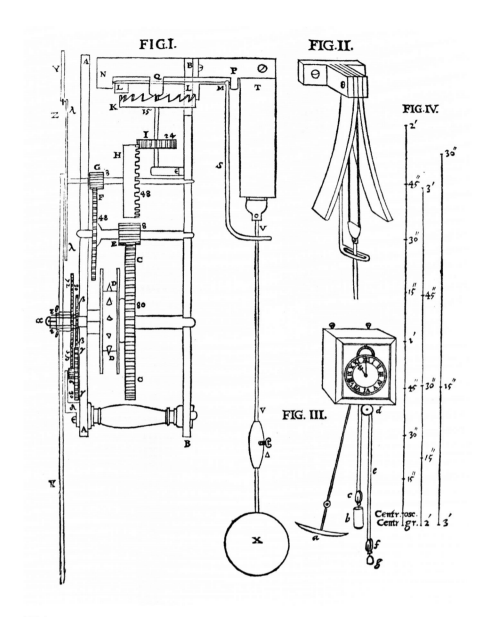

[图 3] 惠更斯发明的摆钟结构图
〔采自：Kristen Lippincott and others, The Story of Time, National Maritime Museum, 1999〕

正因为有了惠更斯的这两项发明，17 世纪的中叶变成了钟表制造业的分
水岭。几项新的工艺使钟表的准确性提高了近 10 倍。当时最好的钟，误差只
有 5 秒。钟表的小型化也为它的普及创造了条件。17 世纪后期，时钟在欧洲
的知识界和富人中已不再是罕见之物，开始时只用来作为公众工具的钟表，
逐渐成为广泛使用的私人计时器〔图 4〕。18 世纪随着车床等加工机器的诞

生，欧洲出现了生产钟表的作坊，钟表产量大大提高。英国的伦敦、法国的巴黎、瑞士的日内瓦成为全世界钟表制造业的中心。

钟表的发明，给人们的生活和观念带来了巨大的变化。更使欧洲人没有想到的是，几百年后，正是这种奇异的机械打开了中国这个东方帝国的大门，使西方传教士们进入中国的路途变得顺畅起来。

［图4］正在给表上发条的贵妇
18世纪初
〔藏于苏黎世瑞士国家博物馆〕

二　钟表引路，天堑变通途

最早把西洋钟表介绍到中国来的是欧洲的传教士。十五六世纪，随着地理大发现和东西方航路的开辟，激起了欧洲基督教向东方传教的热情。大约从1540年开始，教廷和各个教派就不断地进行着向中国内地传教的种种尝试，传教士们千方百计寻找机会进入中国。但那时的中国还是一个相当封闭的社会，由于沿海海盗的不断骚扰，致使中国人自觉不自觉地对外国人产生了一种敌视心理。早期到东方传教的欧洲传教士均遭到中国方面的拒绝。

如何打开中国的大门，确实令传教士们大伤脑筋。作为开拓中国传教事业的先驱者，罗明坚同样被这个问题所困惑。为了获得进入中国内地的机会，他除了努力学习汉语，以期能和中国人进行语言交流外，最重要的是如何用钟表等这些在中国人看来奇妙无比的物品攫取中国高官的欢心。1580年，他在写给耶稣会总部的信中就这样说道：

希望教皇赐赠的物品中最为紧要的是装饰精美的大时钟。那种可以报时，音响洪亮摆放在宫廷中的需一架。此外还需另一种，我从罗马起程那年，奥尔希尼枢密卿呈献教皇的那种可套在环里，放在掌中的，也

可报时打刻的小钟，或类似的亦可[1]。

他还热情地举荐他的同窗好友利玛窦到澳门，为进入中国内地作准备。也就是在这一年，罗明坚终于有了一个可利用的机会，跟随葡萄牙商人到广州进行贸易。在为期三个月的交易当中，罗明坚依靠掌握的有限汉语，与中国官员和文人广泛接触，通过赠送西洋物品，赢得了他们的好感。据他讲：其中"有一位武官和我特别亲近，并且极愿意领我到朝廷去，我们认识的动机是由于一架我送给他的钟表的介绍。"[2] 同时，他还送礼物给当时的海道副使，从而在他逗留广州的三个月中能够居住在特意为属国朝贡准备的馆邸中，有机会进行传教活动。但只是短短的三个月，罗明坚又不得不随商人们回到澳门〔图5〕。

[1] 〔日〕平川祐弘著，刘岸伟、徐一平译：《利玛窦传》页43，光明日报出版社，1999年。
[2] 〔日〕平川祐弘著，刘岸伟、徐一平译：《利玛窦传》页56，光明日报出版社，1999年。

传教士送给广州官员的礼品在当时的中国人那里掀起了不小的波动，其新奇引起了他们的注意，成为传教士打通关节的重要手段。

1582 年，两广总督陈瑞以了解到澳门的主教和市长是外国商人们的管理者为借口，让他们到当时总督府的所在地肇庆去接受训示。为了使他不干涉贸易活动，并获允传教士在大陆上建立一个永久居留地，澳门当局派出了会讲汉语的罗明坚代表主教，检察官帕涅拉〔Mattia Penella〕代表市长，携带价值千金的玻璃、三棱镜及其他在中国稀罕的物品来到肇庆。陈瑞见到这些西洋珍品，态度马上变得缓和起来，答应可以将澳门的现状维持下去。对于礼品，他讲不能白白接受，一切须按值付价。他通过翻译一一询问了礼品的价钱，并当着下人的面将银子付给罗明坚他们。但他又偷偷派人来传信，让他们用那笔银子购买西洋珍品给他送来。

8 月，帕涅拉带着陈瑞所要的东西又一次来到肇庆，罗明坚由于发高烧，不能同行，就托帕涅拉给他带了几件礼品。恰巧此时，根据罗明坚的请求，利玛窦奉命携带着从印度管区长那里得到的自鸣钟来到澳门。于是，罗明坚又让帕涅拉转告陈瑞说神父原打算要亲自送给他一件漂亮的用铜制成的机械小玩意儿，不用碰它就能报时。陈瑞一听说到钟表，就变得很感兴趣。一再叮嘱帕涅拉，让罗明坚无论如何病一好立刻就来见他，来时务必将时钟带上。罗明坚很长一段时间内未能康复，陈瑞又给他写了一封信，要他勿忘携带时钟到肇庆，并送来了路照，以保证罗明坚的旅行安全。钟表又一次为传教士们赢得了绝好的机会。

> 巡察使〔范礼安〕和读过来函的人都认为这是千载难逢的时机。应带上时钟赶赴肇庆，恳请总督为我们提供内地住房，以便我可以继续学习汉语……[1]

12 月 18 日，罗明坚和另外一位传教士巴范济携带钟表和玻璃三棱镜从澳门启程，27 日深夜抵达肇庆。去掉包装，拧紧发条后，时钟开始摆动，自动鸣时。听着时钟的声音，看着三棱镜发出的魔术般的光彩，陈瑞非常喜欢，

[1] 〔日〕平川祐弘著，刘岸伟、徐一平译：《利玛窦传》页 59，光明日报出版社，1999 年。

将他们安排在天宁寺中。尽管几起几落，反反复复，但经过罗明坚和利玛窦的倾力周旋，肇庆知府王泮终于许可为传教士提供一块土地。1583 年，他们在肇庆城外崇禧塔附近建造了一处教堂，成为传教士在内地的第一个立足之地。这是一座西方式的建筑。为了引起人们的注意，利玛窦特意在室内陈列了欧式用品。正面墙上还挂上钟表，这只钟表就像一个活物自走自鸣，自然而然受到了人们的珍视。当地人士纷纷前来观赏，轰动一时，传教士们一夜之间声名鹊起。罗明坚在书信中曾欣喜地写道："自方济各·沙勿略神父起，耶稣会的神父们在过去的 40 年里，为踏入中国费尽千辛万苦。进入这广大帝国犹如登天之难，而今却这般易如反掌了。我们好似身浮梦境、幻境之中。"这期间，钟表扮演了重要角色。

以后，在利玛窦传教过程中，钟表随着他的行程，慢慢传播开来。如 1589 年夏天，利玛窦从肇庆移居韶州，西洋奇物同样引起了轰动。

> 因为我们是外国人，而且是经过三年旅行长途跋涉远道而来的外国人，这在中国是闻所未闻的事情。况且我们这里还有许多离奇古怪的东西，这也是吸引他们的一个重要原因。像一些精巧的玻璃制品啦、耶稣会长送给我们的那些大大小小制作精美的钟表啦、还有许多优秀的绘画作品和雕刻作品等，对于这里的每一样东西，中国人都为之惊叹[1]。

即使 10 年以后，利玛窦来到南京，和其他地方一样，人们对他带来的钟表、三棱镜等仍旧感到非常好奇。依靠这些精致的钟表及其他奇器，加之他的学识，利玛窦渐渐成为中国文人中的名人，受到他们的礼敬。

正是通过钟表等西洋奇物的赠送、演示，西洋传教士在中国人心目中赢得了一席之地。当然，如果只是凭借带点三棱镜、自鸣钟什么的东西便要得到中国人的尊敬，是远远不够的。但有这样一个有利条件，传教士便非常容易地与中国文人和官僚进行更深一层的精神交流，打动他们的心灵，为传教之路开启一扇方便之门。说传教士用钟表打开了中国的大门，是一点也不过分的。

---

[1] 《利玛窦书信集》1592 年 11 月 12 日信函。

三 中国对自鸣钟的早期仿制

钟表的传入使中国有了一种便于普及的、实用性能较好的计时器。同时，也为这个古老的国家带来了新的实用技术，弥补了中国传统技术的不足。与利玛窦几乎同时代的明朝人谢肇淛在其所著《五杂俎》中对自鸣钟的优秀性能进行了简单明了的描述："西僧利玛窦，有自鸣钟。中设机关，每遇一时，辄鸣。如是，经岁无顷刻差讹也，亦神矣。"因此，几乎与钟表的传入同时，中国的仿制便开始了。

我们现在所知最早在国内制作自鸣钟的事发生在 1583 年。罗明坚和利玛窦留居肇庆后，知府王泮对他们十分友好。但是，由于没有援助，财政越来越困难，于是，罗明坚准备回澳门寻求资助，王泮派了一艘官船送他回去。临走前，王泮听说澳门制造钟表，就要求给他定做一个，答应给以善价。罗明坚到澳门后，钱少买不起他所要的钟。

作为一种代替办法，他们就把制钟匠送到肇庆的长官那里去。这个人来自印度的果阿省，是所谓加那利人，肤色深褐，是中国人称赞为不常见的。当船只带着这名匠人返回并且作了解释时，长官表示很高兴他到来以及澳门修道院送给他的稀罕的欧洲贵重小礼品。他马上把城里两名最好的匠人找来，协助新来的钟表匠工作，就在教堂里制钟[1]。

尽管后来因为传教士和中国人的纠纷，这个制钟匠被遣回澳门，但此钟最终还是被做好了。

就在地图绘完时，长官在大堂上曾拒绝接受的那只钟刚好也竣工，利玛窦就同时把两样东西都送给他。他收到礼物，无比高兴，用最和蔼的词句来表达他的满意，并回赠了几样礼品。……几个月后，他发现家里没有人能上钟，就把它送回去，在教堂里用以供来客们取乐[2]。

---

[1] ［意］利玛窦、金尼阁著，何高济等译：《利玛窦中国札记》页 174，中华书局，1983 年。

[2] ［意］利玛窦、金尼阁著，何高济等译：《利玛窦中国札记》页 182，中华书局，1983 年。

这是中国仿制自鸣钟的开始。两名中国工匠参与了制造工作,对制钟技术必有所学习,开启了西方钟表技术向中国传播的先河。

瞿太素是较早的随利玛窦学习欧洲自然科学的中国文人。他和利玛窦的交往始于 1589 年。利玛窦移居韶州后,开始跟随利氏学习西方的各门科学,并最终掌握了制作各种日晷的技术和测量高度、长度的方法。

瞿太素接连不断地有惊世之作问世。而他的好学之心丝毫不减,夜以继日地沉溺于这种学问之中。……不仅如此,他还使用木头、铜、银等将圆规、浑天仪、天文观测仪、象限仪、钟表、罗盘等等都制作了出来[1]。

如果是这样的话,瞿太素则很可能是最早的独立仿制西洋钟表的中国人。

南京也是比较早的仿制机械钟表的地方。1598 年,利玛窦初次到达南京,将钟表等西洋奇器示于南京士人之前,不久以后,便有人仿做。据明代周晖所著《金陵琐事》续二卷上记载:

黄复初,巧人也,身不满四尺,目如鬼,声音不扬,能铸自鸣钟,制木牛流马与木人捧茶,木喇叭夜吠,好事者多馆谷之,久寓南京无所遇,一兵部先生荐之军门,不知其所终。

《金陵琐事》有万历三十八年至三十九年刻本,也就是说,黄复初铸自鸣钟发生在 1611 年以前,与利玛窦初到南京仅隔 10 年左右。

稍后,上海附近亦出现了仿制的自鸣钟,时间也在万历年间。李绍文所著《云间杂识》所记皆明万历以前松江事,其中记有:

西僧利玛窦作自鸣钟,以铜为之,一日十二时,凡十二次鸣,子时一声,丑时二声,至亥时其声十二。余于金陵王太稳处亲见。近见上海人仿其次亦能为之,第彼国所制高广不过寸许,上海则大于斗矣。

① [日] 平川祐弘著, 刘岸伟、徐一平译:《利玛窦传》页185, 光明日报出版社, 1999 年。

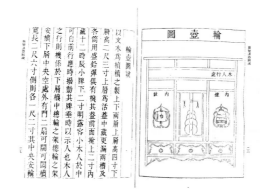

[图 6] 轮壶图说
〔采自：王徵《新制诸器图说》〕

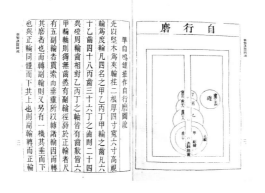

[图 7] 准自鸣钟推作自行磨图说
〔采自：王徵《新制诸器图说》〕

又清褚华《沪城备考》卷六亦载：

> 西人利玛窦多巧思，作自鸣钟，以铜为之，高才寸许……既久，邑人亦能为之，但高广及尺许耳。

可知当时上海工匠已掌握了制钟技术，但在质量上还不及传教士带来的自鸣钟。

对西洋钟表的仿制不单单限于工匠。王徵〔1571 ～ 1644 年〕是明代一位务实的学者型机械专家，青年时期就热衷于研究奇巧机械，以图为社会解决实际问题。大约在万历三十四年〔1615 年〕冬或次年春，他与庞迪我〔D.de.Pantoja〕等传教士相识，后加入耶稣会。在与传教士交往过程中，了解了欧洲机械钟表及其原理，深受启发，进一步发明了其他自动机械。"忆余少时，妄意武侯木牛流马，必欲仿而行之……会得西儒自鸣钟法，遂顿生一机巧，私仪必可成也。如法作之，果遂成。"[1]天启六年〔1626 年〕，王徵将自己的设计汇集成《新制诸器图说》一卷，其中记载了他设计的可报更报时的计时器"轮壶"〔图 6〕。它以重锤为动力，装有更漏、小钟、小鼓、拨动时辰牌的小木人、传动齿轮等，其结构中的十字微机具有左推右阻的调速功能，仿自欧洲钟表的立轴摆杆式擒纵机构[2]。此外，书中还记载了他的"准自鸣钟推作自行磨"〔图 7〕和"准自鸣钟推作自行车"等机械，都是

⑴〔明〕王徵：《两理略》卷二。

⑵ 张柏春：《明清时期欧洲机械钟表给中国带来的新技术及其对王徵的影响》，《中国计时仪器史论丛》，1998 年。

运用自鸣钟的机械原理制作的。可见欧洲钟表技术对王徵的影响。他已经不单是仿制，而是更进一步有所发明了。

　　只要是对西方技术不抱偏见，恐怕任何人都会承认传教士们带来的机械钟表准确、方便、快捷的计时功能，从而在相关领域对其进行推广。这方面，明末科学家徐光启可为代表〔图 8〕。崇祯二年〔1629 年〕七月二十六日，徐光启上《条议历法修正岁差疏》，其中开列的急用仪象十事中就有"造候时钟三架，用铁大小不拘"一项。稍后不久他又上《奉旨修改历法开列事宜乞裁疏》，进一步列出制造各种仪器所需的费用，其中：

[图 8] 徐光启像
〔采自：王重民辑校《徐光启集》，上海古籍出版社，1984 年〕

　　　　自鸣钟三架，中样者每架价银五十两，大者及小而精工者价值甚多，今不必用[中]。

在所有工料费中是最昂贵的。尽管由于朝廷危机，财政困难，徐光启的计划未能付诸实施，但从中可以得知徐光启等对自鸣钟在治历方面的作用是十分重视的〔图 9〕。

　　早期中国对机械钟表的仿制不但中国文献有记载，外国人的著作中亦有所反映。如来华传教士阿尔代若·赛米都（Alvaro Semedo）在中国生活了 28 年，对中国的情况应是比较了解的。他在其著作中就曾写道："……非常羡慕欧洲机械钟的中国人，已经

[图 9] 利玛窦与徐光启
铜版画
〔采自：〔德〕阿塔纳修斯·基歇尔著，张西平等译：《中国图说》，大象出版社，2010 年〕

[中] 王重民辑校：《徐光启集》卷七，上海古籍出版社，1984 年。

开始制作座钟了，他们并把它都制造成最小的形状。"[1] 完全可以和中国的记载相互印证。

应该说，在机械钟表传入中国的最初几十年里，中国的学者及工匠对其技术的学习投注了很大的热情。由于钟表的传播和技术的学习还处于初始阶段，使中国对自鸣钟的早期仿制不可避免地显现出一些稚气。首先，西方传教士是钟表技术传播的主要媒介，中国工匠的仿制技术都直接或间接来自于他们，因此，早期仿制钟表的地点多在传教士到过的并有比较大的影响的地方，如肇庆、韶州、南京、松江、上海等地；其次，限于对钟表技术掌握和熟练的程度，当时中国的仿制品一般都比较粗糙，在质量上还无法与西洋传入的成品相比，这种情况大约在入清以后才有所改观。但毕竟是迈出了第一步，使中国又出现了一个新的手工业门类。

四 "嘀嗒"声动紫禁城

对于传教士来说，只获得地方官员和一般民众的认同对整个传教事业是远远不够的。在极度集权的中国，要想使基督信仰在全国范围内立足，必须与最高统治者皇帝进行接触，并力促其接受这种信仰，至少可以通过他的权威为传教事业打开一路绿灯。这一点在早期到中国的传教士中间是具有共识的。因此，一旦他们踏上中国的土地，就会进一步把目标锁定在皇帝身上，为此他们进行了不懈的努力。有意思的是，在传教士们敲开皇宫大门这一关键步骤中，仍然是钟表发挥了巨大作用，扮演了重要角色。

早在 1598 年，利玛窦就曾到过北京，试尝在北京传教，未果后于当年冬天撤回苏州。1599 年，利氏住在南京，与当地的名士豪门进行了广泛的交往。在此期间，又派郭居静神父去澳门，准备献给明朝皇帝的礼物，其中钟表是必不可少的。到了 1600 年 5 月，利氏带着庞迪我神父以"进贡"的名义再次北上奔赴北京，7 月 3 日抵达临清，在这里遇见了宦官马堂。听说利玛窦要给皇帝献礼，马堂立刻插手，说愿意引其去见皇帝。之后，马堂曾两次上书万历帝汇报情况，介绍贡品名目，但没有引起万历帝的注意。过了一段时间，万历帝才

---

[1] *Watch the China World* P53，Watch The World Publishing Ltd HongKong 1999.

突然想起奏疏上所讲的自鸣钟，便问左右："那座钟在哪里？我说那座自鸣钟在哪里？就是他们在上疏里所说的外国人带给我的那个钟。"[1] 很快，利玛窦的四十多件贡品被送到皇宫中，摆在万历帝面前〔图10〕。

[图10] 利玛窦像

〔采自：〔法〕雅克·布罗斯著，耿昇译：《发现中国》，山东画报出版社，2002年〕

在利玛窦所进的贡品中，最令万历帝感兴趣的就是自鸣钟，计有大小两座。当万历帝第一次看见那座较大的钟时，钟还没有调好，到时不响。于是他命令立刻宣召利玛窦等进宫调试。当利玛窦被领到内院第二道宫墙时，一大群人正在围看摆在这里的自鸣钟。皇帝派了一位学识渊博的太监接待他们，利玛窦告诉管事的太监，这些钟是一些非常聪明的工匠创制的，不需要任何人的帮助就能日夜指明时间，并有铃铛自动报时，有一个指针指示不同的时间。还说要操作这些钟并不难，两三天就可以学会。听了太监的汇报，万历帝钦定钦天监的四名太监去跟利玛窦学习钟表技术，并让他们三天内将大钟修好。在以后的三天里，利玛窦不分昼夜地给太监们解释自鸣钟的原理和使用方法，想方设法造出当时汉语里还没有的词语使太监们很容易地理解他的讲解。太监们学习也很刻苦，为了防止出差错，他们一字不落地把利玛窦的解说用汉语记录下来，很快便记住了自鸣钟的内部构造，自如地进行调试。三天还没有到，万历帝就迫不及待地命令把钟搬进去。看着指针的走动，听着"嘀嗒"的声音，万历帝非常高兴，对太监和利玛窦给予了奖赏。

在宫中没有一座内殿的天花板高得足以容许大时钟的钟摆运转，万历帝便命利玛窦提供图纸，命工部于第二年特意为此钟制作了一座钟楼。这座钟楼有楼梯、窗户、走廊，装饰富丽堂皇，上面刻满了人物和亭台，用鸡冠石

① 〔意〕利玛窦、〔比〕金尼阁著，何高济等译：《利玛窦中国札记》页400，中华书局，1983年。

和黄金装饰得金光闪闪。为做此钟楼，工部花费了一千三百两银子，最后被安装在御花园中，万历帝经常光顾。

至于那座镀金的小自鸣钟，万历帝更是随时把玩，从不离身。"皇帝一直把这个小钟放在自己面前，他喜欢看它并听它鸣时"。为了使其正常运转，万历特意从向利玛窦学习钟表技术的四名太监中抽出两名，专门负责给这座小自鸣钟上发条，这两个人成了皇宫里很重要的人物。据说，皇太后听说有人给皇上一架自鸣钟，就叫太监从皇帝那里要来看看。万历想，要是她喜欢，到时候留下了不还，那可怎么办呢？这种事情是无法拒绝的。于是他把管钟的太监找来，要他把管报时的发条松开，使它不能发声，然后才给皇太后送过去。皇太后玩了几天，见不能自鸣报时，就没有留下。

这两架自鸣钟是皇宫中拥有的最早的现代机械钟表。以后利玛窦又向明朝皇帝进献过自鸣钟。从那个时候起，把玩品味造型各异的自鸣钟表成为中国帝王的一种新时尚，称它为西方传教士打开中国宫廷的敲门砖，是一点也不过分的。这两架自鸣钟就是以后皇宫收藏、制作自鸣钟的源头。

五　皇帝御题自鸣钟

在明代，自鸣钟毕竟是凤毛麟角，极为少见。而到了清代，情况就大不一样了，钟表在皇宫中随处可见。皇帝对它们的看法也各有不同。这从清帝的咏钟表诗中看得很清楚。

有清一代，几乎每位皇帝都有吟诵自鸣钟表的诗篇，这些诗大部分刊载于《御制诗文集》中，其中以康熙、雍正、乾隆最有代表性，通过这些诗篇，我们可以看到他们对这种先进的科学器械的态度。

康熙三十三年〔1694 年〕，康熙帝赐给葡萄牙传教士徐日升一柄牙金扇，上绘有自鸣钟，还有御题诗：

> 昼夜循环胜刻漏，绸缪宛转报时全。
> 阴阳不改衷肠性，万里遥来二百年[1]。

---

[1]　方豪：《中西交通史》页 758，岳麓书社，1987 年。

康熙还有一首《咏自鸣钟》诗〔图11〕：

> 法自西洋始，巧心授受知。
> 轮行随刻转，表指按分移。
> 绛帻休催晓，金钟预报时。
> 清晨勤政务，数问奏章迟[1]。

雍正皇帝也留下了两首咏钟表的诗，其一为〔图12〕：

> 巧制符天律，阴阳一弹包。
> 弦轮旋密运，针表恰相交。
> 晷刻毫无爽，晨昏定不淆。
> 应时清响报，疑是有人敲。

其二为：

> 八万里殊域，恩威悉咸通。
> 珍奇争贡献，钟表极精工。
> 应律符天健，闻声得日中。
> 莲花空制漏，奚必老僧功[2]。

[图11] 康熙帝《咏自鸣钟》诗
〔采自：清圣祖《御制文四集》卷三二〕

[图12] 雍正帝《咏自鸣钟》诗
〔采自：《世宗宪皇帝御制文集》卷二一〕

在这些诗篇中，康熙和雍正毫无掩饰地表达了对这种来自西洋的计时仪器的赞扬之情。我们知道，康熙帝本人热心于西洋科学，对西洋的钟表机械技术亦同样具有强烈的兴趣。因此康熙对钟表的认识是建立在科学性基础上的。而雍正更注重钟

[1] 清圣祖《御制文四集》卷三二。
[2] 《世宗宪皇帝御制文集》卷二一。

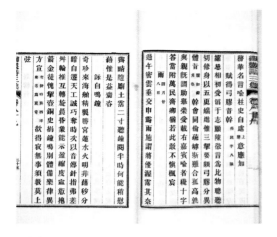

[图13] 乾隆帝《咏自鸣钟》诗
〔采自：清高宗《御制诗三集》卷八九〕

表的实用性能，通过对钟表进贡所蕴含的政治意义的大肆渲染，用以粉饰"一统天下，万邦来朝"的太平盛世景象。

延至乾隆时，由于妄自尊大的心理和观念的滋生，阻碍了先进科学技术在宫中的传播，康熙时形成的学习西方科学的热潮正逐步衰退。表现在对钟表的态度上，则皇帝的兴趣渐向奇巧方向倾斜。这在乾隆的《咏自鸣钟》诗中得到了很好的反映〔图13〕：

奇珍来海舶，精制胜宫莲。水火明非籍，秒分暗自迁。
天工诚巧夺，时次以音传。钟指弗差舛，转推互转旋。
晨昏象能示，盈缩度宁愆。抱箭金徒愧，挈壶铜史指。
钟鸣别体备，乐律异方宣。欲得寂无事，须教莫上弦[1]。

在这首诗中，乾隆除了对西洋钟表计时的准确性作例行描述之外，更多地表现出了对其所附各种变动玩意的关注。他在诗注中指出"有按时奏西洋乐者为更奇"，对西洋钟表奇巧的艳羡心态溢于言表。从中不难看出，乾隆对钟表的看法已经远非其祖父那么朴实得当。在他的眼中，变化多样，争奇斗艳的西洋钟表已经是奢华的象征，极具观赏价值的艺术品了。这无疑对当时清宫中的钟表制作和收藏具有导向作用，随着这种看法的形成，搜罗样式新、玩意奇的钟表成为乾隆不自觉的行为，从而导致了乾隆时期大量西洋钟表的进口和清宫造办处钟表的规模生产。

乾隆以后的皇帝们对自鸣钟又有了新的理解，嘉庆皇帝在他的《咏时辰表》诗中写道：

⑴ 清高宗《御制诗三集》卷八九。

昼夜功无间，循环二六时。枢机迭轮转，分刻细迁移。

弦轴回旋妙，针锋迟速宜。惜阴堪警惰，精进不知疲[1]。

在嘉庆帝眼中，钟表是一种警示，提醒他自己要珍惜时间，积极进取，切不可有丝毫的怠惰思想。同样的意思在咸丰帝的咏自鸣钟诗里也有所表现：

皇清德泽被无垠，准溯天文列贡珍。

测量依时超玉露，丁东报晓迈鸡晨。

闲时好彻花间韵，静里宜参象外因。

息养瞬存分刻数，心殷体健励恭寅。

柔远思周月毳垠，身边雅称佩殊珍。

每当裁句验迟速，更切敕几励夕晨。

玉漏权舆制趋巧，璇仪测度悟推因。

披衣虞晏勤民政，那计看针丑与寅[2]。

经过几百年的发展，自鸣钟终于和宝贵的时间联在一起。作为度量时间的工具，透过其华丽的外表，皇帝们看到的是其内部所蕴含的深刻意义。"嘀嗒"作响的声音昭示着时光在飞逝，心里自然产生一种人生苦短的紧迫感和时不我待的危机感。恐怕这些诗篇对我们现代人来讲也不无启发吧？

应该说，在中西文化交流的历史长河中，钟表的际遇是幸运的。自从明朝末年进入中国宫廷，皇帝们便对其表现出极大的兴趣。他们竭力搜罗、制作、收藏，使得自鸣钟表几乎充斥于皇宫的各个角落。传教士们带来的自鸣钟，不但满足了中国人的好奇心，也开启了中国宫廷使用、收藏钟表的先河。

[1]《清仁宗御制诗初集》卷一〇。
[2]《清文宗御制诗文全集》卷五。

康熙朝钟表历史考述

康熙朝是中国钟表发展史上的一个重要时期，这一点越来越成为钟表研究界的共识。但事实上，由于资料的匮乏，我们对康熙时期钟表历史的认识并不清晰，迄今为止还没有专门论述这一时期钟表历史的较为完备的著述。鉴于此，本文在广泛搜罗各种材料的基础上，力图还原康熙朝钟表历史的真实状况，评述其历史地位，或许对中国钟表历史的研究有所裨益。

一　康熙时期钟表的收藏和使用

我们知道，康熙皇帝是一位勤奋好学的皇帝，除了对中国传统学术有精深的研究之外，对西洋科学也抱有浓厚的兴趣，并躬自钻研学习。他曾下令制造科学仪器、设局生产西药、丈量测绘地图、改良农业品种，把西洋科学知识广泛应用到国家的实际利益上。钟表这种集多种科技于一身的来源于西方的先进器械，也同样被纳入了他的视野之内。康熙帝对钟表的兴趣在他的御制诗中即有所体现，康熙三十三年〔1694年〕他作了一首《戏题自鸣钟》的诗：

> 昼夜循环胜刻漏，绸缪宛转报时全。
> 阴阳不改衷肠性，万里遥来二百年[1]。

据说此诗是康熙帝题写在赐给葡萄牙传教士徐日升的一柄牙金扇上的，那上面还绘有自鸣钟的形象[2]，反映出他对自鸣钟的基本认识和热衷的程度。康熙帝对钟表的兴趣，大大促进了宫中钟表的收藏和广泛使用。

康熙时期宫中钟表的藏量到底有多大，记载皆语焉不详。但通过康熙自己和当时服务于宫廷的外国传教士的记述，使我们清楚地了解到当时的状况。

康熙时曾作《庭训格言》一书，专门记载康熙皇帝有关宫廷礼制的重要训谕，其中一节便谈到当时宫中自鸣钟的收藏情况。康熙讲道：

---

[1] 清圣祖《御制文二集》卷三。

[2] 方豪：《中西交通史》页758，岳麓书社，1987年。

明朝末年西洋人始自中国作验时之日晷。初制一、二，时明朝皇帝自认为宝而珍重之。顺治十年间，世祖皇帝得一小自鸣钟，以验时刻，不离左右。其后又得自鸣钟稍大者，遂效彼为之。虽能仿佛其规模而成在内之轮环，然而上劲之法条未得其法，故不得其准也。至朕时，自西洋人得作法条之法，虽作几千百而一一可必其准。爰将向日所珍藏世祖皇帝时自鸣钟尽行修理，使之皆准，今与尔等观之。尔等托赖朕福如斯，少年皆得自鸣钟十数以为玩器，岂可轻视之？其宜永念祖父所积之福可也[1]。

通过康熙颇为自豪的自述，可知由于钟表收藏的扩大，宫中拥有钟表的人数日众，康熙皇帝本人自不必说，就是宫中"少年皆得自鸣钟十数以为玩器"，这应该是当时的实录。于此可以得到宫中钟表收藏宏富的基本概念。

意大利传教士马国贤〔Matteo Ripa，1862～1745年〕曾在清宫为康熙帝服务达 12 年之久，亲自参与和目睹了当时发生的许多重要事情，对康熙朝宫廷的情况是相当熟悉的。在其所写的回忆录《清廷十三年》中记述了他在康熙六十年俄国伊兹马伊洛夫使团出使中国时奉命为其担任译员并带领俄国公使参观康熙皇帝的钟表收藏的情况。马国贤写道：

我只想补充一个小插曲，也许能够给出一个中国皇帝有多么富有的概念。一天，我奉命给公使和他的一些随员们展示一下陛下的钟表收藏。一踏进房间，伊斯梅洛夫伯爵大吃一惊，这么多数量和品种的钟表展示在他的面前，他开始怀疑这些东西都是赝品。我请他亲手拿几件看看，他照办后，吃惊地发现他们全是极品。当我告诉他，现在看到的所有钟表都是准备拿来送礼的，陛下拥有的钟表数量远不止这些时，他更是惊讶不已[2]。

康熙的钟表收藏给伊兹马伊洛夫使团留下了非常深刻的印象，同时也表明康熙时期在宫中存在着专门收贮钟表的处所或者库房。收贮钟表的处所在

---

[1] 《庭训格言》，载《影印文渊阁四库全书》第 717 册，页 641，台北商务印书馆。
[2] ［意］马国贤著，李天纲译：《清廷十三年——马国贤在华回忆录》页 99，上海古籍出版社，2004 年。

[图 1] 清宫自鸣钟处旧址

什么地方，根据文献记载，起码有一处是在紫禁城内廷乾清宫东庑之端凝殿南，"〔端凝殿〕再南三楹，为旧设自鸣钟处，圣祖仁皇帝御笔匾曰：'敬天'。高宗纯皇帝御笔联曰'帘縶香篆斋心久，座殿钟声问夜迟'。其地向贮藏香及西洋钟表，沿称为自鸣钟"[1]。可知康熙时期这里是专门存贮自鸣钟的地方〔图 1〕。马国贤还讲道 1723 年在他准备离开中国之前，曾经向内务府提出申请：

　　　　内务府把我交给陛下的第十三兄弟，他负责收藏钟表，自然就是我的直接主管[2]。

　　这里"陛下的第十三兄弟"即是怡亲王允祥，当时正负责内务府的全面工作，时值雍正皇帝刚刚继位不久。可以推测，钟表收藏在康熙时期的宫廷收藏中是相当重要的一个门类，以至于马国贤会产生内务府主管大臣专门负责收藏钟表这样的错觉。

[1] 〔清〕庆桂等编纂：《国朝宫史续编》卷五四。
[2] 〔意〕马国贤著，李天纲译：《清廷十三年——马国贤在华回忆录》页 115，上海古籍出版社，2004 年。

马国贤讲的是康熙六十年〔1721年〕时宫中钟表的收藏情况，也可以将其视为康熙一朝钟表收藏状况的总括，尽管现在已经无法得知康熙宫廷钟表收藏的确切数字，但通过上面的记载，我们还是能够感觉到其数量之大、品质之精，超乎想象〔图2〕。

如此多的钟表，与其广泛使用有很大关系。就现有的资料分析，康熙时期宫中钟表的使用主要有以下几个方面：

〔图2〕铜镀金壳画珐琅怀表
法国 18世纪
直径6.1厘米
〔故宫博物院藏〕

首先是用于殿宇中的陈设。据来华的传教士记述，在康熙自己的房间里并不像他的先辈们一样充满首饰和古代艺术品，而是以科学仪器作为装饰。

> 在所有的仪器中，他最喜欢的是用于观察天体的双筒望远镜、两座挂钟、水平仪，这种仪器精确度很高，他让把这些仪器摆在自己的房间里[1]。

传教士们的记述可能有些夸大，但康熙对包括钟表在内的科学仪器十分热衷却是事实，尤其是钟表，兼集陈设和实用多种功能于一身，在宫殿中陈设使用是可以想象得到的。马国贤就曾讲到康熙拥有大量的钟表，摆放在宫廷各部分，用于个人享受。

其次是用于馈赠和赏赐。在前面马国贤的记载中提到康熙皇帝有专门的地点存贮用于送礼的钟表，说明其用量是很大的。馈赠和赏赐的对象主要是皇室成员和某些特殊的人员。比如：康熙三十九年〔1700 年〕十月皇太后 60 寿辰，康熙特命皇四子胤禛准备进献的礼物，礼物中即包括"自鸣钟一架"[2]；皇子有好的表现也将钟表作为奖励赏赐，如康熙就曾赏给皇子胤礽一架"上下运动的小鸟在里面的钟"[3]，《庭训格言》中所讲的"少年皆得自鸣钟十数以为玩器"的钟表，恐怕绝大部分都是康熙赏赐给他们的。

再次是作为天文观测和平日计时的工具。计时在天文观测中的作用和影响是不言而喻的，在康熙时代的西方，钟表已经成为天文领域十分普遍的计时工具，而中国也早在明朝末年，徐光启就曾上疏建议制造时辰钟以为观天之用，那么，康熙时期钟表的使用也就是自然而然的了。不但如此，更有迹象表明康熙在日常生活中也是用钟表来计时的。他所做《咏自鸣钟》的御制诗：

> 法自西洋始，巧心授受知。
> 轮行随刻转，表指按分移。

[1] 阎宗临：《传教士与法国早期汉学》页 21，大象出版社，2003 年。

[2] 《清圣祖实录》卷二〇一。

[3] 〔美〕史景迁：《中国皇帝康熙自画像》页 153，上海远东出版社，2001 年。

绛帻休催晓，金钟预报时。

清晨勤政务，数问奏章迟[1]。

便形象地描画出康熙自己在清晨用钟表验时定刻，处理政务批阅奏章的情形。乾嘉时期著名学者钱泳所著《履园丛话》中的一则史料为我们提供了更为具体的情况：

> 吴南村廷桢，博学多才，书法少师赵、董，馆于巡抚慕公天颜署中。南村故吴人，因冒陕西籍中式北闱，行查斥革。康熙三十八年三月，恭逢圣祖南巡，廷桢献诗。四月朔日，上自浙江回銮，伏谒平望河干。上召见，命作御舟即事，韵限三江一绝。吴援笔立就，云："金波溶漾照旌幢，共庆回銮自越邦。"正在构思，闻自鸣钟响，宋中丞荦奏曰："将到吴江矣。"吴遂得续句云："御幄裁诗行漏报，计程应已到吴江。"上得诗，甚喜，称赏。次日引见，命廷桢写擘窠大字讫，问廷桢曰："苏州民既庶矣，看来是庶而未富。"对曰："并非不富，只因皇上视民如伤之心太切了，觉得如此。"天颜甚豫，遂命礼部注册复还举人。其明年会试中进士，入翰林，官至宫谕[2]。

这条史料一直没有引起钟表研究者的注意。吴中才子吴廷桢在御舟上奉命作诗，灵感居然来自于御舟之中自鸣钟的报时声。这件发生在康熙三十八年〔1699年〕康熙南巡途中的偶发事件清楚地告诉我们，即使是南巡离开京城，康熙帝仍然随身携带有自鸣钟，而且是实实在在用来计时的。在宫中的寝宫安放有自鸣钟，在外出南巡的御舟上也安放有自鸣钟，说明自鸣钟已经成为当时宫廷中十分重要的计时工具。

至于康熙时期民间钟表收藏和使用的情况，由于材料的缺乏，同样已经很难做出清晰而准确的判断。但可以肯定的是钟表在当时还是相当珍贵的东西，能够拥有的人当然也是少之又少的，根据史料，以下人等通常会有一定的钟表收藏。

⑴ 清圣祖《御制文四集》卷三二。

⑵〔清〕钱泳：《履园丛话》卷一《御舟即事诗》。

一种是到中国来的西洋人，主要是西方的传教士。钟表在西方传教士进入中国乃至敲开皇宫大门的过程中曾发挥过重要作用，早期传教士通过钟表的演示和馈赠成功地消除了与中国人之间的距离感，因此，以后到中国来的传教士都或多或少携带有钟表等西洋器物，其教堂之内通常陈设有自鸣钟或建有钟楼，这种传统到康熙时期依然如此。清代著名学者陆陇其在日记中特别记载：他于康熙十四年三月十九日这天曾"游天主堂，见西人利类思，看自鸣钟"[1]。宾主之间想必就此有所交流。1793 年来到北京的俄国伊兹勃兰德·义杰斯使团的成员曾受耶稣会传教士的邀请访问北京天主堂，据他们记述："举行天主仪式的教堂里有许多圣像和美丽的祭坛，教堂很大，可容纳两三千人。屋顶有一座报时的钟和使钟开动的机器。"[2]更有意思的是康熙五十三年在直隶真定府发生的因拖欠地租而引起的传教士与中国人之间的纠纷中，居住在真定府教堂的西洋人高尚德即以"抢去自鸣钟等物"具诉真定县武举郑逢时，可知当时各地方教堂西洋人中是有拥有自鸣钟的[3]。这一点通过康熙初年曾在江南常熟一带传教的耶稣会士鲁日满〔Franciscus de Rougemont〕1674 至 1675 年间的私人账本中的相关记载也可以得到证实，账本显示在常熟的鲁日满和上海的柏应理都有钟表[4]。所有这些都说明，西方传教士是当时普遍拥有钟表的一个阶层。

另一种是朝中负责管理西洋人事务或与西洋人有接触的官员。这里不妨举两例。赵昌是康熙时期专门参与宫中西洋人管理的官员之一，官阶虽然不高，但在康熙与传教士之间影响很大。康熙六十一年十二月，也就是康熙帝刚刚去世不久，新继位的雍正皇帝便将其罢官囚禁。在被查抄的赵昌家产中，就有"大小钟表六"、"各种西洋物品一百六十八件"[5]。索额图在康熙时任领侍卫内大臣之职，位高权重，对西方事物感兴趣，与西洋人关系很好，经常参与国家的外交活动。前面提到的俄国伊兹勃兰德·义杰斯使团在北京逗留

[1]〔清〕陆陇其：《三鱼堂日记》卷三。

[2]〔荷〕伊兹勃兰特·伊台斯等编：《俄国使团使华笔记》页 224，商务印书馆，1980 年。

[3] 中国第一历史档案馆编：《康熙朝汉文朱批奏折汇编》第六册，页 121～125，档案出版社，1985 年。

[4]〔比利时〕高华士著，赵殿红译：《清初耶稣会士鲁日满常熟账本及灵修笔记研究》页 456，大象出版社，2007 年。

[5] 中国第一历史档案馆编译：《雍正朝满文朱批奏折全译》页 2，黄山书社，1998 年。

期间，索额图便前往拜会，使团送给他许多礼品，包括"小时钟两座"，索额图接受了这些礼品并表示感谢[1]。由此可见官员中拥有钟表情况之一斑。但不管怎么样，民间的钟表收藏都是无法与宫中的钟表收藏和使用相比的。

二　康熙时期外国钟表的输入

康熙时期的钟表收藏从产地而论有西洋所产，有中国自己制造，但恐怕以西洋所产占大多数。这些凝聚着西方科学和工艺成就的钟表伴随着中外交往、文化交流和贸易活动进入中国乃至皇宫，成为中外交往和文化交流的重要见证。通过现有的史料分析，康熙时期外国钟表输入中国的途径大致有以下几方面：

1. 外国使团的馈赠

康熙时期随着中外交往的进一步加深，不断有外国使团来到中国。这些使团在选择送给中国人乃至皇帝的礼物时往往颇费心思。在这些礼物中时常都有钟表出现〔图 3〕。如："康熙初，英吉利进自鸣钟，置端凝殿南，后移于交泰殿。"[2] 又如：康熙二十五年〔1686 年〕荷兰派使团来到北京，在当时的中国人眼中，这是相当轰动的外夷朝贡事件，是皇威远被四表的体现。在记载的所谓"荷兰贡物"中就有"大自鸣钟一座"[3]。这方面尤以俄国最具典型性。

1676 年，为配合俄军对我国黑龙江流域的武装侵略，窥探中国的虚实，俄国派斯帕法里率使团出使中国。清政府隆重接待了使团，康熙帝两次接见，希望通过谈判解决中俄边界的争端。其间斯帕法里将貂皮、黑狐皮、呢绒、珊瑚串珠、镜子、钟表及琥珀等价值 800 卢布的物品赠给康熙皇帝[4]。

雅克萨战争之后，俄国政府为了缓和远东的紧急局势，决定接受清政府的建议，举行边界谈判。为此，俄政府派维纽科夫和法沃罗夫为专使于 1686

⑴〔荷〕伊兹勃兰特·伊台斯等编：《俄国使团使华笔记》页 208，商务印书馆，1980 年。
⑵《清宫词选》页 159，紫禁城出版社，1985 年。
⑶〔清〕王士祯：《池北偶谈》卷四，中华书局，1982 年。
⑷〔俄〕尼古拉·班蒂什 - 卡缅斯基编著：《俄中两国外交文献汇编》页 40，商务印书馆，1982 年。

[图 3] 彩漆嵌铜活鼓字盘二套钟
18 世纪
通高 63 厘米　宽 37 厘米　厚 16 厘米
〔故宫博物院藏〕

年 11 月先期到达北京，传达俄方的意思。在进献礼品时发生的事极具趣味：

> 11 月 5 日那天，中国人要求专使向博格德汗〔康熙皇帝〕呈献礼品。于是他们就把礼品送到了汗的宫廷。博格德汗观看礼品时，考虑到他们二位专使从如此遥远的地方匆忙赶来，便谕令他们把这些礼品拿回去，随意定价出售，汗本人只选取了两枚海象牙。这些礼品是：银座钟一对、法国银表一只、德国小表一对、土耳其制小表一只、海象牙九只、精制玻璃眼镜六副、珊瑚串珠一百三十颗、带框的德国镜子一面、德式饰金帽子两顶、单筒望远镜两个、法国精制玻璃望远镜两副、土耳其地毯一块。其实，所有这些东西当时都替博格德汗买下了，旁人谁都不敢去买这些物品[1]。

最终俄国人的礼物还是收归康熙手中。

1689 年，中俄双方签订《尼布楚条约》后，俄方使团送给中方的礼品中也有钟表。对此，在谈判中充当译员的法国传教士张诚在日记中写道：

> 俄国首席全权特使清晨派人前来问候我们钦差大臣们的时候，送来一座精致的自鸣钟、三块表、一对镀金银瓶、一架长约四呎的望远镜、一面一呎多高的玻璃镜和一些毛皮。估计总值不会超过五百至六百克郎。此外，他还指定把最好的礼品大部分送给首席钦差大臣，国舅为此大不高兴。我们便尽力从中调和，说这些礼品应是共同送给两位为首的钦差大臣的。他们商量一阵后就接受了，但决定自己什么也不留，全部奉献给皇上[2]。

《尼布楚条约》的签订，中俄边境的相对稳定，使中俄之间的贸易迅速发展起来，但主要是以私商为主。俄国政府有意由政府垄断对华贸易，需要详细调查中国市场对俄国货物的需求情况，以及清政府对中俄贸易的态度，

---

[1] ［俄］尼古拉·班蒂什－卡缅斯基编著：《俄中两国外交文献汇编》页 65，商务印书馆，1982 年。
[2] ［法］张诚著，陈霞飞译：《张诚日记》页 47，商务印书馆，1973 年。

于是派遣丹麦人伊兹勃兰德·义杰斯作为俄国使节出使中国，商谈中俄贸易的详细办法。这是《尼布楚条约》签订后俄国派遣来华的第一个正式使节。义杰斯于 1692 年 3 月带领使团离开莫斯科，1693 年 11 月到达北京。康熙皇帝数次召见了义杰斯，义杰斯向康熙呈献了所携带的国书和礼品，礼品中包括两只艺术装饰的金表，但由于俄国国书不合款式，康熙退回了国书和礼品，不予接受。在北京逗留期间，义杰斯还拜会了朝中高官，赠送了礼品，如送给侍读学士的礼物有各种皮张、呢子、镜子、香水、象牙和一些奇妙的奥格斯堡的带发条的玩具，义杰斯等人在出使报告中还提到使团带有一些装有发条的机械玩具和钟表，用来送礼或交易[1]，反映出当时中国人对这类物品充满好奇，非常喜欢的情形。

1720 年，俄国又派伊兹马伊洛夫出使中国，试图打破康熙晚期中俄之间出现的贸易僵局，交涉恢复中俄之间的贸易并谋求进一步的发展。俄使在北京停留三个多月，康熙接见了十多次。伊兹马伊洛夫将沙皇的礼品献给康熙，康熙欣然接受。

> 这些礼品是：镶着雕花镀金镜框的大镜一面、台镜一面、镶着水晶镜框的长方形镜子多面、英国自鸣挂钟一座、镶宝石怀表一对、罗盘一只、数学制图仪器四套、大君主用的绘有波尔塔瓦战役图的望远镜四架、显微镜一架、晴雨表二只……共值五千零一卢布又八十三戈比[2]。

同时，伊兹马伊洛夫还以私人的名义向康熙进献了礼品，包括：

> 金质怀表一只、镶有珐琅的金质烟盒一个、英国金盒一个、法国银剑一柄、银质有柄大杯一只、狗二十四只及丹麦马一匹[3]。

据不完全统计，康熙一朝俄国使团送给康熙的钟表就有近二十件之多。

[1]［荷］伊兹勃兰特·伊台斯等编：《俄国使团使华笔记》页 174，商务印书馆，1980 年。

[2]［俄］尼古拉·班蒂什－卡缅斯基编著：《俄中两国外交文献汇编》页 115，商务印书馆，1982 年。

[3]［俄］尼古拉·班蒂什－卡缅斯基编著：《俄中两国外交文献汇编》页 116，商务印书馆，1982 年。

2. 传教士的礼物

钟表这种西方奇器的代表品种，从一开始就引起中国各阶层的极大兴趣，而且一直持续不衰，在这一点上，西方传教士恐怕有着更深切的感受。1719 年 10 月 14 日法国传教士卜文气〔Louis Porquet〕自无锡写给他兄弟的信中列举了中国人感兴趣的各种物品：

> 可以使他们感到高兴的差不多是这样一些东西：表、望远镜、显微镜、眼镜和诸如平、凸、凹、聚光等类的镜，漂亮的风景画和版画，小而精巧的艺术品、华丽的服饰、制图仪器盒、刻度盘、圆规、铅笔、细布、珐琅制品等[1]。

其中钟表赫然在前。正因为如此,作为中西文化交流重要成员的传教士,也经常利用钟表打通关节，疏通关系，把带来的或自制的钟表作为礼物送给对他们有帮助的中国人，或干脆直接进献给皇帝。

葡萄牙传教士安文思〔Gabriel de Magalhaens〕是四川开教的重要人物，曾在张献忠政权中服务，入清后到北京传教，康熙初年在汤若望教案中虽获免留在京师，但主要是利用其技艺为康熙帝服务。

> 自是以后，文思遂不复能尽其传教之职，而执工匠之业，为幼帝康熙制造器物，盖欲以此博帝欢，俾能继续传教也。文思因此有一次献一人像于帝，像内置机械，右手执剑，左手执盾，能自动自行，亘十五分钟不息。又有一次献一自鸣钟，每小时自鸣一次，钟鸣后继以乐声，每时乐声不同，乐止后继以枪声，远处可闻[2]。

安文思是较早进钟表给康熙皇帝的传教士。

意大利传教士闵明我〔Philippe-Marie Grimaldi〕神甫奉召与南怀仁一起在康熙宫廷中治理历法，为与康熙拉近关系，闵明我也曾向康熙进献钟表机械。

---

[1] 阎宗临：《传教士与法国早期汉学》页 9，大象出版社，2003 年。
[2] ［法］费赖之著，冯承钧译：《在华耶稣会士列传及书目》页 257，中华书局，1995 年。

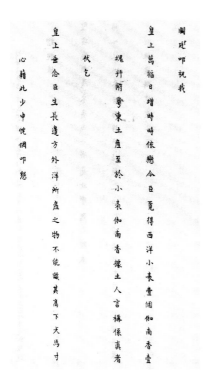

[图4] 广东总督赵弘粲向康熙进贡西洋小表的奏折
〔中国第一历史档案馆藏〕

明我在获得皇帝护教之意以前，曾用种种方法博取帝宠与其好奇心。曾将在当发时为新明之水力机进呈，机上有常喷不已之喷水一道，准确报时钟一具，天体运转器一具，准确报晓钟一具[1]。

向康熙帝进贡钟表者并不仅仅限于外国人，一些地方官员有时也将得到的钟表进献，这在当时留存的档案中是有所反映的。如：

江西巡抚奴才郎廷极恭进：……西洋法蓝五彩玻璃花瓶一件、西洋法蓝五彩玻璃花篮一件、西洋避雷石一件、西洋金星紫玻璃水茄式鼻烟壶二件、西洋大日表一件、西洋小仪器一件……[2]

又如：

康熙四十八年七月初十日：总督广东广西兵部右侍郎兼督察院右副都御史奴才赵弘粲谨折跪请圣安。……今臣觅得西洋小表一个、伽南香一块并附粤东土产。至于小表、伽南香，据土人言称系真者。……叩恳圣慈俯鉴赐收[3]〔图4〕。

⑴ 〔法〕费赖之著，冯承钧译：《在华耶稣会士列传及书目》页369，中华书局，1995年。

⑵ 中国第一历史档案馆编：《康熙朝汉文朱批奏折汇编》第八册，页1118，档案出版社，1985年。

⑶ 中国第一历史档案馆编：《康熙朝汉文朱批奏折汇编》第二册，页540，档案出版社，1985年。

再如：

> 康熙五十五年九月二十八日：广东巡抚奴才杨琳，为奏闻事。……奴才觅有法蓝表、金刚石戒指、法蓝铜画片、仪器、洋法蓝料……等件，交李秉忠代进[1]。

这些进献的钟表都来自于西洋，进献者或得之于传教士，或得之于中外之间的贸易活动。

3. 中外之间的贸易

随着社会的发展和边疆的稳定，康熙时期的中外贸易也相当活跃。那时的中外贸易主要是以货易货，比如在广东的洋商贩来呢羽、哔叽、钟表等件换内地之湖丝、茶叶、绸缎、布匹等物，在北方的俄国商人主要以貂皮、洋布换取中国的丝绸、茶叶、大黄等，其中钟表是洋商用以交易的重要物品。康熙时期通过贸易输入的钟表大致有两条路线，一条是南方的海上贸易线，一条是西北的陆路贸易线。

南方的海上贸易主要以广州和澳门为中心，康熙时每年都有洋船满载西洋货物来到这里。为了满足皇室对西洋物品的需求，内务府也经常派出所谓的"钦差"到这里采买。康熙时的李秉忠就经常被委以此职，当地地方官员都不遗余力地予以协助。如康熙五十五年九月十六日总督广东广西兵部右侍郎兼督察院右副都御史赵弘粲在呈给康熙的奏折中就谈到"差家人三名跟李秉忠至澳门寻买西洋物件"，并承诺"俟购到之日，奴才专差家人随李秉忠进京"[2]。直接委派人员赴广州、澳门或其他与西洋有贸易交往的地方采买，这是十分通行的宫中获取洋货的渠道。

另外，在广东负责进出口事宜的粤海关监督同样是宫廷购置西洋货物的中间人和经办者。从乾隆十四年〔1749 年〕的一则谕旨中我们可以得知康熙时期经由粤海关监督为宫廷购置西洋物品的大致程序和经过：

[1] 中国第一历史档案馆编：《康熙朝汉文朱批奏折汇编》第七册，页 451，档案出版社，1985 年。
[2] 中国第一历史档案馆编：《康熙朝汉文朱批奏折汇编》第七册，页 440，档案出版社，1985 年。

奏帝京再令歲廣東自二月至六月到有法
蘭西洋舡六隻喚咭唎洋舡二隻俱係載
銀來廣置貨奴才業經兩次
奏報在案今七月內又到喚咭唎洋舡一隻
撫粵國洋舡二隻所載係黑鉛紫檀棉花
沙籐哆囉呢羽毛布檀香燕合香乳香沒
藥西穀米自鳴鍾小玻璃器皿玻璃鏡丁
香降香苓項貨物此內亦有銀兩今年統
共到有外國洋舡十一隻共載銀約有一
百餘萬兩廣東貨物不能買足係各行舖
戶代往江浙置貨奴才嚴飭地方文武曉
諭各舖客約束各舡水手跟役人等不許
生事並嚴飭各行舖戶不許誆騙番客致
生事端照伊回帆風信發遣歸國合併具
摺同李秉忠奏招

［图 5］康熙五十五年广东巡抚杨琳向康熙帝奏报西洋船所载货物的奏折
〔中国第一历史档案馆藏〕

康熙年间粤海关监督曾着洋船上买卖人带信与西洋，要用何样物件，西洋即照所要之物做得卖给监督呈进，钦此[1]。

如果宫中有西洋物品的需求，就通过官方渠道知会粤海关监督，由于粤海关监督对西洋贸易船上的商人的情况较为了解，他们可以直接或间接同西洋商人接洽，通过西洋商人将宫廷所需物品的信息带回欧洲，在欧洲根据要求向欧洲的生产者定制，完成后再由他们随船带来广东，以相应的价格卖给粤海关监督，最后由粤海关监督进呈宫廷。通过粤海关监督和西洋商人直接向欧洲生产者订货，这是宫中获取西洋物品的又一重要渠道。

那么，通过这些渠道所购买或定制的洋货都是些什么呢？从康熙五十五年八月十日广东巡抚杨琳给康熙帝的奏折可得到相应的线索〔图 5〕，杨琳在奏折中写道：

今七月内又到英吉利洋船一只、苏栗国洋船二只。所载系黑铅、紫

---

[1] 中国第一历史档案馆、香港中文大学文物馆合编：《清宫内务府造办处档案总汇》第 17 册，页 705，人民出版社，2005 年。

檀、棉花、沙藤、哆罗呢、羽毛布、檀香、苏合香、乳香、没药、西谷米、自鸣钟、小玻璃器皿、玻璃镜、丁香、降香等项货物[1]。

应该说，钟表是其中的一项，其精品自然会首先被皇室和官府所购选。

北方的陆路贸易主要以中、俄、蒙古各部之间的贸易为主。作为中俄中介的蒙古人对新奇独特的钟表也抱有浓厚的兴趣，并在与俄国的交往和贸易中着力搜罗，因此，在俄蒙间的交往中也伴随着一些钟表交易。如1722年俄国政府派遣炮兵大尉伊万·温科夫斯基出使土尔扈特部珲台吉策妄阿喇布坦处，尽管温科夫斯基送给策妄阿喇布坦的礼物中没有钟表，但当地的商人和首领却对温科夫斯基携带的钟表大感兴趣，温科夫斯基还适时地送给策妄阿喇布坦一块表。温科夫斯基的记述也说明土尔扈特部商人们对钟表的好奇和兴趣，那么，双方之间进行一些钟表交易也就是很自然的了。可以肯定的是蒙古人又将从俄国人那里得到的钟表或通过不同的途径送到了清朝皇帝、高官手中，或通过商业手段与内地商人进行交换。据档案记载：

> 内务府总管凌普等谨奏：前为策妄喇布坦之使者阿布杜拉额尔克寨桑等带来裘皮等物事，具奏请旨。奉旨：别物勿取，将自鸣钟拿来以阅，好则纳之，劣则却之，钦此。故将厄鲁特策妄喇布坦请安进贡表一块，及该使者阿布杜拉额尔克寨桑等带来变卖之自鸣钟一座、表三块送至宫内，与邸报一并赍进，为此谨奏[2]。

这条档案讲的是康熙晚期的事，其中"变卖"一词很重要，表明蒙古诸部与内地是存在着纯粹商业性的钟表交易的，而他们所进献或变卖的钟表很可能就是通过俄蒙间的边地贸易获得的。除此之外，中俄之间也有一些或直接或间接的钟表贸易。《尼布楚条约》签订后，俄国就定期组织商队前往中俄边境或北京进行贸易。1714年到达北京的奥斯考尔考夫商队便带有"镶着钻

[1] 中国第一历史档案馆编：《康熙朝汉文朱批奏折汇编》第七册，页356，档案出版社，1985年。
[2] 中国第一历史档案馆编译：《康熙朝满文朱批奏折全译》页1545，中国社会科学出版社，1996年。

石的挂表"，是由宣誓商们提供的，而且卖出了很高的价钱[1]。这一点引起了当时俄国方面的注意。正因为中国这个极具吸引力的大市场，俄国才特别在莫斯科和托博尔斯克建立了一些钟表行，意在向中国销售钟表。

三　康熙时期宫中的钟表制作

康熙时期宫廷用器生产和制作的技术创新及艺术造诣都达到了前所未有的高度，新品迭出，工艺精湛，这与此一时期专门成立了为宫中制作各种器用的造办处，大量招募聘用高水平的工匠从事专业化的生产和攻关有密切关系。康熙时期宫中的钟表制作就是如此。

通过前面所引《庭训格言》中康熙帝的自述，使我们知道早在顺治时期宫中便进行了钟表的仿制工作，只是由于技术原因，制作的钟表还不是很好。到了康熙时期，情况就大不一样了，"至朕时，自西洋人得做法条之法，虽作几千百而一一可必其准，爰将向日所藏世祖皇帝时自鸣钟尽行修理，使之皆准"。可以肯定，康熙时期在内务府所辖的制作机构中已经存在一个专门从事钟表制作、修理的作坊。另外，康熙时期宫中还有一个与钟表有关的机构——自鸣钟处，自鸣钟处的具体位置在紫禁城乾清宫东庑之端凝殿南，其虽以存贮钟表而得名，但却是有实际职能和人员的办事机构，康熙三十二年"宫内银两，向自鸣钟处支领"[2]的谕旨便可证实这一点。对于宫中钟表的制作和修理工作，自鸣钟处肯定是参与的，但参与的程度如何，它与制作修理钟表的作坊是怎样的关系，现在都还不太清楚，这是值得研究的。

康熙时期，宫中有相当一批工匠从事或参与钟表制作和修理，其中既有外国传教士，也有从中国各地选拔上来的。

康熙帝曾多次传谕广东地方官员注意随洋船到境的西洋人，并选拔招募有技艺的西洋人到宫中去服务，包括医生、天文、数理、机械等方面的专门人才，其中精通钟表制造者是这些技艺人中的重要组成部分，应该说，传教士中精通钟表技术者几乎都被召入宫中，对提高宫中钟表制作水平发挥了重

---

[1] ［法］加斯东·加恩著，江载华、郑永泰译：《彼得大帝时期的俄中关系史》页 104，商务印书馆，1980 年。

[2] 章乃炜、王蔼人编：《清宫述闻》页 532，"述内廷：乾清门内东庑各处"，紫禁城出版社，1990 年。

要作用。见于记载的康熙时期参与宫中钟表制作的西洋人主要有：

林济各〔Francois Louis Stadlin〕，字雨苍，瑞士人，1658 年 6 月 18 日生于祖格城，是中瑞文化交流史上的一位重要人物。他"性嗜机械，对于时计，精研有素"[1]。作为钟表匠曾在欧洲许多国家工作，1707 年应招来华并成为宫廷的钟表师，深受康熙皇帝的宠爱，康熙帝常去他的工作室与他聊天。1717年严嘉乐在写给欧洲的信中还特别提到他："皇宫的钟表师林济各在这里一直很好，他向所有的熟人衷心地问候。"[2]林济各在华的 33 年中一直在宫中服务，为皇帝制作过各式自鸣钟。在他的指导下，清宫钟表制作技术达到了相当高的水平，一时甚至超过了西洋所造的钟表。

陆伯嘉〔Jacques Brocard〕，字德音，法国人，1701 年来华。"精艺术，终其身在内廷为皇帝及亲贵制造物理仪器、计时器与其他器物"[3]。

杜德美〔Pierre Jartoux〕，字嘉平、法国人，1701 年来华。"杜德美神甫对分析科学、代数学、机械学、时计学等科最为熟练。故康熙皇帝颇器其才，居京数年"[4]。可知他参与了宫廷中的钟表制作。

严嘉乐〔Karel Slavicek〕，字宪侯，波西米亚人，1716 年至华，第二年到京并进入宫廷服务，其人精通算术，熟练音乐，而于数种机械技艺也颇谙熟。"于时计、风琴之制造与修理亦优为之，特耗长远光阴而从事于此，虽多病仍不废作业"[5]。由于其精湛的技术，康熙帝对其颇为器重，曾协助杜德美制作钟表。

安吉洛〔Father Angelo〕，康熙五十九年〔1720 年〕十月，以精通机械学，有一技之长的身份，随教皇特使嘉乐〔Carlo A Mezzabarba〕的使团来华，并于 1721 年被送到宫廷成为皇帝的御用钟表匠之一。马国贤记载 1722年曾受命为安吉洛当翻译和向导，每天花两个多小时从畅春园寓所到宫里为皇帝制作钟表。作为御用钟表匠，安吉洛唯皇帝之命是从，在他看来，为皇帝制作钟表比维护其宗教使命更重要，也因此曾与马国贤产生相当尖锐的矛

⑴〔法〕费赖之著，冯承钧译：《在华耶稣会士列传及书目》页 628，中华书局，1995 年。

⑵〔捷克〕严嘉乐著，丛林、李梅译：《中国来信》页 35，大象出版社，2002 年。

⑶〔法〕费赖之著，冯承钧译：《在华耶稣会士列传及书目》页 603，中华书局，1995 年。

⑷〔法〕费赖之著，冯承钧译：《在华耶稣会士列传及书目》页 594，中华书局，1995 年。

⑸〔法〕费赖之著，冯承钧译：《在华耶稣会士列传及书目》页 669，中华书局，1995 年。

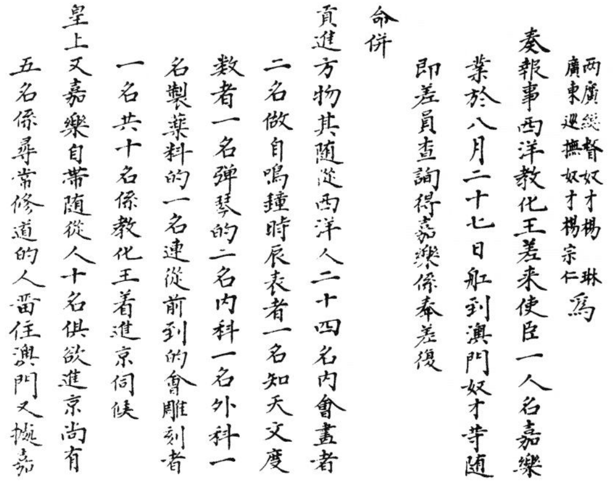

盾⑴。在康熙五十九年广东巡抚杨琳的奏折中也提到过随同嘉乐来华的一位钟表匠〔图6〕：

> 西洋教化王差来使臣一人名嘉乐业于八月二十七日船到澳门……其随从西洋人二十四名内会画二名、做自鸣钟时辰表者一名、知天文度数者一

两广总督杨琳
广东巡抚奴才杨琳宗仁为
奏报事西洋教化王差来使臣一人名嘉乐
业于八月二十七日船到澳门奴才等随
即差员查询得嘉乐係奉差恭顺

命併
贡进方物其随从西洋人二十四名内会画者
二名做自鸣钟时辰表者一名知天文度
数者一名製药料的一名外科一
名共十名係教化王着进京伺候
一名製药料的一名连从前列的鲁雕刻者
皇上又嘉乐自带随从人十名供欲进京尚有
五名係寻常修道的人留任澳门又拢嘉

[图6] 康熙五十九年广东巡抚杨琳关于西洋技艺人进宫服务事宜的奏折
〔中国第一历史档案馆藏〕

> 名……系教化王着进京伺候皇上⑵。

此人的汉文名字叫徐安。康熙六十年杨琳的奏折写道：

> 有上年随嘉乐到粤留养之西洋人徐安善做钟表等物，今已痊愈。……准于七月二十四日随员外郎李秉忠起身来京⑶。

同随嘉乐来华，都善做钟表，都于1721年到达北京，据此可知安吉洛和徐安可能就是同一个人。

与此同时，地方官员还招募网罗各地善做珐琅、钟表的民间工匠，并把他们送到宫中服务。如：

> 康熙五十五年九月初十日：广东巡抚奴才杨琳，为呈验事。奴才访得广城能烧法蓝人一名潘淳，原籍福建，家住广东，试验所制物件颇好。奴才令其制造法蓝金钮，欲连人进呈内廷效力。值乌林大、李秉忠奉差到

⑴ [意] 马国贤著，李天纲译：《清廷十三年——马国贤在华回忆录》页112，上海古籍出版社，2004年。

⑵ 中国第一历史档案馆编：《康熙朝汉文朱批奏折汇编》第八册，页727，档案出版社，1985年。

⑶ 中国第一历史档案馆编：《康熙朝汉文朱批奏折汇编》第八册，页828，档案出版社，1985年。

粤，令其试验技艺可取，奴才随与安顿家口并带徒弟黄瑞兴、阮嘉猷二人随李秉忠一同赴京。所有潘淳烧成法蓝时辰表一个、鼻烟壶两个、钮子八十颗合先呈验[1]。

又如：

> 康熙五十五年九月二十八日：广东巡抚奴才杨琳，为奏闻事。……广东人潘淳能烧法蓝物件，奴才业经具折奏明。今又查有能烧法蓝杨士章一名，验其技艺，较之潘淳次等，亦可相帮潘淳制造。奴才并捐给安家盘费，于九月二十六日西洋人三名、法蓝匠二名、徒弟二名，俱随乌林大、李秉忠起程赴京讫[2]。

其中潘淳呈递的样品中就有自制的珐琅时辰表，如果宫中需要他们从事钟表制作，这些工匠是完全可以胜任的。

在康熙时期宫中钟表制作的群体中似乎也有太监。据伊兹马伊洛夫使团成员在报告中讲，1721 年一位与皇帝特别亲近的太监曾送给特使一枚他自己制作的金质珐琅小表。如果是这样的话，康熙时期宫中钟表制作队伍的来源已经是相当广泛了[3]。

至于康熙时期宫中钟表制作、修理的具体情况，这里不妨移录几条相关档案加以说明。"康熙四十三年十月十七日：准太监李耀来文，奉旨：著制做。焊自鸣钟等项送去配焊药银一两"。"康熙四十三年十月二十九日：今年五月二十六日太监李耀来文，奉旨：著制做。钦此。制做拴钟表所用绳子一百条，用过银六两六钱四分"。"康熙四十三年十月，准太监李耀来文，制做自鸣钟用软药四两，此项银二钱五分"。"康熙五十一年十二月二十八日：十月十五日，准监督养心殿造办项目之兆常等来文，奉旨：著制做。钦此。焊

⟨1⟩ 中国第一历史档案馆编：《康熙朝汉文朱批奏折汇编》第七册，页 422，档案出版社，1985 年。
⟨2⟩ 中国第一历史档案馆编：《康熙朝汉文朱批奏折汇编》第七册，页 451，档案出版社，1985 年。
⟨3⟩ John Bell, *A Journey from St Petersburg to Pekin,1719-22*, ed.J.L.Stevenson, from the 1763 edition, Edinburge: University Press, 1965, 137-38.

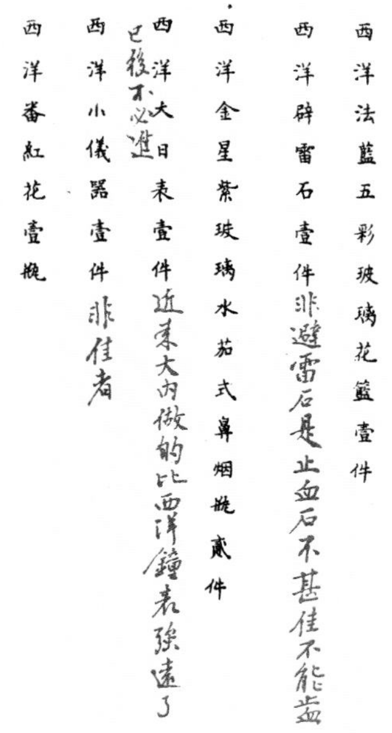

西洋法蓝五彩玻璃花蓝壹件

西洋辟雷石壹件非避雷石是止血石不甚佳不能止

·西洋金星紫玻璃水盂式鼻烟挺贰件

西洋大日表壹件近来大内做的比西洋钟表强远了已後不必進

西洋小仪器壹件非佳者

西洋番红花壹瓶

[图 7] 康熙帝关于进贡钟表的朱批
〔中国第一历史档案馆藏〕

接乐钟二、时钟一、文钟一、小时钟一,送去银四六焊药九两,此项银五钱四两"[1]。档案中所记既有新制,也有维修,但不管哪种情况,都必须呈报康熙,相关的工作都要由他批准方能进行。皇帝的参与监督,加之中外工匠的精湛技艺和精心制作,从而保证了宫中钟表制作的高水平。

那么,康熙时期宫中的钟表制作达到了什么程度,水平如何?前面提到当时的江西巡抚郎廷极曾向康熙帝进贡了一批西洋器物,其中有"西洋大日表一件",在进单上此件之后康熙特别作了这样的朱批"近来大内做的比西洋钟表强远了,已后不必进"〔图 7〕,这是非常重要的信息,它说明在康熙眼中,当时宫中钟表制作的水平已经完全可以和西洋钟表相媲美,甚至超过了西洋的水平。且从康熙皇帝自己口中说出,自然不同凡响。

从现在我们所能见到的康熙时期中国自己生产的钟表实物看,尽管与同时代的西方作品有一定的差距,但水平也是相当不错的。如瑞士安帝古伦公司 2001 年出版的 *Antiquorum Vox* 杂志上发表了一件珐琅怀表,是北京清宫做钟处的作品,外壳里外均施有珐琅花卉纹饰,机芯后夹板上錾刻有"康熙御制"四字款,这是迄今为止我们能看到的唯一的一件康熙时期中国造怀表。从外壳来看,无论金属的雕刻,还是珐琅的色彩施绘,都具有相当高的水平。从机芯观察,工匠对机械部件加工操控的娴熟度还稍嫌不足,使得零部件的某些部分还略显粗糙,这和当时宫中所具备的精密机械加工的条件有很大关系。通过此表,我们也可以大致推知康熙帝对钟表评价的角度,尽管对钟表的准确性很关注,但独到的设计和精美的工艺也许更能吸引康熙的目光〔图 8〕。

---

[1] 《清代内阁大库散佚满文档案选编》,天津古籍出版社,1992 年。

[图8] "康熙御制"款画珐琅金壳怀表

清宫做钟处　清康熙

直径 6.5 厘米

[瑞士苏黎士国家博物馆藏]

四　康熙时期各地钟表的制作情况

康熙时期不但宫中的钟表制作形成了一定的规模，在全国其他地方也出现了零星的钟表制造，主要是在中国南方的一些城市。现在我们所知的主要有：

1. 南京的吉坦然

刘献廷〔1648～1695年〕是清初著名学者，直隶大兴人，但一生大部分时间居于吴下，并客死在那里。其一生不仕，以教书著述为事，主张经世之学。在其所著《广阳杂记》一书中，对与其同时并有所交往的南京吉坦然的自鸣钟制作情况记载颇为详细：

通天塔，即自鸣钟也，其式坦然创为之，形如西域浮屠，凡三层，置架上，下以银块填之。塔之下层，中藏铜轮，互相带动，外不得见。中层前开一门，有时盘正圆如桶，分为十二项，篆书十二时。牌为下轮之所拨动，与天偕运。日一周于天，而盘亦反其故处矣。每至一时，则其时牌正向于外，人得见之。中藏一木童子，持报刻牌，自内涌出于中层之上，鸣钟一声而下。其上层悬铜钟一口，机发则鸣，每刻钟一鸣，交一时则连鸣八声。钟之前有韦驮天尊像，合掌向外，左右巡视。更上则结顶矣。此式未之前见，宜供佛前，以供莲花漏。予恳坦然拆而示之，大小轮多至二十余，皆以黄铜为之，而制造粗糙，聊具其形耳。小用即坏矣。坦然未经师授，曾于庵答公处见西洋人为之，遂得其窾窾，然于几何之学，全未之讲，自鸣钟之外，他无所知矣[1]。

刘献廷的记述，为考察和评价吉坦然的自鸣钟制作的情况和水平提供了可靠依据。可知吉坦然并没有经过系统的机械学、几何学的学习和培训，只是从西洋人那里偶尔得见，便自觉进行仿造，因此"制造粗糙，聊具其形"，水平很低，无法正常使用。吉坦然之所以对自鸣钟产生如此兴趣并亲手仿制，大概也是被自鸣钟的新奇、精巧所吸引。这在当时中国人的自鸣钟制作中是很典型的。

2. 杭州的张慎

刘献廷《广阳杂记》中还记载了另一位自鸣钟制作者杭州人张硕忱。"张硕忱有自制自行时盘，暨两小铳，皆精妙不让西人也"[2]。这位张硕忱在其他的清人著作中也有记载。徐岳的《见闻录》著于康熙年间，书中记载此时杭州有一位著名的机械制造家张慎，根据清初数学家梅文鼎的记述："岁在戊辰，余归自武林，武林友人张慎硕忱能制西器，手模铜字，如书法之迅疾，余乃依岁差考定平仪所用大星，属硕忱施之浑盖。"可知张硕忱即张慎，生活在康熙年间，与梅文鼎同时且为友，与刘献廷相识并有交往[3]。至于张慎在钟表制作方面的情况，清代吴陈琬的《旷园杂志》卷二八有过如下记载：

张某，杭州人，善西洋诸奇器，其所作自鸣钟、千里镜之类，精巧出群。又刻木作犬，蒙其狗皮，皋吠跳跃，与真无异。皆以铁为关捩，止

---

[1]〔清〕刘献廷：《广阳杂记》卷三，中华书局，1957年。

[2]〔清〕刘献廷：《广阳杂记》卷二，中华书局，1957年。

[3]张江华：《明清时期我国的自动机械制造》，《传统文化和现代化》1995年第5期。

其机则不动，云即木牛流马法也。

由于有相当的知识积累，张慎的自鸣钟制造水平较高，是公认的这方面的行家里手。其水准应该在前述吉坦然之上。

3. 上海松江的徐氏兄弟

崇祯十年，徐光启的孙女甘地大捐建松江邱家湾天主堂，从西洋引进自鸣钟一只。康熙年间，松江府衙谯楼上的铜壶滴漏失灵，郡守命徐翊瑛制自鸣钟。徐氏以邱家湾天主堂进口自鸣钟作参考，自制自鸣钟。《乾隆娄县志》卷二七记载：

> 徐翊瑛字保华，性聪颖，精国髀、盖天与九章诸术，吾郡以制鹤漏自鸣仪表名者，逢翊瑛始。

同书还记载："其弟徐淞亦工制表，步兄之后，自制自鸣钟。"[1] 徐氏兄弟对自鸣钟的知识，亦来自于西洋传教士所携之钟表，同样属于仿制的性质。

4. 福建漳州的孙氏家族

清初著名学者周亮工《闽小记》卷一"绝技"条记载：

> 闽中绝技五：会城去贪和尚之鬼工球；莆田姚朝士指环济机上之日晷；龙溪孙儒理一寸许之自鸣钟；漳浦杨玉璇之一分许三分薄玲珑之准提像；杨清郭去问一叶纸上尽书全部陶诗，笔笔仿欧率更。

孙儒理制作的自鸣钟小到只有寸许，确实令人瞠目。另外，在王胜时《慢游纪略》中也有"漳南孙细娘之自鸣钟，莆中姚朝士之测晷仪器，皆一时绝技"的记载[2]。二书所述史实相似，只不过一为孙儒理，一为孙细娘。

由于材料有限，孙细娘和孙儒理的详细情况已经无法得知，但从二人籍里相同、姓氏相同的情况分析，二人很可能是一家人。若此，他们的自鸣钟

⑴ 郭春华：《上海钟表形成与发展》，中国计时仪器史学会编《计时仪器史论丛》第三辑，1998年。
⑵〔清〕王胜时：《慢游纪略》卷一。

制作已经具有了家族传承的性质。是当时人眼里的绝技，堪与西洋的作品相媲美。

5. 广东的制钟工匠

广东是中国最早接触自鸣钟的地方，在钟表传入中国的同时，中国的仿制便开始了[1]。到康熙时期，广东的钟表制作已经有了相当的基础，工匠数量比其他地方都要多，因此才会出现本文前面所提到的广东的工匠被铨选至京为宫廷服务的现象。同时也说明广东这一时期钟表制作的水平是民间最好的。

从上面的记载可知，康熙时期有工匠进行钟表制作尝试活动的地区主要有广州、福建、南京、上海、杭州等，都是西洋传教士到达比较早，与当地人接触较多，交流较深的地方。从事制作的人员主要也是与西洋传教士有过接触，亲自品摩过传教士带来的自鸣钟的能工巧匠，如张慎、吉坦然、孙细娘、孙儒理等。但这些人并没有进行自觉的钟表技术的传播，其对钟表制作的尝试只是偶一为之，作品也没有进入流通领域，成为真正意义上的商品。钟表制作还不能作为一门专门的职业成为一部分人谋生的手段，这一时期中国的钟表制作者与西方职业的钟表师相比差距是显而易见的。应该说，康熙时期各地的钟表制作有如星星之火，但未形成燎原之势，基本上是个人的兴趣爱好所驱使，模仿和个体偶尔的制作是其特点，并没有什么技术突破，水平总的来讲不是很高。这与宫中的钟表制作形成了鲜明对照。

五　结　语

通过以上几个部分的考证，对康熙时期的钟表历史得出如下几点结论：其一，康熙时期宫中钟表的收藏十分可观，其使用也已经非常普遍，钟表在宫中影响之深入的程度远远超出我们的想象。康熙对钟表计时的准确有着极高的评价，可谓情有独钟，因此极力搜罗，曾传谕"别物勿取，将自鸣钟拿来以阅，好则纳之，劣则却之"[2]。从而保证了宫中钟表收藏的质量，奠定了宫中钟表收藏的基础〔图9〕。其二，经过几十年的技术和人员的积累，康熙

---

[1] 参见本书《西方钟表的传入与宫廷钟表收藏的兴起》部分的论述。

[2] 中国第一历史档案馆编译：《康熙朝满文朱批奏折全译》页 1 545，中国社会科学出版社，1996 年。

[图 9] 银嵌珐琅怀表
法国　18 世纪
直径 5.7 厘米
〔故宫博物院藏〕

时期宫中的钟表制作取得了相当大的进展，如果说过去的钟表制作还处于很不成熟阶段的话，此时已形成了一定的气候，有技艺高超的技术人员、有固定的生产地点、有稳定的服务对象、有相当的生产规模，这在中国的钟表历史上是具有划时代意义的。其三，随着中西贸易的扩展，钟表在康熙时成为东西方贸易的组成部分。最早的钟表贸易的记载就出现于这个时候，可以说，康熙时期开启了东西方钟表贸易的先河，这在中国钟表史上同样是具有重要意义的。其四，从各地仿制的情况和其他零星记载看，钟表在当时中国民间并没有太大的普及，这与后来乾隆时期的情况是不同的。至于钟表在民间的播散过程，是值得研究的课题。

雍正朝清宫钟表历史考察

近代机械钟表在明晚期传入中国，此后仿制便蔚然成风，技术的发展亦与日俱进。在这一过程中，宫廷的倡导与扶持作用至关重要。大量的清宫钟表遗物成为我们研究中国钟表发展的极为珍贵的资料和样本。本文以清宫档案为依据，力图对雍正一朝 13 年的清宫钟表状况作一描述，以期抛砖引玉，为进一步探讨提供一点资料和依据。

一　咏钟表诗与雍正的时间观念

时间在社会生活中的重要性是不言而喻的。"一寸光阴一寸金，寸金难买寸光阴"的古谚，说的正是时间的价值和宝贵，尤其是在古代中国，人们十分重视遵时守法。

毫无疑问，一个社会若缺乏时间观念，没有严明的法制，不能遵时守法，就不能很好地生存、发展。正因为如此，中国古人甚至把时间问题与皇权、政事联系起来[1]。

而处于权力金字塔尖的皇帝们的时间观念，往往又是通过勤于政事体现出来的。雍正帝便是一个很好的例子。

雍正在位 13 年，可以说，这 13 年的时光他是在忧勤益励、匆忙操劳中度过的。"今承大统，日御万机，宵旰勤劳，殆无宁晷"[2]。为了接见臣工，批阅奏章，不知度过了多少个日日夜夜。"雍正六年以前，昼则延接廷臣，引见官弁；傍晚观览本章，灯下批阅折奏，每至二鼓三鼓，不觉少倦，实六载如一日"[3]。在他的心目中，光阴荏苒，决不可有丝毫怠惰之心，就连天边的新月都鞭策着他。

勉思解愠鼓虞琴，殿壁书悬大宝箴。

[1]　华同旭：《中国漏刻》页 2，安徽科学技术出版社，1991 年。

[2]《世宗宪皇帝御制文集》卷一二《望海楼诗跋》。

[3]《世宗宪皇帝御制文集》卷八《朱批谕旨序》。

独揽万机凭湑暑，难抛一寸是光阴。

丝纶日注临轩语，禾黍常期击壤吟。

恰好碧天新吐月，半轮为启戒盈心[1]。

什么春花秋月，由于政事的繁忙而浑然不觉，面对匆匆而去的时光，唯有祈望风调雨顺，五谷丰登。

虚窗帘卷曙光新，柳絮榆钱又暮春。

听政每望花月好，对时惟望雨旸匀。

宵衣旰时非干誉，夕惕朝干自体仁。

风纪分颁虽七度，民风深愧未能淳[2]。

自古及今，对于雍正的惜时勤政多无异词。

十三年以来，竭虑殚心，朝乾夕惕。励精政治，不惮辛勤。训诫臣工，不辞谆复……朕秉此至诚之心，孜孜罔释，虽至劳至苦，不敢一夕自息[3]。

可谓"自古勤政之君，未有及世宗者"[4]。

雍正继统，勤于政事，向时暇豫之乐，不可复得，因之对于过去安闲优游的生活不时思想追忆。这种情绪在他的诗文中随处可见。

迨壬寅冬，恭承皇考付托之重，临御寰宇。封章重叠，机务殷繁，旰食宵衣，犹虞丛脞，夙兴夜寐，莫敢求安。向之优游恬适，今则易而为惕励忧勤。花朝月夕之吟，皆成祁寒暑雨之思矣[5]。

[1] 《世宗宪皇帝御制文集》卷二九《夏日勤政殿观新月作》。

[2] 《世宗宪皇帝御制文集》卷二九《暮春有感》。

[3] 《世宗宪皇帝御制文集》卷三《遗诏》。

[4] 孟森：《明清史讲义》页471，中华书局，1981年。

[5] 《世宗宪皇帝御制文集》卷六《雍邸诗集序》。

这其中既有对现时忧勤生活的自负、自赏，也包含着因此而使过去时光不再的淡淡的缺憾。

> 时名向鄙倩人推，洗竹浇花坐钓台。
> 画舫新晴看月上，平桥细雨送春回。
> 行无干誉心恒逸，境不移情量自恢。
> 萧散当年吟独乐，忧勤今日觅群才。
> 民风浇薄须陶化，世态参差待品裁。
> 览疏宵忘泉石美，临朝晓听鼓钟催。
> 纤毫坐悉千官奏，方寸频劳庶务来。
> 追忆安闲成梦幻，双眉锁处阿谁开[1]。

昔日的朱邸舞筵、斑衣戏彩在哪里呢？恐怕只有到梦中去寻觅了。

> 花繁如锦草如茵，雨细风轻物候新。
> 朱邸舞筵成往事，斑衣戏彩久凝尘。
> 万机宵旰忙中趣，百岁光阴梦里真。
> 不问春归何处去，惟听燕语报芳辰[2]。

无论是对继位后夜以继日工作情景的描述，还是对继位前安闲生活的追思，都是雍正勤于政事的自我表白，显示出雍正内心深处只争朝夕、时不我待的危机意识和惜之如金、锱铢必较的时间观念。这对我们如何正确理解其有关钟表的诗作可能会有所帮助。

雍正曾写过两首咏钟表的诗作。其中一首为：

> 巧制符天律，阴阳一弹包。弦轮旋密运，针表恰相交。

---

[1]《世宗宪皇帝御制文集》卷二九《追忆旧景有感》。

[2]《世宗宪皇帝御制文集》卷三〇《暮春四宜堂咏怀》。

晷刻毫无爽，晨昏定不淆。应时清响报，疑是有人敲[1]。

另一首为：

八万里殊域，恩威悉咸通。珍奇争贡献，钟表极精工。
应律符天健，闻声得日中。莲花空制漏，奚必老僧功[2]。

两诗均写于其继位之前。此时的雍正还不可能把钟表与他的帝制生涯做什么联系，但有两点是明显的。一方面，两诗均从钟表的准确、精巧入手，小小的弹丸之内，包含阴阳，囊括时间，钟声报时也好，指针显示也罢，均毫刻无爽，对于度量时间仪器的钟表而言，这样的描述可谓深得要旨；另一方面，近代机械钟表作为西洋的舶来品，自进入中国皇宫的那一刻起，便被赋予了深刻的政治意义，成为皇威及于四海的象征物而存在，雍正帝亦不例外。在他看来，精致的钟表可谓殊域远国珍奇贡品的代表，使本来是普通贸易物或邦交礼品的钟表打上了深深的天朝大国思想的烙印。这些认识无疑会对雍正朝宫中钟表的收藏和制作产生影响。

二 雍正朝宫中钟表之来源

由于钟表的新奇、精致，一进入皇宫便备受帝后青睐，因之各种各样的钟表通过众多途径汇聚于宫中。可以说，在中国，皇宫及其园囿是拥有钟表最多的地方，帝后则是钟表最为重要的消费群体。雍正朝宫中钟表的使用已相当普遍，数量巨大。这些钟表有很大一部分是在宫中制造的，关于此后面将有专节讨论。此外，和康熙时期的情况一样，雍正时期宫中钟表还有以下几个方面的来源。

1. 臣工进献

大凡宫中用物，各地置办者占很大比例，钟表亦不例外。其最主要的进

---

[1]《世宗宪皇帝御制文集》卷二一《咏自鸣钟》。

[2]《世宗宪皇帝御制文集》卷二一《自鸣钟》。

献者为广东、福建各省官员。两省均为清代重要的对外贸易窗口，经过贸易获得的西洋物品如钟表、仪器、玩具等不时送往北京，进献皇帝。同时，南方各地尤其是广东对西洋物品的仿制越来越多，其中的精品也被地方官员用做贡品。钟表的情形便是如此。清宫档案对此记载颇多。如：

（雍正五年）十月十四日，太监王太平交来乐钟一件、大日晷一件，系福建巡抚常赉进。奉旨：着收拾，俟明年随往圆明园陈设，钦此 [1]。

（六年）二月初七日，郎中海望持出圣寿表一件，随柏木匣盛，系总督常赉进。奉旨：此表鞘口紧，着收拾。再鞘内小家伙亦收拾，钦此。

二月初七日，郎中海望持出圣寿无疆表一件，随柏木匣盛，系总督常赉进。奉旨：着对准收拾，钦此。于七年十月二十八日将圣寿无疆表一件配在安表镜紫檀木香几上，郎中海望进讫 [2]。

常赉，纳喇氏，满洲镶白旗人，原为世宗雍邸微员。雍正元年授工部员外郎，后连年升迁，四年擢福建巡抚。时"广东巡抚杨文乾言福建仓库亏空，上命文乾清理，即移常赉署广东巡抚" [3]。可知此时常赉正在福建、广东任职，故有进献钟表之举。

又如：

（雍正十一年）十月二十七日，据圆明园来帖内称：太监高玉交镶嵌蜜蜡玻璃时钟乐钟一座，系毛克明、郑伍赛进。传旨：着收拾，俟收拾妥时有应陈设处陈设。钦此 [4]。

[1] 中国第一历史档案馆藏：《内务府各作承做活计清档·记事录》，雍正五年十月。
[2] 中国第一历史档案馆藏：《内务府各作承做活计清档》"自鸣钟处"，雍正六年二月。
[3] 〔清〕张廷玉等撰：《清史稿》卷二九八《常赉传》。
[4] 中国第一历史档案馆藏：《内务府各作承做活计清档》"自鸣钟处"，雍正十一年十月。

（雍正十三年）闰四月十八日，首领太监赵进忠持来紫檀木架时钟乐钟一座，系毛克明进。说太监王常贵传旨：着交造办处收拾，有应陈设处陈设，钦此[1]。

这里的毛克明、郑伍赛二人皆为广东省官员，可见进贡钟表在广东官员中是非常普遍和流行的现象。

此外，各地榷关税务官员和内务府官员也不时进献钟表。如：

（雍正五年）十月二十日，首领太监李久明持来仪器一件、日晷一件、乐钟一件、玻璃挂镜一件、紫檀木边玻璃高桌一张，系年希尧进。说太监王太平传旨：仪器、日晷着认看，乐钟着收拾，玻璃挂镜、玻璃高桌交造办处收着，钦此[2]。

即属于前者，此时年希尧正"管理淮关税务"。后者如：

〔雍正五年〕六月二十五日，据圆明园来帖内称：首领太监赵进忠来说，总管太监李英传旨：怡亲王进的自鸣钟并敕而思进的自鸣钟安在万字房，钦此[3]。

这些官员平时即有为宫廷采买置办用物之责，估计经过他们之手进入皇宫的钟表数量不会太少。

另有一些边疆少数民族首领也偶尔进献钟表，如：

〔雍正十年〕四月初四日，据圆明园来帖内称：自鸣钟处太监张玉持来银盘银套小表一件，系汗策凌敦多布进；金花盒玳瑁套小表一件，内金钉不全，系达尔嘛巴拉进；蓝珐琅盒小表一件，珐琅有坏处，系尚古

⑴ 中国第一历史档案馆藏：《内务府各作承做活计清档》"自鸣钟处"，雍正十三年闰四月。
⑵ 中国第一历史档案馆藏：《内务府各作承做活计清档》"记事录"，雍正五年十月。
⑶ 中国第一历史档案馆藏：《内务府各作承做活计清档》"自鸣钟处"，雍正五年六月。

尔喇嘛进。说太监王常贵传旨：交造办处，钦此[1]。

三人中策凌敦多布为西蒙古土尔扈特人的首领，达尔嘛巴拉为策凌敦多布之母，尚古尔喇嘛则是其首要神职人员。他们进献的钟表很可能是通过贸易获得的。

这种臣工向皇帝进献钟表的现象在当时生活于北京的西洋传教士的著作中也可以得到印证。传教士波希米亚人严嘉乐曾在清宫修理和制作钟表，他在雍正八年〔1730 年〕写给国内的信件中曾提到：

> 最近，当我在整整七年无所事事之后打算拆开书稿的纸包，将《春秋》一书中关于中国古时发生的日食的资料重新整理时，上面提及的宋君荣先生告诉我，他将经过印度给您写信。我想起，趁他寄信之便也给您写一封信。不过，一方面由于拯救人们灵魂的工作忙，另一方面修理英国自鸣钟——这儿的王公大臣每年都买这种自鸣钟献给皇帝——也占用了不少时间，我只来得及完成信后所附的一览表[2]。

严嘉乐所说的"这儿的王公大臣每年都买这种自鸣钟献给皇帝"应该是符合当时实际情况的〔图 1〕，而且其数量在当时宫中钟表收藏中占有相当大的比重。

2. 抄家强取

雍正一朝，许多封疆大吏、富商巨贾由于种种原因，家产被抄，籍没入官，雍正帝也因此落了个"抄家皇帝"的恶名。在这些巨额资产清单中，钟表是经常出现的，而且往往是全额被宫中收取。且看两例：

> 内务府谨奏：为尊旨查赵昌家产事。康熙六十一年十二月初二日奉上谕……现有银三千一百九十两……大小钟表六，玻璃镜大小十三，各种玻璃小物件一百九十三，各种西洋物品一百六十八种，大小千里眼六……

⑴ 中国第一历史档案馆藏：《内务府各作承做活计清档》"流水档"，雍正十年四月。

⑵ 〔捷克〕严嘉乐：《中国来信》页 96，大象出版社，2002 年。

[图 1] 阿波罗神庙钟
　　　英国伦敦 Charles Clay 制造
　　　约 1720～1740 年
　　　高 88 厘米　宽 50 厘米　厚 41 厘米
　　　〔故宫博物院藏〕

拟将其中现有之银、钱交库……将钟表交自鸣钟修造处，将玻璃器皿等物交烧玻璃处……此外，其它物品、西洋药、小物件等，或交各该处另记，或皆交商人作价，然后交库之处，请旨[1]。

〔雍正六年〕四月二十八日，银库员外郎明书交来乌木架自鸣钟四架，系安图家抄来的，俱有破坏处。奉庄亲王谕：着交造办处，遵此。本日领催王吉祥等拆开认看得二架是西洋钟，虽有破坏处，若收拾还用得。其余二架是广东做的钟，里边俱破坏，收拾不得等语。于五月初三日员外郎唐英据此启怡亲王看，奉王谕：着收拾，遵此。于十三年十月初四日收拾好，首领赵进忠呈进讫[2]。

此中赵昌是康熙时期宫中侍卫，职位虽然不高，但与西洋传教士关系密切，是康熙皇帝和西洋传教士之间重要的联络人，其家产中有大量的西洋物品和自鸣钟是很正常的。赵昌在雍正皇帝继位后不久即被抄家。而安图系康熙朝大学士明珠家之总管，家产富厚，从他家抄来的四架自鸣钟中，既有西洋的，也有广东的产品，反映出当时东西方钟表贸易和广东钟表制作水平的大致状况。而这仅仅是属吏微员的抄家所得，至于那些掌握实权的显宦的家财被抄，所得恐怕会更多。应该说，抄家乃是宫中钟表收藏的一个十分重要的途径。

3. 邦交礼品

随着清代对外交往的扩大，不断有外国使团到中国。在选择送给皇帝的礼品时，往往颇费心思，而钟表既能代表当时的技术水平，又能引起皇帝的兴趣和注意力，故往往成为礼品的首选之物。雍正时与俄罗斯及中亚各国交往时的情形便是如此。

1725 年初，俄国彼得大帝逝世，女皇叶卡捷琳娜一世继位。为了将这一消息通知中国朝廷，同时也为了祝贺雍正帝继位，表明希望保持两国君主间友谊的愿望，划定边界并消除边界争端，建立双边自由贸易关系，俄方决定

---

[1] 中国第一历史档案馆编：《雍正朝满文朱批奏折全译》页 2，黄山书社，1998 年。

[2] 中国第一历史档案馆藏：《内务府各作承做活计清档》"自鸣钟处"，雍正六年四月。

派遣使团出使中国，并任命伊利里亚伯爵萨瓦·卢基奇·弗拉季斯拉维奇为特命全权使臣。依据女皇"向博格德汗呈献礼品的仪式要得体，同时事前应了解这些礼品是否会被愉快地接受"[1]的训令，使团准备了下列礼品:以女皇陛下名义赠送价值一万卢布的礼品，计有贵重的怀表、座钟和挂钟、镜子、手杖、金线花缎和价值昂贵的貂皮、黑狐皮;以他——使臣本人名义赠送的礼品，计有火枪一只、手枪一对、刻有各种图案的银盘一只、怀表一块、银盒装的绘图仪器一盒、银质烟盒两个、精致玻璃枝形大吊灯两架、大幅绘图纸三令、镀金银质首饰盒一个、银质马饰物一套、俄国狼狗四只，总计价值1 390卢布[2]。使团于1726年10月21日到达北京,两个月后才将礼品进献给雍正帝。

在12月末，中国大臣，好象是赏赐一种特大恩典似的，向使臣宣称:博格德汗即将接受礼品。这时,宾馆的门禁也放松了。他们要求让看一看上述礼品，接着就怀着十分惊讶的心情仔细观赏了大玻璃镜、自鸣钟和他们过去从未见到过的其他珍品。这些礼品展览了10天，供来自宫廷的许多显赫的中国人观赏。在指定向博格德汗进献上述礼品的这一天〔12月26日〕,宫廷特派了一些穿戴讲究的专门负责的官员，把上述礼品运进宫里去，使臣及其随员也跟着他们前往。女皇的礼品由几名高级大臣全部收下，而使臣私人礼品，仅收下两只俄国狼狗，其他的礼品均退还使臣，以免让他破费[3]。

以上俄国使团的礼品，钟表占了相当大的比重。

1729年，中国也向俄国派出了一个使团，并于1731年1月到达莫斯科。在回国之前，其中的四人受雍正帝之命顺道出使卡尔梅克汗国，受到卡尔梅克汗的热情接待。使团返回时，卡尔梅克汗写信给雍正帝，表示"感谢博格德汗遣使下达谕旨和赠送礼物;感谢对多尔济纳扎尔之弟的恩养;请求今后

[1] [俄]尼古拉·班蒂什-卡缅斯基编著:《俄中两国外交文献汇编》页141,商务印书馆,1982年。
[2] [俄]尼古拉·班蒂什-卡缅斯基编著:《俄中两国外交文献汇编》页146,商务印书馆,1982年。
[3] [俄]尼古拉·班蒂什-卡缅斯基编著:《俄中两国外交文献汇编》页157,商务印书馆,1982年。

[图 2] 铜镀金壳怀表
英国　18 世纪
直径 5.5 厘米
〔故宫博物院藏〕

不要忘记他和接受他所呈献的银钟、几支土耳其制火绳枪和弓等礼品"[1]。无疑，这座银质钟表成了宫中的收藏。

除上述几种途径外，传教士的进献也很重要。在制作技术不断改进，皇帝对其兴趣不断提高的清代，钟表在相当程度上成了两国之间、君臣之间联络的重要媒介〔图 2〕。

三　雍正朝宫中之钟表制作

伴随着机械钟表的传入，中国的模仿制造便开始了。几十年以后，我国

[1]　[俄] 尼古拉·班蒂什－卡缅斯基编著：《俄中两国外交文献汇编》页 213，商务印书馆，1982 年。

许多地区如南京、上海、福建、广东等地都有人制作出了非常精致的钟表，其技术传播和发展的速度令人称奇[1]，其中尤以广州和北京为著。广州以其优越的地理位置，成为中国最早接触和制造近代机械钟表的地区之一，在继承和吸收西洋技术的基础上又融入自己的传统，形成了自己的特色。而北京由于皇帝的直接参与，政府雄厚财力的支持，以宫廷为依托，直接服务于宫廷，逐渐成为中国钟表制造的中心之一。

早在顺治时期宫中便已开始制作钟表，到康熙时期在自鸣钟处下设有制钟作坊，一切事务由自鸣钟处统辖。雍正时这种状况没有大的改变，只是作坊的规模有所扩大。有人认为雍正时制钟作坊发展成为做钟处并脱离自鸣钟处，成为内务府造办处下的一个独立单位，结论未免武断[2]。大量档案表明，由制钟作坊发展成为做钟处经历了相当长的过程。尽管雍正时已出现了做钟处的名称，但它并未游离于自鸣钟处之外，仍然属于自鸣钟处的一部分，当时制作钟表的活计都归在自鸣钟处而不是做钟处之下便可说明这一点。至于其替代自鸣钟处完全肩负起宫中钟表制作的责任，已是乾隆时期的事了。应该说，雍正一朝负责宫中钟表制作任务的机构为自鸣钟处。

自鸣钟处聚集了一批技艺精湛的工匠，专门承接皇帝下达的制钟任务，其中最重要的莫过于来华的外国传教士。应该说，他们在某种程度上成为宫中做钟技术的指导者。

1. 传教士

雍正朝宫中从事钟表制作较著名的传教士有：

沙如玉〔Valentin Chalier〕，字永衡，法国人。1697 年 12 月 17 日生于布里昂松城，1728 年 8 月 30 日抵华。在巴多明〔Dominique Parrenin，法国人，1698 年 11 月 4 日来华，1741 年 9 月 29 日殁于北京〕推荐下，第二年春天被召入京，雍正七年"三月初九日，首领太监赵进忠传怡亲王谕：着西洋人沙如玉在造办处做自鸣钟活计，遵此"[3]。终雍正一朝，沙如玉一直在造办处供职，档案中多处记载了他制作钟表的情况。如：

[1] 张江华：《明清时期我国的自动机械制造》，《传统文化与现代化》1995 年第 5 期。

[2] 刘月芳：《清宫做钟处》，《故宫博物院院刊》1989 年第 4 期。

[3] 中国第一历史档案馆藏：《内务府各作承做活计清档》"流水档"，雍正七年三月。

〔雍正八年〕十月二十九日，内务府总管海望奉旨：着西洋人做小表一件试看，钦此。于本日内务府总管海望传看西洋人畲如玉做有架子时钟、问钟二座，记此。于九年十二月二十八日做得有架时钟、问钟二座，首领赵进忠持去安讫[1]。

〔雍正十二年〕正月二十一日，首领太监赵进忠来说：西洋人畲如玉画得架子时钟样一个，内大臣海望着照样做二分。于十二月二十九日做得插屏架子时钟一分，司库常保、首领太监李久明、萨木哈呈进讫[2]。

这里的"畲如玉"即"沙如玉"的异写。值得一提的是根据中国皇帝的需要，沙如玉发明了报更自鸣钟〔简称更钟〕，对此，钱德明神甫〔Jean-Joseph-Marie Amiot，法国人，1750 年 7 月 27 日来华，1793 年 10 月 8 日殁于北京〕曾讲道："报更自鸣钟盖由其发明，此物在欧洲已足视为珍物，纵不然亦为技术上一种杰作也。"[3] 他自己在 1736 年 10 月 16 日发于北京的信札中亦详细叙述了制造报更自鸣钟之事。可知在更钟这一清宫钟表新品种的发明过程中，沙氏之功甚巨。

林济各〔Francois-Louis Stadlin〕，字雨苍，瑞士人，1658 年 6 月 18 日生于祖格城，1707 年来华。林济各自幼性嗜机械，尤其是对钟表制作技术精研有素，他的这一特长在中国得到了充分发挥，"济各抵京后，制造奇巧机械器物甚多，因受朝廷崇眷"[4]。成为宫中著名的钟表技师。雍正时，他很可能已是清宫钟表制作的实际领导者。

严嘉乐〔Charles Slaviczek〕，字宪侯，波希米亚人，1678 年生于摩拉维亚，1716 年来华，1735 年 8 月 24 日殁于北京。由于他"深通算术，熟练音乐，而于数种机械技艺亦颇谙练"，故很快被召入京。"嘉乐尤善弹六弦琴，

[1] 中国第一历史档案馆藏：《内务府各作承做活计清档》"自鸣钟处"，雍正八年十月。

[2] 中国第一历史档案馆藏：《内务府各作承做活计清档》"自鸣钟处"，雍正十二年正月。

[3] 〔法〕费赖之著，冯承钧译：《在华耶稣会士列传及书目》页 742，中华书局，1995 年。

[4] 〔法〕费赖之著，冯承钧译：《在华耶稣会士列传及书目》页 628，中华书局，1995 年。

帝与侍臣皆乐闻其音。又于时计、风琴之制造与修理亦优为之，特毫长远光阴而从事于此"[1]。毫无疑问，雍正时严嘉乐仍在为宫中制作钟表、风琴等物。

2. 外募匠役

宫中制作钟表除使用外国传教士外，还大量招募各地技艺高超的钟表匠，其中尤以广州匠役技术最好。雍正朝在内廷服务的广匠现在知道的仅张琼魁一人，而且还因做钟手艺平常于雍正六年八月被革退[2]。可见对其技术水平要求之高。

3. 做钟太监

雍正七年"五月十三日，据圆明园来帖内称：郎中海望持出戒指小表一件，随子儿皮套镶口蜜蜡盒一件，钉眼有纹。奉旨：将此表着西洋人全做钟太监对看准，装在蜜蜡盒内，其盒子里用红羊皮，做得时陈设在宝贝盒内，钦此"[3]。这些做钟太监地位在传教士和外募匠役之下，是宫中制作钟表最基本的劳动力。

以上人员行走于宫廷，组成了传教士——外募匠役——做钟太监这样的技术梯队，成为技术比较全面的钟表制作群体，是宫中钟表制作赖以存在和发展的基础。

作为全面负责宫中钟表事务的机构，自鸣钟处及其所属匠役的工作归纳起来有如下几个方面：

1. 新制

遵照皇帝旨意制造各种计时器以满足宫中之需要，是自鸣钟处及其匠役最为重要的任务。一般先由皇帝提出基本意向和具体要求，或由内务府大臣依据成例奏请，工匠据此进行设计，批准后依样制作。档案中有关的记载很多，如：

〔雍正三年〕十一月二十九日，员外郎海望奉旨：着做灯表一件，尔先画样呈览过再做，钦此。于十二月十四日画得灯表样一张，员外郎海

⑴ 〔法〕费赖之著，冯承钧译：《在华耶稣会士列传及书目》页669～670，中华书局，1995年。

⑵ 刘月芳：《清宫做钟处》，《故宫博物院院刊》1989年第4期。

⑶ 中国第一历史档案馆藏：《内务府各作承做活计清档》"自鸣钟处"，雍正七年五月。

望呈览。奉旨：照样做，钦此。于四年七月初九日做得灯表一分，员外郎海望呈进⁽¹⁾。

雍正帝见做得不错，便传谕再做两件。

〔四年〕七月初九日，据圆明园来贴内称做得灯光表一件，海望呈进。奉旨：着照样再做二分，钦此。于七月二十日做得灯光表二件，首领赵进忠呈进讫⁽²⁾。

〔五年〕三月初七日，首领太监程国用来说，太监刘希文传旨：着将自鸣钟处收贮本处所造的自鸣钟查两三个明日黑早送进来，不要西洋的，钦此。于本月初九日查得自鸣钟处库内收贮御制凤眼木架刻时间钟一件，首领太监赵进忠呈进讫⁽³⁾。

〔七年〕十月十二日，郎中海望奉怡亲王谕：着做西洋蜡灯表一分，同西洋人商议画样，遵此。于本年十二月二十八日做得西洋蜡灯表一分，首领太监赵进忠持进安讫⁽⁴⁾。

〔九年〕十一月初九日，内大臣海望、员外郎满毗传做备用珐琅盒小表二分，着自鸣钟处太监等做，记此。于十二月二十八日做得珐琅盒小表二分，首领赵进忠呈进讫⁽⁵⁾。

〔十三年〕二月初一日，首领太监赵进忠欲照西洋架钟做二分，小表做一分备用，回明内大臣海望准做，记此⁽⁶⁾。

(1) 中国第一历史档案馆藏：《内务府各作承做活计清档》"自鸣钟处"，雍正三年十一月。
(2) 中国第一历史档案馆藏：《内务府各作承做活计清档》"自鸣钟处"，雍正四年七月。
(3) 中国第一历史档案馆藏：《内务府各作承做活计清档》"自鸣钟处"，雍正五年三月。
(4) 中国第一历史档案馆藏：《内务府各作承做活计清档》"自鸣钟处"，雍正七年十月。
(5) 中国第一历史档案馆藏：《内务府各作承做活计清档》"自鸣钟处"，雍正九年十一月。
(6) 中国第一历史档案馆藏：《内务府各作承做活计清档》"自鸣钟处"，雍正十三年二月。

在这里，皇帝的参与是极为重要的，正因为此，清宫所制钟表才出现了像更钟这样的新品种。应该说，清宫所制钟表是工匠们的技术和皇帝的思想共同孕育出的复合产品。

2. 维修

清宫收藏的大量钟表，在使用过程中出现损伤在所难免，因此，对于自鸣钟处及其工匠来讲，维修任务非常繁巨。这其中既包括外形的复原、改变，也包括机芯的调整、更换。翻开档案，此种记载比比皆是。

如修复外观者：

〔雍正七年〕十月初二日，首领太监赵进忠来说，郎中海望传：着将白浆绢表盘二个另糊新绢，记此。于本月初四日将表盘二个另糊绢交领催王吉祥讫[1]。

〔九年〕正月二十五日，首领太监赵进忠、领催王吉祥来说，圆明园各处陈设玻璃时钟、乐钟四个，因地震墙倒打坏玻璃木架，欲添补收拾，记此。于十年七月初三日首领太监赵进忠带领匠役材料进内收拾讫[2]。

增改外观者，如：

〔十二年〕九月三十日，领催白士秀来说，首领太监赵进忠将库贮紫檀木架钟二座，欲改做插屏钟安设等语回明，内大臣海望着改做，记此[3]。

又有如修理机芯部件者：如：

〔六年〕二月十四日，太监李福交来白玻璃架时钟一座、西洋木架

[1] 中国第一历史档案馆藏：《内务府各作承做活计清档》"自鸣钟处"，雍正七年十月。
[2] 中国第一历史档案馆藏：《内务府各作承做活计清档》"自鸣钟处"，雍正九年正月。
[3] 中国第一历史档案馆藏：《内务府各作承做活计清档》"自鸣钟处"，雍正十二年九月。

问钟一座，说总管太监谢成传旨：此二座钟着换发条，有可收拾处俱着收拾，钦此。于十三年十月初四日收拾好交首领赵进忠呈进讫[1]。

〔七年〕五月二十二日，首领太监赵进忠来说，圆明园勤政殿、四宜堂、万字房、九州清宴、莲花馆等处陈设自鸣钟、表十六座，其内有羊肠弦、发条、黄绦子等俱已损坏，今欲换做收拾等语。本日员外郎满毗准换做收拾，记此[2]。

更换钟穰者：如：

〔八年〕正月十三日，首领太监赵进忠来说，郎中海望、员外郎满毗传：本处库内收贮灯表一分，内表穰用不得，着另做表穰一分，记此。于三月十七日做得表穰一分，首领太监赵进忠持去安讫[3]。

另外，钟表的调试也相当重要。如：

〔五年〕七月二十二日，太监张玉柱传旨：洋漆格子钟打的快，着问太监赵进忠此样钟可收得么？钦此。于本日据太监赵进忠说：风旗若重些打的慢等语，太监张玉柱奏。奉旨：宫内若有打的快的等钟俟朕驾往圆明园去后俱着收拾。再圆明园各处所有打的快的钟亦慢里收拾，钦此[4]。

〔七年〕十月十九日，首领太监赵进忠来说，郎中海望传：圆明园事事如意处陈设大自鸣钟一架时刻不准，着收拾，记此。于本月二十四日领催王吉祥带领匠役进内收拾讫[5]。

[1] 中国第一历史档案馆藏：《内务府各作承做活计清档》"自鸣钟处"，雍正六年二月。
[2] 中国第一历史档案馆藏：《内务府各作承做活计清档》"自鸣钟处"，雍正七年五月。
[3] 中国第一历史档案馆藏：《内务府各作承做活计清档》"自鸣钟处"，雍正八年正月。
[4] 中国第一历史档案馆藏：《内务府各作承做活计清档》"自鸣钟处"，雍正五年七月。
[5] 中国第一历史档案馆藏：《内务府各作承做活计清档》"自鸣钟处"，雍正七年十月。

以上各种情况轻的可当场解决，重的则要带回作坊，花费较多的精力和时间，有的甚至需要改弦更张，工作量不在新制钟表之下。

3. 保养

要维持钟表的正常运转，平日里的保养是必不可少的。一般情况下，各殿陈设的钟表都用布罩或玻璃罩盖上，以免着尘，皇帝驾临时，再打开以供其欣赏，擦洗工作由各殿太监负责。钟套制作由相关匠作完成，如：

〔雍正五年〕七月初一日，据圆明园来帖内称，郎中海望持出万字房陈设自鸣钟黄纺丝里面旧棉套一件，传：着照样做新套一件，记此。于本月初四日做得黄纺丝新棉套一件，并原样旧套一件交首领太监赵进忠持去讫[1]。

〔七年〕二月十六日，首领太监赵进忠来说，郎中海望传做黄纺丝毡衬钟套二件，玻璃钟表盖二十个，记此。于三月初七日做得钟套二件，玻璃钟表盖二十个，交首领太监赵进忠持去讫[2]。

但遇到技术性较强的工作则由自鸣钟处工匠负责，如定期上油等。由于宫中钟表的收储量很大，每年使用的机油数量亦不少。如：

〔九年〕九月十八日，工程文档子房笔帖式四格交来杏仁油一坛，重三十五斤，说内大臣海望传：着交自鸣钟处，记此[3]。

〔十年〕九月三十日，首领赵进忠，领催王吉祥来说：圆明园时时如意大自鸣钟并各处陈设自鸣钟表上轮子发条应用厄里歪油八两，再为盖自鸣钟添做黄纺丝挖单五幅，见方二块等语。内大臣海望、员外郎满毗、三音保准用，遵此。本日引得厄里歪油八两，黄纺丝挖单见方五幅二块，

(1) 中国第一历史档案馆藏：《内务府各作承做活计清档》"皮作"，雍正五年七月。

(2) 中国第一历史档案馆藏：《内务府各作承做活计清档》"自鸣钟处"，雍正七年二月。

(3) 中国第一历史档案馆藏：《内务府各作承做活计清档》"流水档"，雍正九年九月。

领催王吉祥交首领赵进忠收讫[1]。

这里的杏仁油可能用于清洗污锈，需将部件浸于其中，故用量大；而厄里歪油则属于润滑油之类，点于齿轮之间，故用量少。

上述材料表明，雍正时宫中钟表制作有专门的负责机构，固定的技术人员，集制造、维修、调试、保养于一体，已经具备相当的规模，为乾隆时期钟表制作高峰的出现奠定了基础。

四 雍正朝宫中钟表的陈设

前面两节意在解决宫中钟表的来源问题。如此数量众多的钟表所以能够以吸纳百川之势源源流入清宫，与帝后们对钟表的需求有着密切的联系。大量档案为我们弄清这些钟表的去向即宫中钟表的使用情况提供了充分依据。这里只对雍正时期宫廷钟表的陈设情况进行梳理，至于其他方面的使用，则在后面另有专文论述，此不复赘。

雍正时期宫中钟表的陈设已经相当普遍，举凡重要宫殿皆有钟表用以计时。内务府档案中提到陈设有钟表的宫殿有：宫中的交泰殿、养心殿、承华堂；畅春园的严霜楼；圆明园的蓬莱洲、四宜堂、万字房、含韵斋、事事如意、闲邪存诚、勤政殿、九州清宴、莲花馆、西峰秀色、紫萱堂、后殿仙楼等，从中可以看出，宫中和圆明园是陈设使用钟表最多的地方，这与雍正帝的日常生活和政治活动有关。

这些宫殿中有的陈设钟表还不止一件，如圆明园的万字房，据档案即有怡亲王进的自鸣钟、敖尔思进的自鸣钟和大乐钟等件。除比较大型的自鸣钟外，宫殿中还陈设有各式精巧玲珑的小表。这些小表都存放于做工精细的表盒内，如：

〔雍正四年〕十二月十五日，郎中海望奉旨：着做有栏杆紫檀木小盘几件，内盛表用，或一盘盛两个表，或一盘盛三四个表，其盘内做拱，

〔图3〕 **银嵌珐琅怀表**
法国　18 世纪
直径 6.1 厘米
〔故宫博物院藏〕

绣花卉垫子，拱绣的枝梗花头，余空处要放得稳表，钦此。于五年正月二十日做得紫檀木有栏杆小盘二件，郎中海望呈进[1]。

这些小表在皇帝驾临时可以随时把玩〔图3〕。

---

[1] 中国第一历史档案馆藏：《内务府各作承做活计清档》"木作"，雍正四年十二月。

［图 4］《雍亲王题书堂深居图》中的怀表
清宫廷画家绘　清康熙至雍正
绢本设色　纵 184 厘米　横 98 厘米
〔故宫博物院藏〕

当然，陈设钟表的宫殿还远不止上述这些，后妃所居之处亦同样陈设钟表。故宫藏有十二幅《雍亲王题书堂深居图》，出于宫廷画家之手，摹写宫中生活之场景，所画室内陈设富丽堂皇，各具特色，是清宫豪华生活的真实写照。其中有两幅出现了钟表形象：一幅月亮门内妃坐于硬木方桌旁，对面门窗旁硬木方几上置一木楼式钟，珐琅表盘，双针双弦孔，正面四周及顶部嵌彩色珐琅片，为中国制品；另一幅妃亦坐于填彩漆方桌旁，右手握一西洋珐琅小表，双针单弦孔〔图 4〕。形象反映了康熙至雍正时期宫中钟表陈设使用的基本情况。与之相似的怀表现在故宫中还有收藏。如金花黑皮套画珐琅怀表〔图 5〕和铜壳画珐琅怀表〔图 6〕。

此外，宫中有关机构的值房内也陈设钟表用以计时，如：

〔雍正十年〕六月二十一日，表房太监吕进朝、马进忠持来怡贤亲王原坐值房陈设挂表一分，计二件，说原系向自鸣钟借用，暂陈设在值房，今无用处等语。员外郎满毗、三音保看过，随交既系向自鸣钟借用的，仍交自鸣钟收贮，记此①。

可见，宫中钟表几乎达到了无所不在的程度。

---

① 中国第一历史档案馆藏：《内务府各作承做活计清档》"流水档"，雍正十年六月。

[图 5] 金花黑皮套画珐琅怀表
英国　18世纪
直径 4.8 厘米
[故宫博物院藏]

[图 6] 铜壳画珐琅怀表
英国　18 世纪
直径 4.5 厘米
〔故宫博物院藏〕

五 相关问题的探讨

以上是雍正朝宫中钟表的大致情况，这里还有几个问题需作进一步的讨论。

1. 雍正时期钟表的标准器

从前述材料可知，雍正时期宫中制作并存有大量钟表是无可辩驳的事实。但故宫现存近千件钟表中却没有一件是雍正时期的，甚至全国的文物收藏中也没有，实在令人费解。是我们的认识水平有限，无法作出正确的判断，还是这一时期的东西真的已经不复存在了呢？答案肯定是前者。而影响我们正确判断的主要原因则是到现在为止还没有一件这样的钟表，它具有明确的款识或明确的文字记载证明就是这一时期的作品。我们需要这样的标准器物以作为比较鉴别的依据。幸运的是，这样的材料在故宫藏品中确实存在，这就是前面提到的 12 幅《雍亲王题书堂深居图》中出现的钟表形象。

关于这 12 幅图的时代，朱家溍先生考释颇详。它们原本是圆明园深柳读书堂内的围屏心，雍正十年左右拆下重新装裱。有档案为证：

> 雍正十年八月二十二日，据圆明园来帖，内称：司库常保持出由圆明园深柳读书堂围屏上拆下美人绢画十二张，说太监沧州传旨：着垫纸衬平，各配做卷杆。钦此。本日做得三尺三寸杉木卷杆十二根[*]。

可知这 12 幅图绘制的年代下限至少是在雍正时期。反映出康熙至雍正时期内廷陈设的真实情景。朱先生还讲道：

> 这十二幅图中的题字，很明确是尚为雍亲王时期的胤禛亲笔，当年贴在圆明园深柳读书堂围屏上的。画中的家具和陈设都是写实。例如那"黑退光漆"、"金理钩描油"、"有束腰长方桌"、"彩漆方桌"、"斑竹桌椅"、"彩漆圆凳"、"黄花梨官帽椅"、"黄花梨多宝格"，桌案和多宝格上陈设的

"仿宋官窑"瓷器、"仿汝窑"瓷器、"郎窑红釉"瓷器，以及"剔红器"、"仿洋漆器"和精致的紫檀架、座等，都是康熙至雍正时期家具和陈设最盛行的品种[1]。

环境写实是清代宫廷肖像画的一大特点，这一特点在此 12 幅图中体现更为明显，许多陈设器物现在还能找到相应实物，使我们有理由相信图中的钟表同样是实物的翻版，其制作的年代当在雍正或康熙晚期。这是迄今为止见到的中国制钟表较早的形象资料，也是不多的时代明确的康熙至雍正时期的实物材料，可以作为我们鉴别这一时期钟表的重要参照物。

图中的钟为木楼式，双针双弦孔，珐琅表盘，正面四周及顶部嵌彩色珐琅片。与乾隆时期的嵌珐琅木楼式钟相比，此钟具有以下明显的特点：其一，珐琅片图案以纯白为地，花卉图案比较疏朗，与后来繁复细密的特点大不相同。顶部珐琅片下缘为比较简捷的圆形和半腰圆形相间图案，这种形式在康熙晚期的宝玺边饰中常见。其二，珐琅表盘上用以间隔表示 12 小时罗马数字的花纹较大并且复杂，罗马数字外围为双层连续规则图案，与后来的将圆周 60 等分并标注阿拉伯数字亦不一样；其三，表针雕刻精细，中间与机轴固定部分在整个表针占较大比重并錾有精美图案；其四，从整个外观看，木楼上部以四角飞檐为基点，下面自下而上层层扩展，上面自下而上层层收缩，看起来层次明显，这在后来的木楼钟中也是不常见的。从纹饰和造型看，此钟为地道的中国作品，而且极有可能是清宫造办处的杰作〔图 7〕。

这种嵌珐琅木楼式钟在当时的钟表制作中属上乘之作。尤其是珐琅，那时已经具备充分的条件达到这样的水平，将其施之于钟表之上亦为自然之事。到目前为止，还没有证据证明康熙时制作过珐琅钟，但雍正制作珐琅钟却是有档案依据的。除前面提到的雍正九年做珐琅盒小表二件外，还有雍正十一年的档案记载：

> 十月二十八日，据圆明园来帖内称：司库常保、首领太监萨木哈奉旨：今日进的御制珐琅表盒烧造甚好，其表盒墙子上画的花卉亦好，但

① 朱家溍：《关于雍正时期十二幅美人画的问题》，《紫禁城》1986 年第 3 期。

盒底不宜画人物，嗣后不必画。再黑珐琅地画斗方瓷碗烧画的俱好，再画时添些青花，尔等可传旨与海望，将烧画珐琅人并做表人等应赏者议赏，钦此[1]。

正可佐证此图的真实性。以此为依据，对现藏钟表实物进行考察，当会有所收获。

2. 关于插屏钟

插屏钟是脱胎于中国古代家具——插屏的一种钟表式样。现在钟表研究界流行着这样的看法，认为这种钟是苏州首创。如：

　　清代中晚期钟表制品，以苏州插屏钟最为典型，是具有地方特色的名牌产品。钟机结构较前紧凑合理，大多没有附加装置，钟壳都是红木框架，形状似中国古屏风。插屏钟以大、中、小配套出售，受到中外顾客的欢迎。许多钟表老前辈都说这种钟是苏州首创。其实是苏州前辈钟表工匠总结了当时中外的钟机结构特

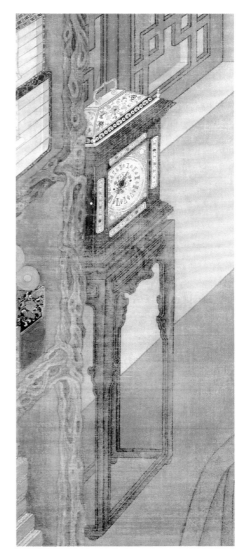

[图 7] 《雍亲王题书堂深居图》中的座钟
清宫廷画家绘　清康熙至雍正
纵 184 厘米　横 98 厘米
〔故宫博物院藏〕

⑴ 中国第一历史档案馆藏：《内务府各作承做活计清档》"流水档"，雍正十一年十月。

点，不断改进形成的[1]。

但实际情况并非如此。通过档案，我们得知早在雍正时期宫中便已制造插屏钟。这里不妨移录有关档案：

〔雍正五年〕七月二十一日，郎中海望奉旨：养心殿东暖阁陈设的镶银母花梨木边插屏式钟一件，上嵌银母花纹甚好，尔照黑漆面抽长扶手番几的尺寸配合做花梨桌一张，其面上安玻璃，着郎石宁画画一张，衬在玻璃内，周围边上照插屏钟上花样用银母镶嵌，钦此[2]。

〔十一年〕十一月二十九日，首领太监赵进忠持来插屏钟样二分、小时钟样二分、小表样一分，说内大臣海望着照样做插屏钟二分、时钟二分、小表一分，记此[3]。

〔十一年〕九月三十日，领催白士秀来说，首领太监赵进忠将库贮紫檀木架钟二座，欲改做插屏钟安设等语回明，内大臣海望着改做，记此。于十二月二十八日改做得插屏钟一件、小表一件，司库常保、首领太监萨木哈呈进讫[4]。

关键的问题是，档案中的插屏钟与苏州插屏钟是否是同一种类呢？

通常所说的苏州插屏钟具有以下特征：外形似中国古屏风，钟机结构紧凑，以发条为动源，配以链条和塔轮组成动源结构，重锤摆，大多没有附加装置。而档案中的插屏钟在外形上与苏式插屏钟没有什么大的差别，机芯也是以发条为动源，配以链条和塔轮。但会不会是在插屏上某个部位镶嵌小表成为插屏钟呢？这种可能也不大。因为在档案中表和钟是有严格区分的。所

[1] 陈凯歌：《清代苏州的钟表制造》，《故宫博物院院刊》1981 年第 4 期。
[2] 中国第一历史档案馆藏：《内务府各作承做活计清档》"流水档"，雍正五年七月。
[3] 中国第一历史档案馆藏：《内务府各作承做活计清档》"流水档"，雍正十一年十一月。
[4] 中国第一历史档案馆藏：《内务府各作承做活计清档》"自鸣钟处"，雍正十一年九月。

谓表，都是游丝摆，体积较小；而钟则是重锤摆，体积较大。如果是在插屏上镶嵌小表，肯定会特别注明并称为插屏表而非插屏钟。档案中既然称插屏钟，表明其调节速度的装置为重锤摆，即是重锤摆，机芯体积就不会太小，那么自然这个机芯就会成为插屏内的主体而不仅仅是附属装置。如此档案中的插屏钟也就符合苏式插屏钟的所有特征，自然属于同类。即是同类，说插屏钟是苏州首创就存在问题。故在此提出，以供同仁进一步讨论。

3. 关于宫中的自动机械玩具和陈设

档案中有多处记载了当时宫中制造和陈设自动机械玩具的情况。由于这些玩具和陈设都以发条为动源，齿轮驱动，原理与钟表相同，对制作技术水平的要求也几乎一样，为重要的科技史资料，故此一并介绍。

（1）自行虎

〔雍正六年〕六月十六日，据奉宸苑清字来文内开，管理畅春园事务员外郎五雅图称：园内有自行虎一件，虎上首尾毛发脱落，再铁轮亦有锈，相应转行养心殿造办处，着该管人带领匠役并需用物料赴畅春园来收拾等语，记此[1]。

〔六年〕十月初九日，管理奉宸苑事务散秩大臣代管内务府总管事常明清字谘文内称：花园内闲邪存诚处有自行虎二个，虎上消息破坏，相应转行养心殿，着该管人带匠役赴园内来收拾等语，记此[2]。

〔八年〕四月十八日，管理奉宸苑事务头等侍卫兼郎中苏和诺清字谘称……〔西花〕园内承华堂陈设自行虎一只，其虎皮毛俱有脱落处，铁轮子亦锈了，相应转行养心殿，着该管人带匠役前来收拾等因具呈，为此移谘等因前来，员外郎满毗随交该管人带匠役赴该处收拾，记此[3]。

[1] 中国第一历史档案馆藏：《内务府各作承做活计清档》"自鸣钟处"，雍正六年六月。

[2] 中国第一历史档案馆藏：《内务府各作承做活计清档》"自鸣钟处"，雍正六年十月。

[3] 中国第一历史档案馆藏：《内务府各作承做活计清档》"自鸣钟处"，雍正八年四月。

奉宸苑是清代专门管理园囿、河道的机构。这些自行虎陈设于御苑之中，供皇帝随时把玩，因此需要修理时，就由奉宸苑官员咨行相关部门处理。自行虎制作精细，外表以真皮包裹，形态逼真，以发条为动源，行动自如，活灵活现。与明清之际我国制造自动机械的传统一脉相承。

（2）自鸣鼓

〔雍正六年〕十一月二十日，郎中海望传做瓶式自鸣鼓一件，记此。于七年正月十六日做得紫檀木嵌银母象牙花纹瓶式自鸣鼓一件，郎中海望呈进讫。奉旨:着照样再做二件，用四季花。春用红梅，夏用莲花，秋用菊花，冬用腊梅。钦此[1]。

〔七年〕九月初二日，圆明园来帖内称，太监曹进忠交来自鸣鼓一件，随梅花一枝，说首领太监杨忠传着收拾，记此[2]。

〔七年〕九月十一日，据圆明园来帖内称，本月初十日太监杨忠交来万字房陈设自鸣鼓一件，说鼓面皱了，着收拾，记此[3]。

与自行虎一样，自鸣鼓也是以发条为动力源的自动机械玩具。上紧发条后，可以发出有节奏的击鼓声。

（3）机械陈设

〔雍正九年〕二月二十日，据圆明园来帖内称，本月十九日内务府总管海望传做备用端阳节玻璃罩内龙飞凤舞山水陈设一件，记此。于五月初四日做得龙飞凤舞山水陈设一件，催总常保呈进讫[4]。

---

[1] 中国第一历史档案馆藏:《内务府各作承做活计清档》"自鸣钟处"，雍正六年十一月。
[2] 中国第一历史档案馆藏:《内务府各作承做活计清档》"木作"，雍正七年九月。
[3] 中国第一历史档案馆藏:《内务府各作承做活计清档》"流水档"，雍正七年九月。
[4] 中国第一历史档案馆藏:《内务府各作承做活计清档》"自鸣钟处"，雍正九年二月。

〔九年〕十一月二十八日，内大臣海望、员外郎满毗传做备用万国来朝钟表陈设一件，记此。于十二月二十八日做得万国来朝陈设一件，随铜镀金宝盖、珊瑚扣珠、白斗珠璎珞、紫檀木边玻璃罩、纸堆山城、象牙人物，内安转盘轮子，无钟表，司库常保、首领太监萨木哈、李久明呈进讫[1]。

　　这两件陈设设计精细，结构复杂，是雍正时制作量很少的自动机械。它们和钟表制作相辅相成，显示出雍正时清宫机械制作的基本水平。

六　结　语

　　综合上述文献，我们可以看到：在中西文化交流的历史上，恐怕还没有哪一项技术能够像钟表那样全盘为中国人所接受，并在此基础上不断有所创新，其中原因值得我们思考。在这一过程中，皇帝及其宫廷确实起了温床的作用。自机械钟表传入中国，经过一百多年的发展，到雍正时期宫中钟表已经相当普遍，作为占主导地位的计时器具，宫中生活的各个方面都能找到它们的影子。这一时期的工作为后来乾隆时期钟表制作和收藏高峰的到来作了物质上、心理上、技术上的准备。另一方面，作为一位勤于政事，务实的皇帝，雍正帝不可能对钟表之类的所谓"奇技淫巧"倾注更多的精力和热情。总的看来，雍正时期的钟表种类不是太多，很少有什么附属的变动机械装置，计时仍然是其主要功能。这是我们对雍正朝宫中钟表大体的印象。

[1]　中国第一历史档案馆藏：《内务府各作承做活计清档》"自鸣钟处"，雍正九年十一月。

乾隆时期宫廷钟表收藏考察

乾隆时期是中国古代钟表收藏史上一个辉煌的里程碑。在长达60年的时间里，清宫钟表收藏不但数量大为增加，而且奇巧也达到了登峰造极的程度。检视这些绝妙精致的不朽之作，使人强烈地感受到清宫钟表收藏区别于同时代其他国家尤其是西方国家的鲜明特色。而在创造这个具有令世人瞩目成就的历史时期过程中，乾隆帝个人的作用是不容忽视的。一个明显的事实是在故宫博物院现在所收藏的钟表中，绝大部分还都是乾隆时期收藏和制作的。关于乾隆时期的钟表制作历史和宫廷钟表收藏，笔者过去曾发表过《乾隆皇帝与清宫钟表的鉴赏和收藏》一文[1]，但由于当时掌握材料的限制，该文只对乾隆时期清宫钟表的买进、贡献、制作等问题进行了论述，未及其他。近几年随着清宫钟表史研究的深入和材料的积累，对乾隆时期的宫廷钟表收藏进行全面研究成为可能。这里主要利用清宫档案考察乾隆时期清宫的钟表收藏状况，厘清乾隆皇帝和清宫钟表收藏的关系，以期比较清晰地勾勒出中国皇室钟表收藏最为鼎盛的乾隆时期的基本面貌，并对乾隆时期宫廷钟表收藏形成的社会、经济、文化、人文因素及其文化史意义进行解析。

一　乾隆皇帝对钟表的认识

通过对历史文献的考察，可知早在康熙和雍正时期〔1662～1735年〕宫廷之内钟表的使用就已经相当普遍，成为占主导地位的计时器具[2]。当时身为皇子的弘历，对宫中钟表的状况一定非常熟悉，雍正八年〔1730年〕刚刚20岁的他写下了《自鸣钟》的诗作[3]，使我们有机会了解其早年对自鸣钟的基本看法和态度。尽管弘历在诗中把自鸣钟的传入定格为泱泱大国之下万邦来

[1] 郭福祥：《乾隆皇帝与清宫钟表的鉴赏和收藏》，《故宫文物月刊》12卷第11期。

[2] 郭福祥：《康熙朝钟表历史考述》，《明清论丛》，紫禁城出版社，2006年；《中国雍正时期宫中钟表的制作及相关问题》，《机械技术史〔2〕——第二届中日机械技术史国际学术会议论文集》，机械工业出版社，2000年；《雍正朝宫中钟表的来源和使用》，《哈尔滨工业大学学报〔社会科学版〕》第三卷第三期。

[3]〔清〕弘历：《乐善堂全集定本》卷一四《自鸣钟》。全诗为："扶桑日出海门红，大秦西洋飏景风。悬撞度索底贡同，于皇声教敷天通。梯航山海来朝宗，厥献奇物自鸣钟。铜轮铁絃凡几重，机轴循环运其中。应时滴响声春容，挈壶无所施其功。精巧绝伦疑鬼工，倕班流汗难追踪。异哉兹物无始终，週历昼夜春与冬。悬置几上胜金镛，晚报日昳晓嵎东。我闻宝贤宝物虽不同，咸宾亦足效球共。考时定律佐三农，此钟之利贻无穷。"

朝的表征，说它们是"精巧绝伦疑鬼工"的"奇物"，对其华夏声教远播四海的政治意义极力宣扬，但同时更表达出对这种来自西洋的精确计时仪器毫无掩饰的赞扬之情。诗中的最后一句"考时定律佐三农，此钟之利贻无穷"，对钟表在确定时间、考订历法、农业生产等方面的重要作用给予了充分肯定，是那个时代中国皇室内部不多的将自鸣钟提升到国计民生的高度加以认识的例子。这与其祖父康熙皇帝热心于西洋科学，对西洋的钟表机械技术具有的强烈兴趣一脉相承。

　　五年以后，也就是雍正十三年，弘历继承他父亲的皇位，开始了长达60年的君主生涯，使清朝进入了实力空前强大的"乾隆盛世"，为中外所瞩目。由于社会相对稳定，国家财富尤其是宫廷财力的不断增长，为追求奢侈生活及讲求享受提供了条件。乾隆时期堪称是追求奢华的消费化时代，而钟表无疑具备成为奢侈品的种种特质。如果我们将视线聚焦于乾隆帝本人，就会发现个体与时代整体的高度契合，以及个人欲望极度膨胀下的价值趋向。尽管他对自鸣钟依然抱有持续浓厚的兴趣，但关注点却似乎有了一些微妙的变化。

　　乾隆四十九年〔1710 年〕，已经 74 岁的乾隆皇帝又写下了另一首关于钟表的诗作 ——《咏自鸣钟》"。在这首诗中,明显感觉到皇帝对自鸣钟的兴趣渐向奇巧方向倾斜。除了对西洋钟表计时的准确性作例行描述外，更多地表现出了对其所附各种变动装置及其效果的关注，如悦耳的报时铃声、天象的奇妙显现。我们尤其注意到在诗注中他特别强调"有按时奏西洋乐者为更奇"，一副奇巧钟表玩赏者的姿态。在他的眼中，变化多样、争奇斗艳的西洋钟表变成了奢华的象征和极具观赏价值的艺术品。这一点也可以得到当时服务于宫廷中的西洋传教士的证实,1769 年法国耶稣会士汪达洪〔Joannes M.de Ventavon〕给国内的信中这样写道：

⑴ 〔清〕弘历：《御制诗三集》卷八九《咏自鸣钟》。全诗为："奇珍来海舶，精制胜宫莲，水火明非籍，秒分暗自迁。天工诚巧夺，时次以音传。钟指弗差舛，转推互转旋。晨昏象能示，盈缩度宁愆。抱箭金徒愧，挈壶铜史指〔钟鸣别体备，乐律异方宣〔有按时奏西洋乐者为更奇—原诗注〕。欲得寂无事，须教莫上弦。"

来华一年后，余以钟表师资格被召入宫，惟实际仅能称为机器匠，盖皇帝所需者为奇巧机器，而非钟表[1]。

这无疑对当时清宫中的钟表制作和收藏具有导向作用。随着这种看法的形成，搜罗样式新、玩意奇的钟表成为乾隆帝及其臣仆不自觉的行为，从而导致了乾隆时期大量西洋钟表的进口和清宫造办处钟表的规模生产。

二　乾隆时期清宫钟表收藏的扩展途径

乾隆时期在承续康熙、雍正钟表收藏的基础上，将宫廷的钟表收藏进一步扩充，使之达到了前所未有的规模，影响延及后世。梳理相关的文献和清宫档案，可以使我们大致了解乾隆时期钟表收藏的扩展途径和方式。

1. 进贡

在清朝统治者的意识中，凡是送给皇帝的各种名目的礼物，不管是国外使节还是国内官员，均以"贡品"名之，因此谈到钟表的进贡情形是比较复杂的。

外国使节进献钟表的典型例子是乾隆五十八年来华的英国马戛尔尼使团〔图1〕。当时英国方面在选择礼品上相当谨慎。其中"最能说明自己国家现代化程度的礼物是一台天文地理音乐钟"。这是一架复合天文计时器，它不仅能随时报告月份、日期和钟点，而且还可应用于了解宇宙，告诉人们地球只是茫茫宇宙中的一个微小部分。此外，马戛尔尼自己还在乾隆生日那天进献了一对镶嵌钻石的金表[2]。但像这样外国使团作为礼品进献钟表的情况在乾隆时期并不是很多，绝大部分的进献都是由各地官员个人之名自愿进行的，而且占据了当时清宫钟表收藏总量相当大的部分。

乾隆时期向皇帝进贡钟表者主要是广东、福建各省官员。两省均为清代重要的对外贸易窗口，经过贸易获得的西洋物品如钟表、仪器、玩具等，有些被官员购得，以个人名义送往北京进献给皇帝。同时，南方各地尤其是广

---

[1] 方豪：《中西交通史》页760，岳麓书社，1987 年。

[2] George Staunton *An Autuentic Account Of An Embassy From The King Of Great Britain To The Emperor Of China.*

[图1] 英国马戛尔尼使团进献给乾隆帝的钟表素描图
〔采自：[法]伯德莱著，耿昇译：《清宫洋画家》，山东画报出版社，2002年〕

东对西洋钟表的仿制越来越多，其中的精品也被地方官员用做贡品。通过遗留下来的档案，可以看出以官员个人名义进贡的钟表，数量一般并不固定，少的一二对，多则五六对。仅以乾隆五十九年的贡档为例，这一年三月二十五日粤海关监督苏楞额进珐琅八音表二对、洋珐琅嵌表八音盒一对。三月二十七日福建巡抚浦霖进洋表四对。七月二十四日两广总督长麟进报刻八音钟一对、报刻自鸣钟一对、两针珐琅表二对、两针金表二对。七月二十六日福州将军魁伦进洋八音乐钟一对。十二月初八日广东巡抚朱珪进水法八音报时报刻自鸣钟一对、洋表二对、珐琅洋表二对[1]。总共19对38件，而这只是当年贡档中的一部分，所记并不完全，实际的数量肯定会高于这个数字。一个极端的例子是乾隆四十三年正月初二日，原粤海关监督德魁之子海存，将家

[1] 中国第一历史档案馆、香港中文大学文物馆合编：《清宫内务府造办处档案总汇》第55册，页71～142，乾隆五十九年"贡档"，人民出版社，2005年。

中现存预备呈进的自鸣钟等项共 105 件，恭进给乾隆，被全部留用，其中钟表就多达 63 件。包括：

> 洋镶水法自行人物自鸣报时乐钟一对、洋镶料石行蛇自鸣乐钟一对、紫檀木镶玻璃罩镀金铜人时钟一件、紫檀木嵌石雕花活动人物自鸣时刻桌钟二对、紫檀木嵌铜雕花自鸣时刻鹰熊乐钟二对、洋花梨木镶铜花活动人物三针自鸣时刻桌钟一对、洋花梨木镶铜花自鸣时刻乐钟一对、紫檀木雕洋花自鸣报时醒钟二对、紫檀木雕镶石自鸣时刻桌钟一对、紫檀木雕镶龙凤自鸣时刻桌钟一对、紫檀木镶活动人物乐钟一对、紫檀木时刻桌钟一件、洋铜架小自鸣钟一件、洋铜架桌表一对、各式洋表十六对……[1]

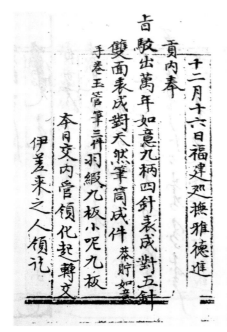

[图 2] 乾隆帝驳回大臣所进钟表的档案
[中国第一历史档案馆藏]

从所列举的钟表名称可知这些钟表既有西方的进口货，也有广州当地制作的。

当然，各地官员个人进贡的钟表乾隆帝并不一定照单全收，有时也会被拒绝。如乾隆四十七年福建陆路提督李奉尧进贡的洋三针表二对、广西巡抚朱椿进贡的洋表规矩箱一对、福建将军永德进贡的镶表冠架和三针大表等三对、福建巡抚雅德进贡的四针表和五针双面表二对等均被驳回[2]〔图 2〕。

通过被赏收和驳回的钟表，乾隆皇帝以比较含蓄的方式表达着

[1] 中国第一历史档案馆、香港中文大学文物馆合编：《清宫内务府造办处档案总汇》第 41 册，页 290～291，乾隆四十三年二月"记事录"，人民出版社，2005 年。

[2] 中国第一历史档案馆、香港中文大学文物馆合编：《清宫内务府造办处档案总汇》第 46 册，页 386～441，乾隆四十七年"杂录"，人民出版社，2005 年。

自己的好尚喜恶，而各地官员也可以借此推测出乾隆帝比较喜欢的钟表品类，并在进贡钟表的搜集过程中给以关注和迎合。通过各地官员私人进贡这种方式，宫中的钟表收藏部分地建立了起来。需要说明的是，这种以官员个人名义向皇帝进贡的钟表，所需费用皆由官员自己负担，不能动用公费。

2. 采买

清代的宫中用项，由宫廷派驻地方的机构负责采办者占很大比例。由于广州是中西贸易的最为重要的通道，乾隆时期宫中钟表的采办主要由广州的粤海关及其监督负责〔图 3〕。

〔图 3〕18 世纪末的广东粤海关
广东画家绘　18 世纪
〔广东省博物馆藏〕

粤海关主要管理广东沿海等处的贸易及税务,设有海关监督,全称为"钦命督理广东沿海等处贸易税务户部分司",统辖海关全部事务。充任监督者多是包衣出身的内务府满员，由皇帝直接简派，相当于驻在广州的"皇帝的直接代表"，其"征收课税及凡应行事宜，不必听督抚节制"，权力很大。粤海关监督除管理税务之外，另一重要任务就是为宫廷采办珍奇物品。所用的钱粮按照物价定期向内务府报销，其每年通过内务府造办处核销的银两在三四万两[中]。其中很大一部分是用于钟表等的采办。

实际上，在广州为了宫廷采办钟表的费用远不止这么多。粤海关监督是通过行商从外国商船那里购买钟表的。广东督抚、海关监督每年呈进钟表等珍奇西洋物品，俱令行商代为垫买。

〔中〕 中国第一历史档案馆藏：《内务府·宫中杂件》5 212 号。

按例，粤省每年向皇帝进贡珍奇物品三次，购买此项物品的价款，由朝廷按年拨付银五万两，后来减为三万两。此项价款一半用于到北京的长途运输费用，剩下的一半是不足以购办各种珍奇物品的。这件头痛的差事，总督固然不愿负担，而海关监督也不愿自己拿钱补上[1]。

由于官价远远低于市价，其间的差额就需经手的行商垫赔。

他们被迫要向广州的私人贸易搜购钟表及其他珍奇物品，他们自己拿出款项，来填补输入者的售价与官员所愿意支付的货价之间的差额[2]。

这种情况下行商通常只能收回这些珍奇物品货价的四分之一左右[3]。更有甚者，借办贡物名色，"每遇需用一件，关吏与内司及地方官，向各行索取，奚啻十件"[4]。

对于官员们的不断勒索，行商是无法抗拒的，行商依靠大班做他们的保护者。私人贸易进口的珍奇物品，包括音乐匣子、机器玩具、自鸣钟、表及其他美丽而珍奇的物品等，官员们都尽力搜罗，据为己有，或送上北京献给朝廷或大臣们[5]。

据英国东印度公司的档案记载，在 1793 年和 1796 年奉粤海关监督之命购奉乾隆帝的钟表及机器玩具等所费用分别多达十万两[6]，行商成为宫廷所需西洋珍奇物品稳定供货源的同时，也背上了沉重的负担。

我们知道，乾隆时期在对外贸易方面推行的是极为特殊的广州制度。即广州是唯一的对外贸易的口岸，与外商的贸易通过官府认可的行商进行，外

[1] ［美］马士著，区宗华译：《东印度公司对华贸易编年史》第五卷，页 427，中山大学出版社，1991 年。

[2] ［美］马士著，区宗华译：《东印度公司对华贸易编年史》第五卷，页 486，中山大学出版社，1991 年。

[3] ［美］马士著，区宗华译：《东印度公司对华贸易编年史》第五卷，页 424，中山大学出版社，1991 年。

[4] 汤象龙：《十八世纪中叶粤海关的腐败》，《中国近代史论丛》第一辑第三册，页 149，正中书局，1950 年。

[5] ［美］马士著，区宗华译：《东印度公司对华贸易编年史》第五卷，页 576，中山大学出版社，1991 年。

[6] ［美］马士著，区宗华译：《东印度公司对华贸易编年史》第三卷，页 59，中山大学出版社，1991 年。

商在广州的贸易活动必须有行商的担保，外商的请求陈述和官府的要求也必须通过行商转达，广州的官府是不与外商直接接触的。这既是行商们垄断对外贸易的基础，同时也是他们饱受盘剥的根源。而包括钟表在内的所谓珍奇物品则为其首，行商们对这种亏本的交易怨声载道，甚至进行抵制。英国东印度公司的档案中对此有过记述：

> 我们的船常把珍奇物品和其他有价值的货物带来本口岸，这是官员们愿意要购买的，这种交易是由保商经手，但经常受到很大的亏损。所以现在没有行商愿意承担这项交易[1]。
>
> 我们提请您们注意，此间行商对于公司商船近日运来的大量玩具感到极大的忧虑，如此，将使有些行商破产[2]。

行商的破产无疑会对公司贸易产生影响。为了自己的利益和贸易开展，东印度公司有时也站在行商的一边，对珍奇物品的贸易进行干预。"我们给从欧洲来的各船船长的信件内，附入同样的抄本给予各位大班，禁止他们把带来的珍奇物品给海关人员看，并要求他们也这样做"。而东印度公司所属各商船的船长也尽量给予配合。"我时常切望避免一切麻烦，我没有带来钟表或小饰物玩具之类的物品。我很高兴的通知你，经过查询，我的船上并无此类物品"[3]。当时包括钟表在内的珍奇物品是散商或商船上的工作人员利用自己获得的优惠吨位携带进来的，属于私人所有物品，交易权也在私人手里。东印度公司这样做的结果，虽然不可能完全禁绝此类物品的运输和进口，但数量会有所下降，并有相当的部分转入地下交易，间接对广东官员贡品的获取产生影响。因此在乾隆二十年四月初七日粤海关监督发布了对欧洲人贸易的相关规定，其中特别提到珍奇物品的交易：

> 至于珍奇物品，如珍珠、珊瑚、宝石、琥珀等物，皆属御用物品，铺

[1] ［美］马士著，区宗华译：《东印度公司对华贸易编年史》第五卷，页426，中山大学出版社，1991年。

[2] ［美］马士著，区宗华译：《东印度公司对华贸易编年史》第五卷，页576，中山大学出版社，1991年。

[3] ［美］马士著，区宗华译：《东印度公司对华贸易编年史》第五卷，页487，中山大学出版社，1991年。

户不得擅自买卖。……至于珍奇物品，虽属于私商个人所有，而不在公司账项之内，但铺户人等因知其为皇上所需，是以施行种种诡计，如抬高物价，或将其藏匿，或教唆欧洲人走漏上岸等情，以致本衙门届时无法搜购此类珍奇物品进贡朝廷。故本监督决计将此等恶行革除。各店铺只能收购个人之普通货物……凡珍奇物品，只许保商出价收购[1]。

粤海关监督的规定实际上是为了保证宫廷对包括钟表在内的西洋奇物采买的优先权。

这是西方文献所记录的乾隆宫廷采买钟表和其他西洋珍奇物品的一般情形，其间伴随着对行商的盘剥和勒索。那么，中文档案对当时宫廷采买钟表的情况又是如何记录的呢？

首先值得注意的是，此一时期宫中购买的西洋钟表都是在皇帝直接授意下进行的。一般由乾隆皇帝提出初步意向，相关衙门将其行文给广东督抚或粤海关监督，再由广东督抚或粤海关监督传达给行商。行商根据要求，向西洋商人洽谈购买或定做事宜。需要说明的是，乾隆皇帝对所购钟表的要求有时非常具体，从产地到式样几乎面面俱到。档案多次记载了他就采办钟表事项进行的指示。如：

乾隆十四年传谕两广总督硕色：

> 从前进过钟表、洋漆器皿亦非洋做，如进钟表、洋漆器皿、金银丝缎、毡毯等件务要是在洋做者方可[2]。

乾隆十六年指示粤海关监督唐英：

> 嗣后务必着采买些西洋上好大钟、大表、金线、银线，并京内少有

[1] ［美］马士著，区宗华译：《东印度公司对华贸易编年史》第五卷，页456，中山大学出版社，1991年。

[2] 中国第一历史档案馆、香港中文大学文物馆合编：《清宫内务府造办处档案总汇》第17册，页705，乾隆十四年"杂录"。人民出版社，2005年。

西洋稀奇物件，买些恭进，不可存心少费钱粮[1]。

乾隆二十二年传谕李侍尧、李永标：

> 此次所进镀金洋景表亭一座甚好，嗣后似此样好者多觅几件。再有比此大而好者亦觅几件，不必惜价[2]。

乾隆四十七年指示粤海关监督李质颖：

> 嗣后呈进钟表，有安三四针、四五针大表不必呈进，找寻上好洋珐琅套带钟自打时刻表，得时随贡进[3]。

乾隆四十八年传旨：

> 李质颖办进年贡内洋水法自行人物四面乐钟一对，样款形式俱不好，兼之轮齿又系四等，着大人寄信申饬，传与粤海关监督，嗣后办进洋钟或大或小俱要好样款，似此等粗糙洋钟不必呈进[4]〔图4〕。

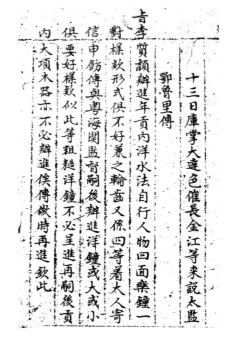

[图4] 乾隆帝就钟表采办事宜给粤海关官员的谕旨
〔中国第一历史档案馆藏〕

[1] 中国第一历史档案馆、香港中文大学文物馆合编：《清宫内务府造办处档案总汇》第18册，页388，乾隆十六年七月"记事录"。人民出版社，2005年。
[2] 中国第一历史档案馆、香港中文大学文物馆合编：《清宫内务府造办处档案总汇》第23册，页167，乾隆二十二年"杂录档"。人民出版社，2005年。
[3] 中国第一历史档案馆、香港中文大学文物馆合编：《清宫内务府造办处档案总汇》第45册，页398，乾隆四十七年三月"行文"。人民出版社，2005年。
[4] 中国第一历史档案馆、香港中文大学文物馆合编：《清宫内务府造办处档案总汇》第46册，页661，乾隆四十八年十二月"行文"。人民出版社，2005年。

在这种情况下，负责采办的官员们用尽心思，搜罗各种奇钟异表，以满足乾隆皇帝对钟表的追求欲望。

其次宫廷对采买的钟表质量有着严格的要求，对采买经费的核销程序亦一丝不苟。在这方面，唐英于乾隆十六年的两次采办银两核销的情况颇为典型。唐英是清代雍正、乾隆时期景德镇御瓷生产的督陶官，在职期间将景德镇官窑生产推向巅峰而闻名于世。他在乾隆时期也曾短期署理过粤海关监督之职，为宫廷采办西洋物品。档案中留下了内务府相关部门审核他为宫廷采办钟表等物品所用银钱的记载，值得注意。

乾隆十六年七月初六日，员外郎白世秀、司库达子来说，太监胡世杰交：表四件，传旨：将表交与德永，查若是唐英进的便罢，若是正贡，系买办，向来买办俱是头等，如何买此三等表？着按三等例核减，钦此。于本月初七日奴才德永遵旨查得，唐英所进洋表四件，乃系采办万寿正贡，用过价银一百十二两七钱四分。奴才等伏思，采办贡物宜拣选头等品物恭进，今唐英所办洋表四件实系三等，殊属不合，应将用过价银内按三等例核减银七十五两一钱六分，着落唐英赔补。其余一切正贡品物俱详加照例查核，俟查核完时另行奏闻，等因缮折，员外郎白世秀、达子持进交太监张玉、胡世杰转奏，奉旨：知道了。再唐英不肯买西洋上好物件恭进，怕靡费钱粮，着德永申饬唐英，嗣后务必着采买些西洋上好大钟、大表、金线银线并京内少有西洋稀奇物件，买些恭进，不可存心少费钱粮，钦此 [1]。

又：

乾隆十六年十二月二十二日据粤海关监督唐英呈报黄册二本，奉旨：着交造办处查核，钦此。钦遵。臣等查得黄册内除紫檀木、桄榔木书架三对，遵旨驳出，工料银两不准开销外，据唐英册内呈报，洋花大绒、洋金

[1] 中国第一历史档案馆、香港中文大学文物馆合编：《清宫内务府造办处档案总汇》第 18 册，页 387 ～ 388，乾隆十六年七月 "记事录"，人民出版社，2005 年。

银线等查造办处并无比较之项，无凭查核，其自鸣钟、推钟、桄榔竹式玻璃灯、古铜鎏金玻璃灯等四项所用工料银两比较相符，无庸核减外，至册报紫檀木锦地博古大柜、番草书桌、椅子、海棠式香几、掐丝小香几、玻璃小插屏、洋表、洋油画等八项所用工料并水陆运费包裹共银三千七百五十二两一钱七分，臣等比较查核，应减银四百二十八两九钱五分三厘，著落该监督唐英照数赔补，不准报销。谨将所用工料及运费银两核减清单一并恭呈御览，为此谨奏，于本日交奏事太监秦禄转奏，奉旨：知道了，钦此[1]。

这两条档案非常重要，从中可知：其一，唐英当时为粤海关监督，负责筹办贡品，贡品的等级都要求是头等，也就是最好的。此同样适用于钟表。其二，当时表的价格，头等表核销的价格约三十两银子，二等、三等表核销的价格则只有十几两银子。其三，从乾隆的谕旨中，可知乾隆对钟表的要求，以及需求的种类、不怕靡费钱粮的态度。其四，广东粤海关进贡品的来源，主要是购买。而且还有官员自己进贡和正贡之分。官员自己进贡，钱由自己出，不向内务府报销钱粮，而正贡则向内务府报销钱粮，这种所谓的正贡意味着花的是皇帝自己的银钱，因此乾隆帝对采办物品包括钟表的价钱十分关心，报销的数额也受到严格的审计和控制。宫廷采办钟表的基本程序和过程一目了然。

3. 向西洋定制

采买只限于在由西洋商船已经带到广东口岸的西洋物品中进行遴选，在清宫方面有被动接受的成分。随着人事和经济交往的不断深入，清廷也会根据自身的情况提出具体的制作要求，于是向西洋定制物品之举应运而生。尽管我们现在还没有见到清廷直接向西洋定制钟表的记载，但是其他种类的西洋物品的承办档案却透露出非常难得的信息，使我们相信钟表的定制也极可能是存在的。虽然这种宫廷主动向西洋定制物品从根本上说仍属于宫廷采买的方式之一，但其对研究中西之间的贸易关系十分重要，故于此单独列出。这

---

[1] 中国第一历史档案馆、香港中文大学文物馆合编：《清宫内务府造办处档案总汇》第 18 册，页 405～406，乾隆十六年十二月"记事录"，人民出版社，2005 年。

里先看几条乾隆时期造办处的活计档案。

乾隆十五年五月二十三日，员外郎白世秀、司库达子来说，忠勇公傅奉旨：着造办处想有用处西洋物件开写清单呈览，钦此。于六月二十五日员外郎白世秀、司库达子想得有用处西洋物件：大玻璃镜高五尺余，宽三尺余；西洋珐琅大瓶、罐；金线银线；西洋水法房内装修；内里装修黄地红花毡或红地黄花毡；大小钟表；西洋箱子；西洋柜子；西洋椅子；西洋桌子，缮写折片，持进交太监胡世杰转奏，奉旨：西洋水法房内装修不必做，将黄地黄花毡要些，其余按数准要。再京内无有的稀奇物件着带些来，钦此。于八月初十日内务府大臣德将画得西洋玻璃灯纸样一张，持进交太监胡世杰转奏，奉旨：准带往西洋去做，钦此。于九月初一日员外郎白世秀、司库达子持出银二万两交范清注领去。于九月十五日为往西洋传要物件，内廷交出银二万两，缮写折片，随果报带往围上交内大臣海望转奏，奉旨：知道了，钦此①。

此条档案是京内内务府官员与远在热河的乾隆皇帝随行机构往来文书的内容记录，当时乾隆帝正住在热河避暑山庄，九月又到坝上围场秋狝，但他仍对京城西洋水法房内陈设所用大量西洋器物甚为关注。档案中乾隆帝让内务府大臣将画好的西洋玻璃灯纸样带往西洋去做，同时，为了到西洋去传要物件，竟从内帑拨出二万两银子，以供使用，很显然具有提供设计指定加工〔来样加工〕的定做性质。同样的例子还有同年七月将制作洋漆围屏事指定交给洋里去的人之记录：

十二日员外郎白世秀、司库达子来说，太监胡世杰传旨：将生秋亭围屏量尺寸画样，用旧画心，交洋里去的人带去漆做，钦此。于本月十五日员外郎白世秀、司库达子将画得单扇围屏纸样一件，并东西围屏纸

① 中国第一历史档案馆、香港中文大学文物馆合编：《清宫内务府造办处档案总汇》第 17 册，页 288，乾隆十五年五月"记事录"，人民出版社，2005 年。

样二件，持进交太监胡世杰看，据伊说不必呈览，交给洋里去的人[1]。

档案还记载：

> 乾隆十六年正月初三日，首领孙祥来说，太监胡世杰传旨：从前准太进过风琴钟上玻璃圆球因呈进时损坏，着刘山久带去赔做，至今未见呈进，着海寄信查问，钦此。于闰五月初二日据粤海关监督唐英来文内称：查前抚部院准太管关内所进之玻璃球系外洋夷人携带进广，原有一对，当经选一完固无损者恭进，尚存一个于穿口处略有惊裂，嗣因原进者损坏，奉旨行文赔做。历经前任管关部院传谕外夷，照样携带，总无带有来粤，又未敢将原存惊裂者轻率呈进，是以迟滞至今。兹复奉旨查问，遵将现在原存略有惊裂之玻璃球一个，俟本年水运万寿贡品进京，一并附送，其是否堪以恭进，尚希裁酌等来等语。本日员外郎白世秀进内交太监胡世杰口奏，奉旨：准其送进京来，钦此[2]。

为了钟表上的一个玻璃圆球，竟让西洋商人照样从欧洲带一个一模一样的过来。而这个圆玻璃球本是西洋人出于经济目的带到广州售卖成为贡品的，因在进呈给皇帝的过程中受损，故追溯至西洋生产地。后来赔做，由于有成品在先，西洋商人是受命照样携带来粤，故也就具有了按样定做的性质。

实际上，这种向西洋定制物品的事情并不仅仅限于乾隆时期，而早在康熙年间就已经开始了。前面讲到乾隆十四年乾隆皇帝在给粤海关的旨意中提到康熙年间曾让洋船上的买卖人带信给西洋，宫中要用何样物品，西洋即照所要之物做得，卖给监督呈进。乾隆皇帝的意见很明确，就是要粤海关依然采用康熙时期西洋物品的采购办法，将要求传递给西洋的制造者，以便于其制作出合乎需要的物品。这也是一种定制的方式。

[1] 中国第一历史档案馆、香港中文大学文物馆合编：《清宫内务府造办处档案总汇》第 17 册，页 294，乾隆十五年七月"记事录"，人民出版社，2005 年。

[2] 中国第一历史档案馆、香港中文大学文物馆合编：《清宫内务府造办处档案总汇》第 18 册，页 425，乾隆十六年正月"粤海关"，人民出版社，2005 年。

关于清代的中西钟表贸易关系，过去我曾在文章中谈到过。宫廷对西洋钟表的需求信息通过采办官员及中间商人反馈于西方钟表业。西方钟表制造商和经销商看准了中国这个庞大的市场，为销售自己的产品，他们关注中国人的欣赏口味，制造了大量适合中国审美观念，专门销往中国的钟表。在这方面，英国的情况具有相当的典型性。英国是世界上最早制造钟表的国家之一，与中国在钟表方面的贸易活动也十分突出。这一方面是由于英国自身钟表制造发展的结果。至 17 世纪晚期钟表已然是英国重要的出口商品，伦敦成为钟表生产中心，钟表制造盛极一时，其产品在世界范围内无与伦比，在整个欧洲与东方的钟表贸易中明显占据主导地位。另一方面借英国海外扩张的强势，英国东印度公司几乎垄断了早期欧洲和东方的海上贸易，为英国钟表的东输提供了极为有利的条件和保障，当时欧洲各国的钟表许多是通过英国的中转输出到中国的。更为重要的是，英国钟表行业具有敏锐而长远的眼光，对中国这个巨大的市场一直十分关注，千方百计迎合中国人的审美情趣，利用自身的贸易优势，依托整个欧洲的钟表制造技术，整合各种资源，制作出了适合中国人欣赏品位的东方市场钟表，这一点在通览故宫博物院的钟表收藏后就会有深刻的印象"[1]〔图 5、图 6〕。现在，除了故宫博物院的这些收藏之外，我们可以得到更多一层的证据。从上面的档案记载，可以毫无疑问地说，通过定制的方式，中国方面的设计图纸曾经到过欧洲制作者手中，这对他们的产品制造应该会有所影响。

4. 宫中制造

乾隆二年〔1737 年〕正月，自鸣钟处首领赵进忠向内务府大臣海望报告说："本处所造自鸣钟表甚多，作房窄小，欲在后院内盖房三间。"[2]很快得到批准，并于五月将房三间搭盖完成。这一记载显示出乾隆初期宫中钟表制作的发展状况和已经具备的规模。又乾隆三十八年为修补房屋事，养心殿造办处特行文内廷工程处，说：

---

[1] 郭福祥：《佳士得钟表专拍述评》，《日本东京根津美术馆藏清宫御藏钟表》页 41，佳士得公司，2008 年 5 月 27 日。

[2] 中国第一历史档案馆、香港中文大学文物馆合编：《清宫内务府造办处档案总汇》第 7 册，页 779，乾隆二年正月"记事录"，人民出版社，2005 年。

[图 5] 铜镀金象驮转花钟
英国　18 世纪
高 192 厘米　宽 135 厘米　厚 78 厘米
〔故宫博物院藏〕

[图 6] 铜镀金嵌玛瑙银花规矩箱音乐表
英国　18 世纪
高 37 厘米　宽 14 厘米　厚 14 厘米
〔故宫博物院藏〕

本处房间于三十七年九月奏明交内廷工程处将本处库房、值房俱已修理，迄今未经一年，所有自鸣钟作房九间俱已渗漏，此房系收储上用钟表等项活计，相应呈明行文该工赴本作将渗漏房间速速修补[1]。

说明到乾隆三十七年时自鸣钟作房至少已经有九间之数，规模还是很大的。

负责清宫钟表制作工作的机构是下设在养心殿造办处的做钟处，其前身为自鸣钟处。早在康熙年间，就在内廷设置了自鸣钟处，学习西洋钟表的机械原理，保养修理宫中收藏的钟表。随着时间的推移，其职能有所扩展，除保养修理之外，还负有生产之责。做钟处便脱胎于那时的自鸣钟处，至乾隆时期做钟处成为专门机构并达到鼎盛，当时在做钟处工作的从业人员有一百多人，所制作的钟表数量、质量都是其他朝代无法企及的。乾隆时期的档案中，经常提到皇帝在外出巡幸过程中做钟处都要派员随侍，内务府派有专门的车辆装载做钟处的工具和设备，并拨给相应的办公和操作场所。文献中提到的圆明园钟房就应该属于此种性质。由于乾隆皇帝一年之中有相当长的一段时间都居住的圆明园，而且相应的机构也随之迁移，做钟处相关人员、匠役和设备也一样在宫中和圆明园作季节性的移动，加之圆明园各殿陈设钟表数量很大，因此，文献中对圆明园钟房的记载相对较多。通过这些记载，可以推知圆明园钟房和宫中做钟处实则是一体。尽管嘉庆以后钟表制作越来越少，但这一机构一直作为宫中十分重要的奢侈品制作所而延续下来，直到1924 年末代皇帝溥仪出宫，做钟处的使命才宣告结束。

和雍正时期的做钟处一样，乾隆时期做钟处从事钟表制作的人员结构仍然没有什么变化，主要有三类。

一是外国传教士。从顺治开始直到嘉庆朝，都有外国传教士在宫中服务，其中从事钟表制作的一直绵延不断，大大提高了传教士在宫中的地位。乾隆朝在宫中制作钟表和机械玩具的著名传教士除了原康熙、雍正时期就已经在

---

[1] 中国第一历史档案馆、香港中文大学文物馆合编：《清宫内务府造办处档案总汇》第 36 册，页 840，乾隆三十八年八月"各处行文"，人民出版社，2005 年。

宫中服务的林济各〔Francois Louis Stadlin〕、沙如玉〔Valentin Chalier〕等人外，不断有精通钟表和机械制作的西洋传教士进入宫廷服务，前后达十余人，在清宫做钟处的钟表制作和维修中发挥了巨大作用。关于他们在乾隆时期宫中做钟处的钟表制作情况和评论，可参阅笔者《清宫造办处里的西洋钟表匠师》一文，兹不复赘。

二是外募匠役。即从民间各地招募的钟表匠。比如乾隆十二年〔1747年〕五月，有柏木扁葫芦钟一件，乾隆帝传谕将钟的下身着冯必华照延春阁现安的一样，想法做玩意中装。几天后，冯必华画的海屋添筹纸样被呈览，获准制作。这位冯必华就是一位外匠。这些外募做钟的匠役乾隆帝有时也直接称他们为"做钟匠"，如：

> 十三日，司库白世秀来说，庄亲王交仪器一件，传旨：交造办处令西洋人同做钟匠收拾，着庄亲王监看，钦此[1]。

这些做钟匠在钟表活计中起到很重要的作用。

三是做钟太监。在宫内太监中，有许多从事技艺制作者，他们经过相当一段时间的学习，会成为行家里手，在相关匠作服务。做钟处中有相当数量的太监从事钟表制作，如：

> 〔乾隆三年二月〕十五日首领赵进忠来说：学手太监六名，欲令伊等成做表六分呈进等语，回明监察御史沈崙、员外郎满毗准行，记此。[2]

又如：

> 〔乾隆十年十月〕二十三日副司库太山保持来帖一件，内开为本年

[1] 中国第一历史档案馆、香港中文大学文物馆合编：《清宫内务府造办处档案总汇》第16册，页218，乾隆十三年七月"记事录"，人民出版社，2005年。
[2] 中国第一历史档案馆、香港中文大学文物馆合编：《清宫内务府造办处档案总汇》第8册，页263，乾隆三年二月"自鸣钟"，人民出版社，2005年。

四月二十日首领孙祥来说：乾清宫总管苏培盛挑得小太监四名交做钟处学做钟表，用杉木案子二张，机子四张，回明王大人准行，遵此^[1]。

这些学手太监、小太监在宫廷服务的时间都很长，有的升为首领太监，乾隆时期比较有名的从事钟表设计和制作的首领太监包括孙祥、赵进忠、党进忠、张起等^[2]。

遵照皇帝旨意制造各种钟表和机械玩具以满足宫中之需要，是做钟处匠役最重要的任务。一般先由皇帝提出基本意向和具体要求，或由内务府大臣依据成例奏请，工匠据此进行设计，批准后照样制作。皇帝们对钟表制作的关注和干预是多方面的，甚至于某些具体的细节都不放过，从钟表样式的设计到制作所用的材料，都要经过他的修改和批准^[3]。大量的清宫档案为我们研究清帝对清宫钟表制作的影响提供了直接的证据。正因为如此，清宫所制钟表才被称为"御制钟"。

做钟处所做的"御制钟"都具有鲜明的宫廷特色。多以木结构为主体，所用木料主要有珍贵的紫檀木、红木、高丽木、花梨木、杉木等；造型为亭、台、楼、阁、宝塔等建筑形式，有的钟简直就是宫殿建筑的缩微，连斗拱、栏杆、柱头，乃至屋脊上的吻兽也悉数做出，极为精细。御制钟的钟盘也很有特色，多有"乾隆年制"款，尤其是铜胎黄地彩绘花卉纹画珐琅钟盘，显示出御制钟的华贵与典雅〔图7、图8〕。

我们现在所见到的高水平御制钟几乎都是乾隆时期制造，是乾隆时期宫

[1] 中国第一历史档案馆、香港中文大学文物馆合编：《清宫内务府造办处档案总汇》第 13 册，页 587，乾隆十年十月"自鸣钟"，人民出版社，2005 年。

[2] 关雪玲：《清宫做钟处及其钟表》，《日升月恒——故宫珍藏钟表文物》页 429 ～ 430，澳门艺术博物馆，2004 年。

[3] 这方面的例子在清宫内务档案中有很多。如乾隆二年六月十三日载："太监毛团传旨：着西洋人沙如玉想法做自行转动风扇一分，钦此。于本月十五日首领赵进忠画得风扇纸样二张持进，交太监毛团呈览，奉旨：着西洋人沙如玉同首领赵进忠商酌，想法一边安钟表，一边安玻璃镜，将库内收贮坏钟表拆用。底座下添抽屉，以便收贮风扇。先做一小样呈览，准时再做，钦此。"该钟于近一年后的乾隆三年五月初二日做得呈进。见中国第一历史档案馆、香港中文大学文物馆合编：《清宫内务府造办处档案总汇》第 7 册，页 791，乾隆二年六月"自鸣钟"；亦可参见关雪玲：《乾隆时期的钟表改造》，《故宫博物院院刊》2000 年第 2 期。

[图 7] 紫檀木楼时刻钟
清宫造办处　清乾隆
高 37 厘米　宽 23.5 厘米　厚 15 厘米
〔故宫博物院藏〕

[图 8] 紫檀嵌珐琅转八仙楼阁钟
清宫造办处　清乾隆
高 86 厘米　宽 50 厘米　厚 40 厘米
〔故宫博物院藏〕

廷钟表收藏的重要组成部分。

5. 籍没

　　有学者研究发现，"清皇室除正常从盐税关税搜刮以外，更大量去抄家以增加皇室的财富"[1]。所谓抄家，即是将犯罪官员特别是贪官的家产充公，是乾隆朝十分普遍的现象。由于乾隆一朝的贪案特多，因此通过抄家获得的财物也就相当可观。在抄家的各个案例中，如果出现钟表，乾隆帝往往命令将其送到内务府处理，这就意味着，这些钟表最终会成为宫中的收藏。

　　这里只列举几个典型的案例加以说明。乾隆四十六年〔1781 年〕杭嘉湖道王燧因贪纵不法受到惩处，被抄家产多达二十万两，其中有"自鸣钟五架、坠钟一架、表一个"[2]；乾隆四十七年山东巡抚国泰因贪婪营私致使全省亏空二百余万两，国泰被赐自尽，籍没家产，其中钟表有"嵌表挂屏一件、座

⑴　牟润孙：《论乾隆时期的贪污》，《注史斋丛稿》页 446，中华书局，1987 年。
⑵　中国第一历史档案馆编：《乾隆朝惩办贪污档案选编》页 2 127，中华书局，1994 年。

钟四架、表一个"^⑴。乾隆四十六年闽浙总督陈辉祖因抽换隐匿另一名贪官王
亶望的钟表、玉器、古玩、字画等据为己有，受到查处，家产被抄时仅自鸣
钟表就有"三十宗计六十四件"，同时其家人杜泰家产中也有"自鸣钟表四
宗计七件"^⑵，总数多达 71 件。乾隆五十一年两广总督富勒浑因纵容家人在各
口岸勒索摊派被查，案内所涉人员家产均被抄。其中他本人多处家产内钟表
有"玳瑁八音桌钟一对、钟帽架一对、乐钟一对、乌木桌钟一个"、"挂钟一
对、小挂钟一对、旧钟一对、两面七针表一对、三针表二对、旧表二对"，其
家人陈汉三家产内也有"坠子自鸣钟一座、旧桌钟一对、桌表二个、挂钟一
座、轿表一个"^⑶，总数也达到 30 件。

再看看与和珅关系非常密切的福长安的情况。福长安和和珅同时同朝为
官，按照嘉庆皇帝的说法，他位居和珅之次，"与和珅朝夕聚处，于和珅罪状
知之最悉，且常有独对之时"，但他始终并无一语，"是其有心扶同徇隐，百
喙难辞"，于是将其照朋党律拟斩，抄其家产。福长安家产与和珅相比可谓小

在因罪家产被抄的大吏中，和珅是最丰厚和典型的一个，尽管抄家之举
发生在嘉庆四年〔1799 年〕，但其资财的获取和积累都是在乾隆时期。据档
案记载，仅查抄他在热河寓所所存贮陈设的器玩就达 216 件，其中钟表就
有洋人指表一件、座表一对、挂钟一对、座钟四座。而据英国特使马嘎尔尼
〔Macartney〕《乾隆英使觐见记》一书记载，和珅在热河寓所的陈设是比较简
陋的，号称简陋的寓所中竟有上述这些物品，可想而知，他在北京的寓所和
花园中的珍宝及玩器就会更多，更精美了。至于具体的数目，正史无载，但
私人笔记有的说从其家抄出大自鸣钟十架、小自鸣钟三百余架、洋表二百八
十余个；有的则说大自鸣钟十座、小自鸣钟一百五十六座、桌钟三百座、时
辰表八十个^⑷。这些数字都传自坊间，但如果和其在热河寓所的钟表陈设情况
相比较，说他收藏钟表几百件，也是有可能的。民间有云"和珅跌倒，嘉庆
吃饱"，看来，籍没和珅家产也会使宫中的钟表数量大大增加。

⑴ 中国第一历史档案馆编：《乾隆朝惩办贪污档案选编》页 2 493。
⑵ 中国第一历史档案馆编：《乾隆朝惩办贪污档案选编》页 2 803～2 829。
⑶ 中国第一历史档案馆编：《乾隆朝惩办贪污档案选编》页 2 971～3 009。
⑷ 冯佐哲：《和珅评传》页 286～289，中国青年出版社，1998 年。

巫见大巫，"所抄资产究不及和珅十分之一二"^⑴。即使这样，在他的家产清单中，我们还是看到了"坐钟三十七架、表三十四个"的记录^⑵。而在另一件同样与和珅有关但未注明被查抄者姓名的抄家清单中也有"钟七十七架、表十三件"的记录^⑶。可见在查抄大吏资产时所得钟表数量之多。

以上除去没有确切数字的和珅钟表，其余各官家产都是当时档案记载的真实数据，仅仅这五六人家产中的钟表就多达二百七十余件，可见宫廷通过籍没犯罪官员家产的方式获得的钟表数量应该是很大的。可以说，官员被籍没的钟表构成了宫廷钟表收藏的重要组成部分。

三 钟表的运输和保存

直到现在，钟表都是故宫博物院各类藏品中运输包装比较困难的一个类别。那么，在200多年以前的乾隆时期，那些钟表在运输过程中是如何保证安全的？如此多的钟表平日里又是如何保存的？

1. 运输和包装

当欧洲的钟表船载至广东，清朝官员为宫廷采办后，是如何将其千里迢迢运到北京，确是个值得注意的问题。乾隆三十四年对进贡钟表运输过程中发生的一次偶然事故的处理记录透露出大型钟表从广州到北京的运输过程。这一年四月，粤海关监督德魁派家人将一对宝象乐钟送到北京，途中其中一件损坏，乾隆帝下令调查处理。为了说明问题，不妨将档案记录转录于下：

> 宝象乐钟一对内损坏一件，著福隆安、英廉问伊家人果系路途不小心损坏是实，从重责处。或造办处人员赖伊损坏，亦著从重治罪，其钟准交如意馆收拾。破玻璃罩做材料用，余知道了，钦此。钦遵除遵旨严行申饬德魁外，奴才随传唤造办处查核房人员并德魁运送贡物家人张文当面询问，据该房人员回称：此件损坏之钟系未查核以前伊家人自行声报等

⑴《清仁宗实录》卷三八，嘉庆四年正月丁丑。

⑵ 中国第一历史档案馆藏：《内务府来文》8 "刑罚"第 2 178 包。

⑶ 中国第一历史档案馆藏：《宫中杂件》第 2 093 包。

语，据张文回称，原于本年四月初六日路过梅岭，抬夫偶然失脚，将此件钟箱墩磕，彼时未敢拆看，至圆明园预备活计时已经将此钟损坏之处自行回明，不敢隐讳是实等语。查此钟损坏情节详加询明，委系途中墩磕，并无别有情弊，应将不小心解运之家人张文从重责处，以示警戒[1]。

由广东官员进贡的大型钟表从广州起运后，途中的一切事项由进贡官员的家人全面负责，有时也借助官方驿站，一路跋山涉水，直到杭州或苏州才能上船，通过京杭大运河运往北京。装船之前的贡道路况复杂，其间必须穿过梅岭，就如同翻越欧洲的阿尔卑斯山脉，山高路险，车辆无法负载而行，只能靠人力抬扛，委实不易。记录透露出的信息还使我们知道运输过程中钟表是包装在木箱之内，而且是与原配钟套或钟罩同箱装运。故宫现在还收藏有一件钟表包装箱〔图9〕，木板为胎，制作成可以分和的两个部分，其中后背和底为一部分，其他侧面和顶盖为一部分，两部分以铜扣吊连接。其内部原来应粘有较软的内胆，现已脱失。整个钟箱罩红色薄皮。应该是18世纪欧洲商人为运输钟表制作的包装箱。与此钟箱形状相吻合的钟表现在仍存于故宫博物院〔图10〕，其中一件是著名的詹姆斯·考克斯〔James Cox〕钟表。从残留在钟箱上的封条分析，此件钟箱在故宫博物院成立后仍使用过。

乾隆皇帝几乎每一年都要在紫禁城、北京西郊的圆明园、热河的避暑山庄等几个地方之间移动。有时还要走得更远，诸如以祭祖为目的前往盛京的东巡和以视察海塘为目的沿京杭大运河南下的南巡。每次皇帝外出，做钟处都要派人携带钟表随侍。到热河及东巡、南巡等较远的地方随侍的钟表一般都是"架子钟二座，小钟表二十件"[2]。档案中多次提到自鸣钟处和做钟处为包裹、塞垫这些随侍的钟表而奏请制作更换黄绸毡胎套、软套、红绸挖单、黄绸挖单、黄布棉垫子以及索要粗黄布、棉花等物，并且为拉运、搬抬这些钟表还配有专门的马车和夫役。大略可以推知皇帝出巡过程中所用钟表的运输

[1] 中国第一历史档案馆、香港中文大学文物馆合编：《清宫内务府造办处档案总汇》第32册，页624～625，乾隆三十四年七月"行文"，人民出版社，2005年。

[2] 中国第一历史档案馆、香港中文大学文物馆合编：《清宫内务府造办处档案总汇》第21册，页712，乾隆二十一年十一月"做钟处"；第30册，页443，乾隆三十一年五月"自鸣钟"，人民出版社，2005年。

[图 9] 钟表包装箱
英国制作 18 世纪
高 149.5 厘米 宽 83 厘米 厚 51 厘米
〔故宫博物院藏〕

[图 10] 铜镀金人拉马钟
英国制作 18 世纪
高 145 厘米 宽 80 厘米 厚 47 厘米
〔故宫博物院藏〕

[图 11] 慈禧皇太后照片
　　　〔故宫博物院藏〕

[图 12] 钟表玻璃罩
　　　〔故宫博物院藏〕

状态,应该是置于木箱之中,用布套包裹后再用棉花、垫子等塞垫。

2. 保存

大型的座钟在陈设和库存时,有两种办法防尘,一是将钟表放在玻璃罩内,就是档案中通常所说的钟套。这种钟罩的做法是按照钟表的外观形状、大小设计好钟罩,一般呈金字塔状,用硬木或铜条制成框架,四面镶嵌玻璃,其中一面做成可以开合的门,以便于调试钟表。玻璃钟罩无论何时都可以使用,不影响钟表的欣赏和上弦。乾隆四年五月的档案记载:"钟套上少玻璃一块,将扶手上换下玻璃扎一块安上。"[1]指的就是这样的玻璃钟套。清宫中大部分陈设的钟表都配有这种玻璃钟罩,并一直沿用〔图 11〕。现在故宫博物院还收藏有大量这样的钟罩〔图 12〕。二是使用布单遮盖,在档案中称之为"挖单"。"挖单"为满语词汇,相当于汉语中的包袱皮、苫布。这种布单可大可小,大的可以罩盖多件钟表,小的只要一

⟨1⟩ 中国第一历史档案馆、香港中文大学文物馆合编:《清宫内务府造办处档案总汇》第 8 册,页 813,乾隆四年五月"自鸣钟",人民出版社,2005 年。

件之用，要视具体情况而定。乾隆十年五月自鸣钟处因为"内庭交出收贮钟表甚多，无物苫盖，欲做布挖单八块"[1]，得到批准。所制挖单就是此类。这种布单时间长了会糟旧，故要定期更换。

小表的存放相对灵活一些。一般是集中放在特制的表箱中，表箱有各种规格，不同质地。简单的只用一般的锦匣，如"太监毛团交：盛钟表旧锦面匣三件，传旨:将旧匣另糊新面，再做糊锦面匣一件，钦此"[2]。讲究的则用雕漆、紫檀木制作，如"太监毛团交玛瑙盒表二件，传旨：着赵进忠配彩漆匣盛装陈设，钦此"[3]。表匣内都按照每个表的大小形状做出凹槽，放进去非常安稳。由于宫中收存小表数量很大，有的表匣所装小表多达几十件。如乾隆四十七年广木作的档案记载，乾隆帝在这一年命令做钟处挑选表 100 只，为此特别制作一对雕龙紫檀木表匣盛装。而且从档案看，这样的表匣还不止一对[4]。现在我们看到的装表最多的是做钟处库房里的一个圆盒，内装钟表 88件[5]。

由于乾隆皇帝对钟表特别喜爱，将其视为珍物。因此许多小表都和其他珍贵文玩一起放进了他的百宝箱中，这种百宝箱在乾隆时被称为"百什件"，精美的小表是其中十分重要的组成部分。乾隆四十三年乾隆帝指示将内廷的一处宫殿景福宫内的一个紫檀木柜内装配百什件,这个柜子共有 31 层和六个抽屉，以后的五年中陆续装进了 1 235 件古玩，其中钟表就有 37 件，几乎每

[1] 中国第一历史档案馆、香港中文大学文物馆合编：《清宫内务府造办处档案总汇》第 13 册，页 585，乾隆十年五月"自鸣钟处"，人民出版社，2005 年。
[2] 中国第一历史档案馆、香港中文大学文物馆合编：《清宫内务府造办处档案总汇》第 7 册，页 800，乾隆二年正月"匣作"，人民出版社，2005 年。
[3] 中国第一历史档案馆、香港中文大学文物馆合编：《清宫内务府造办处档案总汇》第 8 册，页 815，乾隆四年十一月"做钟处"，人民出版社，2005 年。
[4] 中国第一历史档案馆、香港中文大学文物馆合编：《清宫内务府造办处档案总汇》第 45 册，页 498，乾隆四十七年二月"广木作"，原文十分重要，特录之如下："太监鄂鲁传旨：做钟处现挑出表一百件，着照先做过雕龙紫檀木表匣一样成做雕龙匣一对盛装，钦此。随将做得装表雕龙紫檀木匣合牌样一件，持进交太监鄂鲁里呈览，奉旨:照样准做，钦此。于九月二十日将做得装表一百件紫檀木雕龙匣一对，安在奉三无私呈览，奉旨：着做钟表处装表，呈览，钦此。"人民出版社，2005 年。
[5] 中国第一历史档案馆、香港中文大学文物馆合编：《清宫内务府造办处档案总汇》第 22 册，页 303～310，"做钟处收储钟表档"，人民出版社，2005 年。

[图 13] 雕紫檀蟠龙百什件盒
　　　　清宫造办处　清乾隆
　　　　长 30.5 厘米　宽 30.3 厘米　高 16.5 厘米
　　　　〔台北故宫博物院藏〕

一层都有一件小表[1]。这种装配有钟表的乾隆皇帝的百宝箱现在在台北故宫博物院的藏品中可以看到〔图 13〕。

[1] 中国第一历史档案馆、香港中文大学文物馆合编:《清宫内务府造办处档案总汇》第 47 册，页 149 ～ 180，"景福宫现设金银铜瓷木石玉器古玩数目开除清册"，人民出版社，2005 年。

四　钟表的陈设、使用和毁变

数量众多的钟表之所以源源流入清宫，与帝后们对钟表的需求有着密切的联系。乾隆时期，宫廷是拥有钟表最多的地方，大量档案也为我们弄清宫中钟表的使用情况提供了充分依据。

1.计时

钟表成为宫廷中最基本、最方便的计时工具。文献表明，乾隆时期的紫禁城，钟表已经在值守的大臣中相当普遍，而交泰殿中的大自鸣钟则成为整个宫中的标准时间〔图14〕。乾隆晚期的军机大臣沈初曾记载：

> 诸臣趋值，多配表于带，以验晷刻。于文襄相国〔敏中〕于上晚膳前应交奏片，必置表砚侧，视以起草，虑迟误也。交泰殿大钟，宫中咸以为准。殿三间，东间设刻漏一座，几满须日运水贮斛，今久不用。西间钟一座，高大如之。蹑梯而上，启钥上弦，一月后再启之，积数十年无少差。声远，直达乾清门外。文襄每闻午正钟，必

[图14] 交泰殿大自鸣钟
清宫造办处　清嘉庆
高 557 厘米　宽 221 厘米　厚 178 厘米
〔故宫博物院藏〕

呼同值曰："表可上弦矣"[1]。

钟表输入的结果是古老而传统的计时仪器日晷和刻漏被更加准确、便捷的西洋钟表所取代，尽管这些古老的计时器依然被制作，宫内各主要殿堂的丹陛上依然看得到他们的身影，但他们所代表的恐怕只能是对古老传统的记忆和帝国礼制的维系。

钟表毕竟只是机械制品，需要养护调校，宫中交泰殿的大自鸣钟配有专门人员负责日常维护，但个人的钟表就未必了。那个时候，一般的人只限于给钟表上上弦，让其动起来，因此钟表出现误差是很普遍的现象。清代著名学者赵翼的一则有趣记载表明乾隆时期行走于宫中的大臣由于过分依赖钟表，结果延误上朝时间的现象。

> 自鸣钟、时辰表，皆来自西洋。钟能按时自鸣，表则有针随晷刻指十二时，皆绝技也。……钟表亦须常修理，否则其中金线或有缓急，辄少差。故朝臣之有钟表者，转误期会，而不误者皆无钟表也。傅文忠公〔恒〕家所在有钟表，甚至仆从无不各悬一表于身，可互相印证，宜其不爽矣！一日御门之期，公表尚未及时刻，方从容入值，而上已久坐，乃惶悚无地，叩首阶陛，惊惧不安者累日[2]。

反映出当时钟表用以计时的真实状态。

2. 陈设

钟表陈设分常年性陈设和年节陈设。

前者基本是永久性的，钟表摆放在一个地点后基本不再移动。而后者则是临时性的，只逢年节陈设，以烘托节日祥和喜庆的气氛，年节过后则收入库内。乾隆时期，钟表数量骤增，宫中及园囿钟表的陈设非常普遍〔图15〕。根据乾隆二十一年的不完全统计，当时各处陈设的钟表数量分别为：紫禁城内各宫殿42件、西苑瀛台等处九件、北海永安寺内三件、景山一件、雍和宫

---

[1] 〔清〕沈初：《西清笔记》卷二《笔记小说大观》第24册，广陵古籍刻印社，1983年。

[2] 〔清〕赵翼：《檐曝杂记》卷二，中华书局，1982年。

内三件、圆明园内各处 90 件、长春园内各处 49 件、清漪园内各处 21 件、静明园内各处六件、静宜园内各处 27 件、盘山行宫内三件、热河避暑山庄内各处 18 件。另有逢年节陈设的钟表 14 件[1]。而且重点宫殿内钟表陈设密度加大，一间房子陈设多件钟表是很平常的，如"养心殿陈设钟八架、重华宫陈设钟八架"[2]。据清宫《陈设档》记载，仅宁寿宫东暖阁内狭窄的空间内陈设的钟表就有 16 件之多。具体位置如下：

[图 15] 颐和园内殿宇陈设的钟表

> 穿堂地下设：洋铜水法座钟壹架，洋铜腰圆架子表壹对；楼下西南床上设：洋铜架子表壹对；西面床上设：铜水法大表壹件，铜镶珠口表壹件；夹道地下设：洋铜嵌表鸟笼壹件，罩里外挂洋铜镶表挂瓶贰对；西墙挂：铜镶表挂瓶壹对；窗台上设：洋铜架嵌玻璃小座表壹对[3]。

可以看出，在陈设钟表时由于每件钟表因其类别、大小不同，在宫殿中都有相应的位置，且形成一定的规律。如：筒子钟多对称倚墙立于门旁，既符合中国人凡物讲求左右对称的习惯，又使颀长的筒子钟有安稳感。隔断墙表自然是围墙而设。挂瓶表多在墙壁上，柱子上陈设。即便是同类钟表，因大小之分，所摆的位置也各异。以最普遍的座钟为例，大型座钟随钟架放于地面；中型座钟多在桌、案、条、几上；小型座钟置于炕上、宝座旁或窗台上。另外，有些钟表的陈设具有相当强的季节性，如风扇钟。清朝皇帝以机

[1] 中国第一历史档案馆、香港中文大学文物馆合编：《清宫内务府造办处档案总汇》第 22 册，页 312 ～ 358，乾隆二十一年十一月"做钟处宫内陈设钟表档"，人民出版社，2005 年。
[2] 中国第一历史档案馆、香港中文大学文物馆合编：《清宫内务府造办处档案总汇》第 7 册，页 790，乾隆二年二月"自鸣钟"，人民出版社，2005 年。
[3] 故宫博物院图书馆藏：《宁寿宫东暖阁佛堂钟表陈设档》。

[图16] 养心殿内钟表陈设场景

械风扇作为祛暑引风用具之一，夏季宫殿中多有陈设，处暑之后则收入库中。

考察宫廷中的陈设档案，可以发现乾隆时期的钟表在陈设时绝大部分都是成对摆放的〔图16〕，这可以很好地解释为什么中国从西方进口钟表时往往要成双成对这一现象。首先这是由中国建筑的结构和内部陈设方式决定的，往往呈现对称格局。其次也和中国人的心理有关，他们讲求好事成双，忌讳单数，除非这个单数具有特别的意义。这种对成对钟表的需求就滥觞于乾隆时期。通过现在留存下来的贡品档案，可以看出那时广东、福建等地的官员给乾隆皇帝进贡钟表总是成

双成对，而且也并不仅仅局限于钟表，各地官员进贡的家具、灯具、宝石盆景等也都是如此。乾隆帝自己也有这样的要求，如：

> 奉旨：准泰此次所进之物甚是平常，前会降旨令将紫檀木小香几格架不必再进，此次仍行进来。再珐琅器皿、小瓶亦属太多。牙花珐琅盆景俱不成对，可传谕准泰，似此俗巧之物嗣后不必再进，钦此。此旨交与伊家人讫[1]。

准泰当时为广东粤海关监督，他被要求进献成对的牙花珐琅盆景。当然，钟表也不例外。这就使得无论是西方还是中国自己在为清宫廷制作钟表时往

---

[1] 中国第一历史档案馆、香港中文大学文物馆合编：《清宫内务府造办处档案总汇》第16册，页477，乾隆十一年四月"杂档"，人民出版社，2005年。

[图 17] 铜镀金镶玛瑙乐箱瓶式转花钟 [一对]
英国制作　18 世纪
高 51 厘米　款 20 厘米　厚 18 厘米
〔故宫博物院藏〕

往也都要考虑这一点，18 世纪中后期曾经向中国出口大量钟表的英国伦敦钟
表贸易商兼钟表制作者的詹姆斯·考克斯〔James Cox〕就是如此，现在的故
宫博物院还珍藏有大量由他经销和制作的精美绝伦的成对钟表〔图 17〕，在
故宫博物院的钟表馆中观众也可以有机会欣赏到其中的一部分。在珍品唯一
性的保有和认识方面，中国和西方的理解和行为确有天壤之别。这一现象一
直延续到 19 世纪，那时英国、瑞士的各钟表厂家生产了大量销往中国的对
表，这给西方人留下了深刻印象〔图 18〕。1830 年的英国《下议院审查委员
会报告》中曾特别提到这一现象："显然，中国人常常带着两个表，这是根
据一个表要是睡着另一个仍会醒着的奇怪的理由。"[1] 而同时期著名的怡和

[1]　［英］格林堡著，康成译：《鸦片战争前中英通商史》页 20，商务印书馆，1961 年。

[图 18] 嵌珍珠画珐琅怀表 [一对]
瑞士　19 世纪

洋行档案中的发票也记载着表总是成对被出售的，他们甚至形象地将这种对表称为 "Chinese Double"。中国对表的出现并不是偶然的，既是中国文化传统和民族心理给钟表历史留下的不可磨灭的映像，也是西方钟表业对中国市场需求应对的结果。如今，中国对表已经成为世界钟表家族中极为珍贵的品种，受到收藏爱好者的喜爱。

3. 赏赐

做钟处库里有皇帝专用的"赏用箱"，箱内存放着皇帝用来赏赐的各种钟表，这些钟表依一定的标准划分为一、二、三、四等及无等，共计五个级别，皇帝据自己的心情及不同情况，颁赐宗室、后妃、臣工等相应等级的钟表。清宫档案在记载内宫和圆明园等处的钟表库存情况时往往单列一项，专门记录准备或已经用于皇帝赏赐的钟表情况。

乾隆时期，钟表的赏赐作为调解君臣关系的手段之一，在许多情况下被使用。

一是对立有战功的大臣赏赐钟表。如：为表彰抗击廓尔喀入侵西藏的有功人员，乾隆帝于乾隆五十七年六月赏赐清军主将福康安、海兰察、惠龄洋

表各一个 [1]。同年十月又赏赐福康安、海兰察、惠龄、孙士毅、和琳洋表各一个 [2]。乾隆六十年二月，赏赐率军镇压湖南、贵州两省的苗民起义的福康安、和琳洋表各一个 [3]。同年十二月再一次赏赐福康安、和琳珐琅三针洋表各一个，苗人额勒登堡、德楞泰珐琅二针洋表各一个 [4]。

二是对皇帝的家族成员如各个亲王和后妃赏赐钟表。从现存档案来看，经常得到乾隆帝赏赐的亲王主要是他的几个儿子，记录中称他们为"阿哥"。如：

> 将圆盒内换出钟二件、表三件，著赏三阿哥钟一件，四阿哥钟一件，五阿哥表一件，六阿哥表一件，八阿哥表一件，钦此 [5]。

> 将呈进钟表八件，著赏四阿哥钟一件、五阿哥钟一件、六阿哥钟一件、八阿哥钟一件、十一阿哥钟一件、十二阿哥钟一件 [6]。

后来得到乾隆帝皇位的十五阿哥，也就是嘉庆皇帝也分别于乾隆三十四年和四十年得到过"镶嵌玛瑙红白宝石套镀金盒白珐琅表盘双针表一个"、"黑漆架时钟一座"的赏赐 [7]。至于赏赐妃嫔钟表更是常有的事，钟表成为乾隆的妃嫔们所热衷的陈设品和玩物，每个人所拥有的数量都很大，总量相当可观。如乾隆帝的一个妃子"容妃"，也就是传说中大名鼎鼎的"香妃"，因乾隆皇帝对她宠幸异常，她死后的遗物中就有钟三架、大小表十个、冠架表一

[1] 《清高宗实录》卷一四〇七，乾隆五十七年六月。

[2] 《清高宗实录》卷一四一五，乾隆五十七年十月。

[3] 《清高宗实录》卷一四七三，乾隆六十年二月。

[4] 《清高宗实录》卷一四九二，乾隆六十年十二月。

[5] 中国第一历史档案馆、香港中文大学文物馆合编：《清宫内务府造办处档案总汇》第 24 册，页 18，"做钟处共用钟表等项档"，人民出版社，2005 年。

[6] 中国第一历史档案馆、香港中文大学文物馆合编：《清宫内务府造办处档案总汇》第 24 册，页 35，"做钟处共用钟表等项档"，人民出版社，2005 年。

[7] 中国第一历史档案馆、香港中文大学文物馆合编：《清宫内务府造办处档案总汇》第 22 册，页 300 ～ 302，"做钟处收储赏用钟表档"，人民出版社，2005 年。

个，或被收存库中，或赏赐给她的亲人以作纪念[1]。后妃拥有钟表自乾隆朝始成为普遍的现象，到晚清同治和光绪皇帝大婚时，钟表成为皇后妆奁的重要组成部分，现存于故宫博物院的《光绪大婚图册》中的四件铜镀金转花钟为我们了解这一情况提供了翔实可靠的形象资料[2]。

三是对在宫中服务的各种人等赏赐钟表。值得注意的是，乾隆皇帝将许多怀表赏赐给了南府人和景山人。如乾隆四十一年十二月二十七日，一次将不成对的六件小表分别赏赐给南府人，另外三件分别赏赐给了景山人[3]。所谓"南府人"和"景山人"都是隶属于宫中从事戏曲演出的演员，他们的地位并不是很高，与宫中从事各种技艺的手艺人差不多，然而经常获赐钟表这一点却是其他艺人无法比拟的。可能乾隆帝对他们的演出十分满意，才有如此集中的奖励。有的演出者多次得到钟表的赏赐，南府人双玉在乾隆二十二年、二十四年、二十八年三次得到钟表，而景山人安玉在乾隆二十四年一年当中就四次受到赏赐钟表的奖励。从中也可以看出乾隆皇帝对宫廷戏剧的兴趣和重视。

4. 毁变

所谓"毁变"是指宫廷对破旧不堪使用之钟表采取的处理方式，即毁铜和变卖。大量的钟表，使用或陈设时间长了，难免糟旧损坏，无法修复继续使用，于是成批处理。处理的方法主要有二：一是将其熔化毁铜，再将化得的铜另作他用。二是将其交给崇文门税关变卖，所得价银交回内务府，或按数缴纳铜材。

对钟表的毁变大约从乾隆五十年开始出现。这一年二月十五日由做钟处移交给铸炉处各种铜制大型钟表 23 件，共重 1 845 斤，乾隆帝指示："内有金，即刮金镕化，无金者毁铜，共得铜斤多少，查办明白，回奏。"五天以后，做钟处又交出铜钟 23 座，铜钟瓣 28 件，共重 1 038 斤，用于毁铜。根据相关人员对这些钟表的考察奏报，乾隆帝再一次下达谕旨："所有毁铜钟架计得铜三千余斤，比内有洋铜六百余斤，着对化紫金利玛铜，照现在成造有

[1] 于善浦、董乃强编：《香妃》页 141～150，书目文献出版社，1985 年。

[2] 郭福祥：《同治、光绪大婚中的钟表》，《紫禁城》1998 年第 3 期。

[3] 中国第一历史档案馆、香港中文大学文物馆合编：《清宫内务府造办处档案总汇》第 22 册，页 300～302，"做钟处收储赏用钟表档"，人民出版社，2005 年。

背光紫金利玛铜无量寿佛成造二堂，先呈样，其余黄铜二千四百余斤亦料估画佛样呈览，钦此。"最终，这批 44 件大型钟表和 28 件机芯熔化得到的铜全部用于铸造佛像[1]。

由于钟表的产地不同，铜的成分存在差异，特别是大部分钟表都有镀金，将铜和金分离需要提炼，耗费的材料成本比提炼出来的金子的价值还要高。而按照乾隆帝的指示将洋铜对化成紫金利玛铜，还需要按比例再加入金子，并不划算。

于是，第二年四月十九日做钟处再一次交出毁变钟表时内务府大臣舒文提出：若按照前一次的做法，"拆毁所得之铜不过千余斤两，若交崇文门办理即可得铜十倍之数"。建议将待毁变钟表交由崇文门处理，崇文门则按钟的重量的十倍之数向造办处缴纳铜材。崇文门将钟修饰后定价出售，可以得到可观的收入。崇文门即崇文门税关，其监督权一直隶属于内务府。除征收北京地区的课税之外，还负责将宫中裁除不用或多余的物品变卖处理，是宫廷的重要财政来源之一。舒文的这一建议获得乾隆帝的批准，于是责成他将交出的"洋自鸣钟十四对"称准斤两交给崇文门变卖[2]。五天以后，又将西苑瀛台等处撤下"各式自鸣钟二十九座……着舒文称准斤两，仍照前交出之钟一样交崇文门办理"[3]。这一年交给崇文门变卖钟表 57 件，造办处因此获得46 040 斤的铜材。

此后，宫中再有处理钟表之事，基本上按照这一成例办理。乾隆五十三年三月乾隆帝下旨："将圆明园等处并宫内等处陈设钟表内有平常者查明呈览，毁变"，于是，做钟处人员将"查得宫内、圆明园等各处三等、四等、无等及库存旧有自鸣钟表共五十八件，恭呈御览，俱蒙允准毁变"[4]。九月又将

[1] 中国第一历史档案馆、香港中文大学文物馆合编：《清宫内务府造办处档案总汇》第 48 册，页 139～144，乾隆五十年二月"铸炉处"，人民出版社，2005 年。

[2] 中国第一历史档案馆、香港中文大学文物馆合编：《清宫内务府造办处档案总汇》第 49 册，页 215～216，乾隆五十一年四月"记事录"，人民出版社，2005 年。

[3] 中国第一历史档案馆、香港中文大学文物馆合编：《清宫内务府造办处档案总汇》第 49 册，页 220～222，乾隆五十一年四月"记事录"，人民出版社，2005 年。

[4] 中国第一历史档案馆、香港中文大学文物馆合编：《清宫内务府造办处档案总汇》第 50 册，页 620～625，乾隆五十三年三月"记事录"，人民出版社，2005 年。

"解送到热河园内各等处陈设三等、四等并无等及库存钟表共四十九件"交给
崇文门变卖[1]。

以上乾隆五十年至五十三年的短短三年间，见于记载的毁铜和变卖大型
钟表即达 250 件之多。这种使用过程之中的自然淘汰，使许多早期钟表化为
乌有，在现在的清宫钟表收藏中，雍正以前的钟表数量极少，可能就是由于
这个原因造成的。

至于小表，也有交给崇文门变价的情况。如乾隆二十一年五月二十日将
活计库储存的四件铜壳洋表"交崇文门变价"[2]就是很典型的例子。

五 乾隆宫廷钟表收藏析评

通过上述文献的梳理，乾隆时期清宫钟表收藏的基本面貌得以呈现出
来。在封建君主时代，帝王的好恶、艺术修养直接影响着宫廷中的艺术活动
及价值取向，进而形成独具特色的宫廷艺术，乾隆时期的清宫钟表收藏也是
如此。综合上述文献和故宫博物院的清宫钟表遗存实物，对乾隆时期的清宫
钟表收藏可以得到如下几个方面的认识。

1. 庞大的收藏数量

尽管现有的档案记录还无法得知乾隆时期清宫钟表收藏的确切数字，但
从偶尔透露出来的零散信息中可以肯定其数量是相当庞大的。如乾隆五年二
月做钟处派出匠役收拾圆明园各处陈设钟表 82 件[3]。第二年九月做钟处首领
太监赵进忠又负责为圆明园各处陈设钟表 70 余座更换新钟弦[4]。前述乾隆二
十一年记载当时紫禁城、西苑、北海、景山、雍和宫、圆明园、长春园、清

[1] 中国第一历史档案馆、香港中文大学文物馆合编：《清宫内务府造办处档案总汇》第 50 册，页 570 ～ 572，
乾隆五十三年九月"热河"，人民出版社，2005 年。

[2] 中国第一历史档案馆、香港中文大学文物馆合编：《清宫内务府造办处档案总汇》第 21 册，页 780，乾隆
二十一年五月"记事录"，人民出版社，2005 年。

[3] 中国第一历史档案馆、香港中文大学文物馆合编：《清宫内务府造办处档案总汇》第 9 册，页 587，乾隆
五年正月"做钟处"，人民出版社，2005 年。

[4] 中国第一历史档案馆、香港中文大学文物馆合编：《清宫内务府造办处档案总汇》第 9 册，页 732，乾隆
六年八月"做钟"，人民出版社，2005 年。

漪园、静明园、静宜园、盘山行宫、热河避暑山庄等各处陈设的钟表数量达到 286 件。在做钟处库房内也收储大量钟表，如乾隆十年〔1745 年〕七月传旨"将库内收贮破坏大小钟表三十二件，着交做自鸣钟处应改做的改做，应添做的添做，粘补见新，陆续呈进"[1]。十一年五月传旨"将库内收贮钟表二十三件应粘补收拾处粘补收拾，应改做处改做，得时陆续呈进，看地方陈设"[2]。这些都是陈设用的比较大型的钟表，至于小表，恐怕更多，比如景福宫内的紫檀木柜内百什件中就有 37 件小表，有的一个表匣内就装有 88 件小表。

2. 具有极强的观赏性

如前所述，乾隆对钟表的认识经历了一个从关注实用到追求奇巧的过程。在大量的清宫档案中，不止一次地记载乾隆要求大臣进献样款形式俱好的钟表。这里的样款形式即指附于钟表上的各种机械变动装置。徐朝俊在《自鸣钟表图法》中对其进行了概括："至于一切矜奇竞巧，如指日捧牌、奏乐、翻水、走人、拳戏、浴凫、行船以及现太阳盈虚、变名葩开谢诸巧法，只饰美观，无关实用，徒近乎奇技淫巧之嫌。"[3]〔图 19〕但实际上，乾隆时期宫中钟表上的变动机械装置远不止这些，对自然事物的模拟也更逼真新奇。尤其是乾隆晚年，对这些奇巧之物的迷恋更甚，以至于以钟表师资格被召入宫的法国人汪洪达都得出了"盖皇帝所需者为奇巧机器，而非钟表"的结论。乾隆时期的钟表大部分都带有各种机械机器玩意，有的甚至喧宾夺主，应该说这不是偶然的。

3. 具有相当高的工艺水平和审美价值

无论是大臣的进献，还是清宫自己制作的钟表，其最后的验收人都是乾隆帝本人。而乾隆帝对于钟表的要求又是相当明确和严格的。在清宫档案中，经常有因为所进贡品不合乾隆帝的要求而被驳回者，更不乏因活计不精细而受到申饬者，"似此等粗糙洋钟不必呈进"、"不准开销"等语不时见诸乾隆帝的谕旨，因此进入宫廷收藏的钟表在采买和制作过程中每一件都一丝不苟，

[1] 中国第一历史档案馆、香港中文大学文物馆合编：《清宫内务府造办处档案总汇》第 13 册，页 587，乾隆十年十月"自鸣钟"，人民出版社，2005 年。

[2] 中国第一历史档案馆、香港中文大学文物馆合编：《清宫内务府造办处档案总汇》第 14 册，页 411，乾隆十一年五月"自鸣钟"，人民出版社，2005 年。

[3] 〔清〕徐朝俊：《自鸣钟表图说》，载《高厚蒙求》三集，嘉庆二十一年刻本。

［图 19］铜镀金珐琅群仙祝寿楼阁式钟
　　　　广州制作　清乾隆
　　　　高 103 厘米　宽 35 厘米　厚 35 厘米
　　　　〔故宫博物院藏〕

精益求精。为了达到最佳的艺术效果，在钟表上往往融木器雕刻、金属雕刻、珐琅、玉石切割和镶嵌等诸多工艺于一身，其铸、錾、雕、嵌、镶、镀、鎏、绘等每个工序都由优秀的技工通力合作完成〔图 20〕。清宫现存乾隆时期的钟表大多用料考究，有的表面嵌有珍珠、钻石、玉石及其他各色料石，尤其是造办处的御制钟，外壳多用珍贵的紫檀木雕刻成楼台亭榭及玲珑宝塔等建筑式样，给人一种庄严的气派。乾隆时期中外精湛的工艺水平在其收藏的钟表上都有相当程度的体现。

4. 反映出当时中西双方为增进了解和交流所作的努力和尝试

乾隆时期自始至终都有西方传教士以钟表机械师的身份在宫中服务，他们成为宫廷钟表制作最为重要的技术力量。同时，乾隆帝本人

[图 20]紫檀重檐楼阁式嵌珐琅更钟
清宫造办处 清乾隆
高 150 厘米 宽 70 厘米 厚 70 厘米
〔故宫博物院藏〕

对钟表制作也极为关心，甚至参与到具体的设计和制作过程之中。造办处的御制钟表就是以传教士为代表的西方文化和以皇帝为代表的东方文化在清宫接触后所结出的绚丽花朵。而乾隆帝为了得到自己满意的钟表是从来不吝惜花大价钱的，他传谕置办贡品官员"不必惜价"，甚至从内帑中拨出巨资到西洋传要物件，这不能不对西方的钟表业产生影响。为了推销更多的钟表，有的西方钟表经销商整合优势资源，向不同的钟表匠和手工业者提供设计，订购产品，再组合出适合东方情趣和品位的钟表产品，运往中国销售。最早的中国市场钟表就出现于这个时期。故宫博物院所藏乾隆时期的钟表收藏之所以与同时期其他国家和地区的钟表收藏在风格上有很大的不同，正是双方努

[图 21] 铜镀金牧羊风景表
　　英国制作　18 世纪
　　高 79 厘米　宽 63 厘米　厚 53 厘米
　　〔故宫博物院藏〕

力和尝试的结果〔图 21〕。

　　5. 显示出宫廷与地方在钟表技术互动过程中宫廷所占据的主导地位

　　从现有的资料来看，乾隆时期中国许多地方都有钟表制作的实践，但和早期一样，并没有形成一定规模的产业，绝大部分是一家一户的小作坊，产量很少，影响有限。只有一个地方是例外，那就是广州。广州钟表的兴起得益于其得天独厚的地理环境。广州是中国最早接触自鸣钟的地方。明末清初，欧洲传教士把自鸣钟带到广州，用其疏通官府，引起了人们对自鸣钟的兴趣。此外，广州是当时中西方贸易的中心，外国进口的西洋钟大量在广州集散。受这些因素的影响，广州开始出现钟表制造业，有些工匠还被征调到宫中服务，从事钟表制作。到乾隆时期广州的钟表制作水平有了很大提高，可以直接为宫廷制作钟表，也就是档案中提到的"广做"钟。而具体负责此项工作的就是设于广州的粤海关。粤海关是管理广东沿海中外贸易的机构，同时也负责为宫廷采办奇珍物品。更为重要的是，作为宫廷直接设在广州的派出机构，粤海关也承担在广州组织当地工匠为宫廷生产器用的任务。为了保证广州制作的器物符合和达到宫廷的要求，宫廷内务府造办处还专门向粤海关派出监造人员，见于记载的造办处驻广州监造人员就有司库刘山久和他的儿子刘忠信[1]。刘山久在雍正时就已经在宫中造办处任职，对宫廷器用的制造和好尚一定非常谙熟。他在粤海关的任务就是"画款样造办活计"和"监造活计"，也就是说他对粤海关内承做的御用活计负有设计、组织实施和监督之责。在档案中我们很少发现广州粤海关像江南苏州的玉器制作那样从原料到设计都出自北京宫廷的情况[2]，说明刘山久只身赴粤，完全是为着利用广州当地的原料和技术优势。他带去的是宫廷的款样、设计、理念、品位，以及严格的要求和极高的标准。通过这种方式，宫廷风尚和帝王品位与地方的技术和原料优势有机的融合在一起，使宫廷在获得满意产品的同时，也会极大促进地方技术的发展。刘山久在广州的工作对宫廷器用的制造至关重要，因此，相应地给他的待遇也比较高，每年五百两的养赡银两远远超出他原来在北京造办处内司库职位的薪金标准，他一定尽职尽责，甚至把自己的儿子也带去学习，大有子承父业之势态。像刘山久这样来自于宫廷的监造者在广州本地负责设计、监造的活计中，毫无疑问也包括钟表。对于乾隆时期的广州钟表制作而言，宫廷是其最主要的客户，当时广州制造的最好的钟表都被宫廷获

⑴ 中国第一历史档案馆、香港中文大学文物馆合编：《清宫内务府造办处档案总汇》第 11 册，页 474，乾隆八年正月"记事录"。档案原文如下："初三日公讷奉旨：着造办处司库刘山久在粤海关画款样造办活计，每年赏给养赡银五百两，钦此。于二月初二日司库刘山久奉旨着往粤海关监造活计，今有奴才之子刘信忠现在造办处效力柏唐阿行走，今因带往粤海关学习监造活计，并讨训旨。太监高玉转奏，奉旨：准刘山久带伊子刘信忠去，着内大臣海望行文该处知道，钦此。"人民出版社，2005 年。

⑵ 关于乾隆时期苏州和宫廷在玉器制作方面的关系，参见郭福祥：《宫廷与苏州——乾隆宫廷里的苏州玉工》一文，载《宫廷与地方：十七至十八世纪的技术交流》页 169～220，紫禁城出版社，2010 年。

[图 22] 广州钟表机芯的铭文
〔故宫博物院藏〕

[图 23] 广州钟表机芯的铭文
〔故宫博物院藏〕

得。而造办处向广州派驻监造人员，也决定了宫廷对广州钟表制作的干预和主导。现在故宫博物院收藏的乾隆时期的广州钟表实际上就是这种生产模式下的产物，"宫廷样，广州匠"可以形象地概括宫廷收藏的广州钟表的特色，以及宫廷对广州钟表制作工艺发展的实质性影响。比如广州钟表上色彩艳丽丰富、制作繁复精细的透明珐琅是广州工匠在学习西洋珐琅基础上与当地工艺结合创造的，金属底座和栏杆繁密的西洋卷叶纹饰则直接复制于西方同类作品，有的在机芯或表盘上仿照西洋钟表的签名方式刻写上不太规范的西洋文字〔图 22、图 23〕，所有这些都深受西方文化和工艺的影响，突显出广州作为中西文化交流桥头堡的文化、地理和岭南传统工艺中心的优势。而其造型和设计多是为了表现祝寿和年节祝福的主题，大量配置新奇巧妙的变动机械装置，与宫廷的年节活计、寿意活计中的钟表的制作理念和表现方式一脉相承〔图 24〕。从宫廷和地方的技术交流和互动角度来看，乾隆宫廷中的广州钟表收藏实际上是宫廷利用地方技术实现宫廷品位，满足宫廷奢侈需求的结果，而这种需求反过来又直接促进了地方钟表制作技术的发展，使广州成为当时中国钟表制作的重要基地。

[图 24] 铜镀金珐琅葫芦顶渔樵耕读钟
广州制作 清乾隆
高 87 厘米 宽 46 厘米 厚 38 厘米
〔故宫博物院藏〕

六 结 语

　　乾隆时期是中国钟表收藏的鼎盛时期，也是中国钟表制作历史的巅峰阶段。这一钟表收藏和制作繁盛局面的形成有其历史的必然性。乾隆帝承续其祖父康熙和父亲雍正遗留下来的丰厚遗产，在长达 60 余年卓有成效的统治期间创造了清朝历史上最辉煌的时代。其时国力鼎盛，经济繁荣，社会相对安定，边疆得以巩固。社会财富空前积累，为追求奢侈生活和讲求享受提供了条件。巨大的财富，有相当的部分用于奢侈品的购置和消费。尤其是随着宫廷财力的增长，皇宫、苑囿、行宫都进行了大规模的增建和改建，使得宫廷对室内高档陈设用品的需求量大大增加，宫廷成为精致艺术品和豪华奢侈品的最有力的消费者。而钟表以其精巧的设计、奇特的功能、名贵的装饰成为奢侈品的代表，成为乾隆宫廷极力搜罗采办的对象。另外，乾隆时期庞大的宫廷钟表收藏也与乾隆帝个人的性格、喜好有密切关系。乾隆帝自幼就受到良好的教育，对艺术充满兴趣，酷爱书法、绘画、文物、精致奇巧之物。他本人就是一位难得的鉴赏家和收藏家，对艺术品充满着强烈的好奇心和占有欲，在他的引领和影响之下，宫廷收藏鉴赏之风甚盛，臣工大量进贡古代和当代艺术品，宫廷收藏达到前所未有的程度，钟表作为一个重要品类也被纳入到宫廷收藏的序列之中。同时，乾隆时期庞大的宫廷钟表收藏也与乾隆帝对他个人及其时代的定位有密切关系。在乾隆帝看来，一个庞大和高品质的宫廷收藏正是太平盛世的具体体现。乾隆帝一直致力于把自己塑造成古今帝王第一，通过各种手段和途径展示自己的文治武功，收尽天下奇珍的宫廷收藏也是一种表达方式。在别人看来，乾隆帝对宫廷收藏的极力扩充是为了满足其不断膨胀的欲望，是炫耀、虚荣的心理在作祟。这固然不错，但仅仅这样理解是不够的。实际上，乾隆帝建立庞大宫廷收藏的背后隐含着政治话语的表达。唯有清平盛世才能使天下至宝得以聚拢，唯有圣主明君才能真正拥有天下奇珍，而钟表就符合这样的条件。乾隆曾经命内廷画工创作了多幅《万国来朝图》，在熙熙攘攘的进贡队列中，来自世界各地的进贡者手持贡品在紫禁城内等待觐见乾隆帝，贡品中也有钟表的影子〔图 25〕。在这里，钟表成为华夏声教远播四海而使万国来朝的表征。

另一方面，乾隆时期的宫廷钟表收藏耗费了无数的人力、物力和财力，使宫廷和地方财政承受了巨大压力，加重了宫廷和地方的经济负担。尤其是乾隆晚期，社会矛盾日益激化，宫廷财政不断萎缩，即使如此，乾隆帝对钟表的痴迷也未见收敛。直到他的儿子嘉庆皇帝亲政以后，情况才有所改观。

在实际统治中国 63 年以后，89 岁高龄的乾隆皇帝于 1799 年去世。他的儿子嘉庆皇帝比他的父亲更提倡务实的统治策略和朴实的生活方式，在他亲政当年专门就西洋奢侈品的消费和进贡公开表明了自己的态度：

[图 25] 《万国来朝图》轴局部
宫廷画家绘 清乾隆
纵 322 厘米 横 122.7 厘米
〔故宫博物院藏〕

朕从来不贵珍奇，不爱玩好，乃天性所禀，非矫情虚饰。粟米布帛，乃天地养人之物，家所必需；至于钟表，不过考察时辰之用，小民无此物者甚多，又何曾废其晓起晚息之恒业乎？尚有自鸣鸟等物，更如粪土矣。当知此意，勿令外夷巧取，渐希淳朴之俗，汝等大吏共相劝勉，佐成朕治[1]。

由此引起宫廷钟表的采办量骤减，钟表价格陡降。在这样的环境中，宫廷和民间在钟表消费的角色扮演上发生了有趣而影响深远的转换，民间成了中国钟表消费的主流。从宫廷钟表收藏的角度观察，像乾隆时期那样的盛世辉煌似乎是一去不复返了。

[1] 《清仁宗实录》卷五五，嘉庆四年十一月。

清晚期钟表史二题

　　清代晚期的钟表史在整个中国钟表史中占有十分重要的地位。在这一时期，外国钟表业伴随着西方国家的殖民侵略长驱直入，钟表在民间极大地普及，同时，中国自己的钟表工业化体系得以建立，在激烈的竞争中得以立足。所有这些，都是这一时期的新现象，是值得关注和研究的课题，但目前钟表界对于清代晚期钟表史的研究还很不够。本文仅对清晚期中国钟表史中的两个问题进行探讨，从中亦可得见清晚期中国钟表史的一般状况。

一　中国市场钟表与大八件怀表

　　所谓中国市场钟表，是指西方钟表业在研究中国审美观念和欣赏品位的基础上而制造的专门销往中国市场的钟表作品。中国市场钟表的出现与西方钟表业对庞大的中国钟表市场重要性的认知有很大关系。中国市场钟表可以说是中国与西方钟表交流和贸易过程中产生的一种辉煌，虽然这种辉煌早已经渐行远去，但我们现在仍然能够感觉到它的存在。其历史可以追溯到二三百年以前。

　　我们知道，钟表最早是在明朝末年传入中国的，当时的西方传教士就是利用钟表打开了中国的大门，同时也打开了中国皇宫的大门。从那个时候起，搜罗、使用、欣赏精美的钟表似乎成为上到皇帝，下至官宦富贾的共同时尚。从钟表刚刚进入中国的时候起，其巨大的市场潜力就已经有所体现，这集中地表现在皇帝、官员、老百姓对传教士所带来的钟表的惊奇、艳羡，进而想拥有的过程之中。到了乾隆时期，正是康乾盛世的顶峰阶段，社会稳定，财富空前积累，为追求奢侈生活、讲求享受提供了条件。巨大的财富，有相当部分用于奢侈品的消费。钟表由于其精巧的设计、奇特的功能、美观和名贵的装饰成为奢侈品的代表，当时的各个阶层对其有着强烈的好奇心和占有欲，使钟表的进口数量越来越多。

　　尤其是乾隆皇帝，对钟表的兴趣始终不减，对所要钟表的要求有时是非常具体的，从产地到式样面面俱到。乾隆所要的这些钟表虽然是以进贡的名义送到北京皇宫，但实际上绝大部分都是通过与西洋的贸易得来的。一般由皇帝提出初步意向，相关衙门将其行文给广东督抚或粤海关监督，再由广东督抚或粤海关监督传达给行商。行商根据要求，向西洋商人洽谈购买或定做

〔图1〕 铜镀金象驮宝塔变花转花钟
英国　18世纪
通高122厘米　宽57厘米　厚32厘米
〔故宫博物院藏〕

事宜。皇帝对西洋钟表的需求信息通过采办官员及中间商人反馈于西方钟表业。精明的西方钟表制造商看准了中国这个庞大的市场，为推销自己的产品，他们施展其高超的技艺，研究中国人的欣赏品位，制造了大量适合中国审美观念，具有东方韵致，含有中国文化元素，专门销往中国的钟表作品。这就是最早的中国市场钟表。这时的中国市场钟表大部分都是钟，体形较大，多来自于英国。其突出的特点有三：一是在钟表中加入了中国化的形象。如仙鹤、塔、葫芦、象驮宝塔、壁瓶等〔图1〕；二是大量使用自动机械装置〔图2〕；三是这种钟一般是成对出现的〔图3〕。其中最有名的就是James Cox钟

[图2] 铜镀金嵌珐琅转花飞鸟水法钟
英国　18世纪
通高108厘米　宽53厘米　厚66厘米
〔故宫博物院藏〕

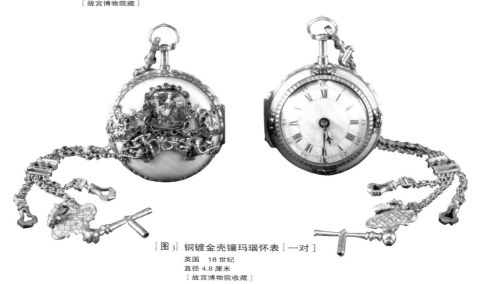

[图3] 铜镀金壳镶玛瑙怀表〔一对〕
英国　18世纪
直径4.8厘米
〔故宫博物院收藏〕

[图4] 铜镀金宝盆式打簧料花钟［一对］
英国　18世纪
通高58厘米　宽22厘米　厚22厘米
［故宫博物院藏］

表［图4］。早期的中国市场钟表绝大部分都进入了清宫，民间是很少的。

　　进入19世纪以后，中国钟表消费者的群体进一步扩大，钟表的需求量不断增加。伴随着中国市场的不断扩大和日趋完善，这种为中国市场专门制作的钟表逐渐成为销往中国钟表的主流，风靡一时。这时的中国市场表已经不像过去那样体量巨大，而是以小巧精致的怀表为主，其主要的输出国不再是英国，而是变成了瑞士。19世纪初，瑞士与中国开始直接贸易往来，钟表成为主要商品。瑞士钟表厂商纷纷来华开办钟表贸易公司，其中最著名的当属博维公司。1818年博维三兄弟中最小的弟弟爱德华·博维〔Eduoard Bovet〕

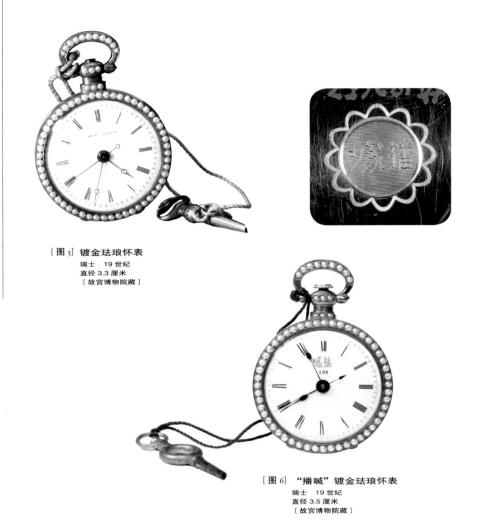

[图 5] 镀金珐琅怀表
瑞士 19 世纪
直径 3.3 厘米
〔故宫博物院藏〕

[图 6] "播喊"镀金珐琅怀表
瑞士 19 世纪
直径 3.5 厘米
〔故宫博物院藏〕

来到广州，在一家英国贸易公司的办事处工作。他发现那种为迎合东方人品位而制作的钟表在这里非常受欢迎，销量很大，于是 1822 年他和两个哥哥一起成立了自己的钟表贸易公司。短短几年时间，博维公司发展成为东亚地区最大的钟表贸易公司〔图 5、图 6〕。1830 年，博维公司又在广州设立制作工厂，规模进一步扩大。即使是在鸦片战争爆发期间，公司的业务也没有受到影响。与此同时，瑞士其他钟表公司如 Juvet、Dimier、Jacques Ullmann 等也都依托各自的生产基地进军中国市场，并取得了相当不错的业绩，有的还在上海、天津、汉口等地建立了分公司。为了使自己的产品更加为中国人所熟悉，瑞士各贸易公司和厂商采取了各种措施扩大影响。1840 年，博维兄弟率先用中国商标名称"播喊"为自己的产品命名，此后其他公司亦纷纷效仿，

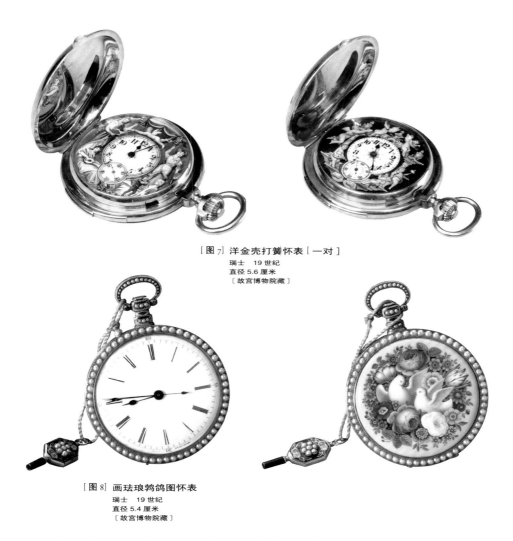

[图7] 洋金壳打簧怀表 [一对]
瑞士 19世纪
直径 5.6厘米
〔故宫博物院藏〕

[图8] 画珐琅鹁鸽图怀表
瑞士 19世纪
直径 5.4厘米
〔故宫博物院藏〕

出现了"怡噂"、"有喊"、"利喊"、"乌利文"等名称。直到20世纪初，这些品牌的钟表仍然在市场上出售，深受中国消费者的欢迎。这时的中国市场表一般也是成双成对〔图7〕，其外观装饰华丽，务求美轮美奂，表壳一般采用金、银、铜镀金等材质，有的在表壳上绘有人物、花卉、鸟兽等形象逼真的珐琅画，并镶嵌珍珠、钻石等贵重珠宝〔图8〕。其造型多样，别具匠心，除常用的圆形外，还有扇形、锁形、果实、昆虫等造型。属于同时期西方钟表生产中的豪门一族。

在形形色色的中国市场表中，有一个为广受推崇的品种，即大八件怀表。所谓"大八件"，主要是因为这种表都装有专门为中国市场设计和制造的特别机芯，此种机芯绝大多数由八大部分组成，长期以来就成为一个约

[图 9] 瑞士 "播喊" 大八件怀表机芯
瑞士 19 世纪
直径 5.9 厘米
〔故宫博物院藏〕

定俗成的名词。由于大八件怀表的机芯结构及装饰自成一格，十分特殊，所以国际上也将其通称为 "Chinese Caliber"，即 "中国式机芯"。实际上，这种机芯是欧洲钟表业典型的出口型产品，是欧洲传统机芯的变种和简化。与传统的机芯相比，其给人的感觉是更为简洁明快，粗犷与细腻的有机结合，将中国独特的生活品位和审美意趣淋漓尽致地展现了出来〔图 9〕。

"大八件" 是一个通俗化约定俗成的名称，这一名称到底什么时候开始出现，恐怕已经无人能说得清楚。据笔者所知，大八件表的说法至少在 19 世纪中叶已经出现，最直接的证据就是江苏常州人陈森所著的小说《品花宝鉴》。这本第一部以优伶为主人公反映梨园生活的长篇小说产生于清代道光年间，出版于 1849 年。在此书中有这样一段描写：

> 〔奚十一〕心里想道："送他些什么东西才好呢？" 看着自己腰里一个大八件钢瓢表，值二百吊钱，将这表给他罢。又想道："单是个表也不算什么贵重，只有那姨奶奶那对翡翠镯子，京里一时买不出来，把这个送他也体面极了。"[1]

[1] 〔清〕陈森：《品花宝鉴》第三六回。

作者不经意的一笔却为我们留下了极为珍贵的史料。其一，由于小说出版于 1849 年，可知"大八件"一词至少在这个时候已经出现，并被广泛使用，这是现今所知"大八件"表一词最早的文字记录。其二，此书所写内容是以清代乾嘉时期京城梨园鼎盛的社会现象为背景，描写的也是京城梨园十个名伶的生活经历，据此我们是否可以推断"大八件"一词最早产生于北京，而后才扩展开来的呢？当然，这是需要进一步证明的。其三，小说中提到的"大八件钢瓢表"在大八件怀表中应该属于何种品级，并不清楚，当时的价值是二百吊钱，不可谓不贵，但送表的人犹觉"不算什么贵重"，可见对于大八件怀表高低价值的评判，不同的人群其标准是不一样的。这一点尤其值得我们现在的研究者和收藏者注意。

从现存的实物来看，大八件怀表机芯在 18 世纪末期即已出现雏形，19 世纪初基本定型。在 19 世纪整整一个世纪的百年内，这种怀表大量销往中国市场，并占据了当时中国怀表市场的绝大份额。与早期销售到中国的钟表不同，这种大八件怀表具有极为完备的产品序列，其产品层次从顶级的珠宝珐琅表到普通的银壳素面表皆有，适应了不同人群的消费需求，得到了中国人的广泛认同。更为奇特的是，各个厂家在这种看似已经简单至极的机芯上，却极尽变通之能事，不断地对其局部部件进行富有创意的改良，力求体现自己的特色和与众不同，从而使得大八件怀表的内部结构变化多端，新意迭出。正如藏有大量大八件怀表的香港著名钟表收藏家矫大羽先生所说：

> 这种看起来很相似的"大八件"怀表，其机芯内擒纵器的类别、造型、动作原理和组成机芯的夹板材料、布局设计、制造工艺及为了艺术而进行的精雕细琢、美化处理等均不相同，因而令每一个"大八件"表都各具特色，而没有任何一个是完全相同的。……当年独占庞大中国市场时间最长，最多中文品牌，销量惊人的各式"大八件"怀表，以其质量之精、造型之美、变化之奇、数量之多、覆盖面之广，创造了最大的钟表奇迹"。

---

① 矫大羽：《大八件怀表》页 63～64，香港天地图书有限公司，2006 年。

应该说，正是因为有了大八件怀表的风行，才使得 19 世纪的中国市场表在我们的眼前变得如此地鲜活和璀璨，也正是通过它们，使我们认识到 19 世纪中国与西方的钟表贸易和交流远比我们想象的要复杂得多，中国市场的影响力远比我们想象的要深远得多。

但是，最近百年来，由于中国市场的萎缩，加之国内局势的变幻，许多西方钟表品牌逐渐淡出中国市场，更不用说像过去那样专门为中国市场设计、制作钟表了。但是，随着中国经济的腾飞，购买力的上升，中国市场在世界钟表市场地位的上升，这种情况已经得到了根本的改变。新的一轮中国市场表的出现并不是遥不可及的事情。

二　同治、光绪大婚中的钟表

关于清代满族嫁女妆奁，有人曾谈到：

> 满族一般惯例，父母多钟爱女孩……等出嫁时，父母总想女儿要离开家了，一切不能再像在家里那么方便，总是让她在妆奁上心满意足，每每是丰丰富富地陪送一番……没到办喜事之先，就要开始为女儿预备成套木器家具……此外，还要为女儿备桌上陈设。方桌上要摆带玻璃罩子如意一柄，高级的是整身白玉、珊瑚、翡翠，次的是红木三镶玉片、玛瑙片、松石、青金石，不富裕之家也要用岫岩玉、五色料装备的如意。如意示"吉祥如意"之意。条案上陈设是"座钟"，有"进口金轮钟"〔高级〕、广钟〔中级〕、苏做钟〔次级〕等等不同，其两旁摆的是带玻璃罩子的盆景，或者是九桃花样、百鹿花样大瓷瓶和大瓷盘……[1]

这里所说到的嫁女装奁，大概是清代中晚期的情形。因为其中的自鸣钟表，只有在全面普及的情况下才会在百姓之家出现。而我国自鸣钟表开始普及，至少是在乾隆时期甚至更晚，故而清代早期的嫁女妆奁中不太可能出现钟表。这在清代皇帝大婚时的钟表作用上，也有同样的反映。

---

[1]　王佐贤：《清代满族嫁女妆奁》，《紫禁城》1987 年第 6 期。

有清一代，共有四位皇帝在紫禁城中举行过大婚，即早期的顺治、康熙和晚期的同治、光绪。与民间不同的是，清代皇帝大婚时皇后的妆奁不是由娘家筹办，而是由宫内准备的，这就很容易从档案中找到后妃们的妆奁目录及各类物品的详细情况。据此可知，顺治、康熙大婚时的皇后妆奁中并无钟表一项，而在同治、光绪时钟表却成为皇后妆奁中不可或缺的重要物件。这对于我们认识清宫中的钟表，或可提供一点有益的启示。

同治十一年〔1872年〕二月初三日，慈安、慈禧皇太后发出慈谕：

> 皇帝冲龄践祚，于今年十有一年，允宜择贤作配，正位中宫，以辅君德而襄内治。兹选得翰林院侍讲崇绮之女阿鲁忒氏淑慎端庄，著立为皇后[1]。

并决定于同年九月举行大婚典礼。为了筹备皇帝的大婚，早在几年前便成立了大婚礼仪处，专门负责协调包括筹备皇后妆奁在内的有关事宜。礼仪处所列皇后妆奁册中，就有"座钟四座"及"座钟四座、座表二对"的记载，并指明交由粤海关监督备办，筹办时间长达三年之久。

同治八年〔1869年〕九月十五日和十月十六日，筹备大婚礼仪处两次奉旨知照粤海关监督，传办皇帝大婚所用珠宝、朝衣、木器、钟表等件。但不知什么原因，直到同治十年〔1871年〕海关方面仍无回音，朝廷只得下旨督催：

> 同治十年正月二十九日，和硕恭亲王、户部尚书宝鋆面奉慈安皇太后、慈禧皇太后懿旨，所有前传粤海关监督制办珠宝、朝衣等件暨传办正珠帽珠并妆奁内需用钟表、盆景、木器及金银钱、各色绦绒绒线等项，并前两次所传正珠朝冠顶六颗、正珠朝珠二盘，著传知该监督赶紧办齐解京，勿得再行延缓。钦此[2]。

[1] 中国第一历史档案馆藏：《宫中档·同治大婚红档》卷二七。
[2] 中国第一历史档案馆藏：《内务府·婚礼处奏案》。

八个月后，粤海关监督将上述物品置办齐全，派人送往京师：

> 同治十年八月二十六日，粤海关监督崇礼为呈送事。案照同治八年
> 九月十五日、十月十六日承准钦派恭办大婚礼仪处行知：奉旨传办珠宝、
> 缂绣、朝衣、木器、皮张、钟表等件抄录红单扎行。按照单开款项数目迅
> 速敬谨购办……兹各处将承办之件均已一律办齐，专差家人王升、马顺
> 由海道赍送……计开：大婚礼仪处验收：……洋座钟四座、洋座表二对、
> 各式盆景四对、小镶珠石各样盆景四对[1]。

次年年初，这些物品运抵京师，暂存荣安固伦公主府，由步军统领衙门
派兵守护。至此，包括八种钟表在内的第一批由粤海关筹备的大婚物品基本
到位。

第二次交由粤海关监督置办大婚用物的慈谕是同治十年二月发出的。可
能前次得到的八件钟表数量不够，故此次在物品清单内又增加了"洋钟二
对"：

> 和硕恭亲王臣奕䜣等谨奏，为奏闻请旨事：恭照皇帝大婚皇后妆奁内
> 需用洋钟、玉器等件，拟请仍交粤海关监督敬谨购办；其应用瓷器等件，
> 请交广饶九南道敬谨制办。统限于本年八月内一律办齐解京，以备应用。
> 谨分缮清单恭呈御览，俟命下之日，臣等即行分咨各该处敬谨遵办，为
> 此谨奏请旨等因。于同治十年二月三十日具奏。奏旨：著照单传，钦此。
> 拟交粤海关监督购办：洋钟二对、各式桌灯四对、各式挂灯八对、绿通
> 玉如意二对、白通玉如意二对、绿玉陈设二对、白玉方盒二对、白玉圆
> 盒二对、白玉插屏二对、白玉盘二对、白玉大盘二对[2]。

同治十年十一月二十七日，恭亲王奕䜣及户部尚书宝鋆又面奉慈安、慈
禧皇太后懿旨，催促粤海关办置上述物品：

---

[1] 中国第一历史档案馆藏：《宫中档·同治大婚红档》卷三五。
[2] 中国第一历史档案馆藏：《宫中档·同治大婚红档》卷八。

皇帝大婚所有前经传交粤海关监督购办正珠朝冠顶六颗、正珠朝珠二盘，又续行传办洋钟、玉器、灯只及广饶九南道制造瓷器等件……迄今日久，均未解到。著传知该监督等赶紧办齐解京，勿得再行延缓[1]。

但迟至同治十一年九月初，上述物品才置办完成，运抵京师。当时的粤海关监督崇礼在所上奏折中详细叙述了采办经过：

同治十一年九月初五日，由军机处交出二品顶戴粤海关监督奴才崇礼跪奏：为奉旨传办要件，谨将办齐洋钟、灯只等项寄京呈进。其玉器陈设暨各项正珠无从办解情形据实具陈，仰祈圣鉴事。窃奴才迭次承准钦派恭办大婚礼仪处行知，奉旨传办洋钟、灯只、绿白玉如意、陈设、正珠等件，当即钦遵辞去办。粤省所到洋钟制样甚小，即经饬派商人往外洋定做。其各式桌灯、挂灯并选觅精工匠役斟酌样式敬谨成做，是以稍稽时日。兹将洋钟二对、各式桌灯四对、各式挂灯八对一律办齐，专折赍京呈进。此项洋钟、灯只价值由奴才捐廉恭办，不敢作正开销。至绿玉、白玉如意、陈设以及各项正珠，前于奉传缎绸各件，会商督臣筹款折内附片陈明。……除将办齐洋钟、灯只备文解交钦派恭办大婚礼仪处验收，并原发珠样一匣呈缴外，所有玉器、陈设暨各项正珠无从办解，并报效洋钟、灯只各缘由谨恭折奏闻，伏乞皇太后、皇上圣鉴。谨奏[2]。

以上即同治大婚时皇后妆奁中所用 12 件钟表的采办情况。

光绪皇帝的大婚于光绪十五年〔1889 年〕正月举行。与同治大婚相比，光绪大婚的筹备显得有些仓促，后妃的妆奁从十四年七月才开始置办：

光绪十四年七月十三日，醇亲王面奉懿旨：皇帝大婚应行预备各位分妆奁，著派总管内务府大臣福馄崧、申师曾、马克坦、布崇光、粤海

⑴ 中国第一历史档案馆藏：《内务府·婚礼处奏案》。
⑵ 中国第一历史档案馆藏：《宫中档·同治大婚红档》卷二。

关监督长有敬谨备办[1]。

光绪大婚时的皇后妆奁中共有钟表八件：

光绪十四年十月初九日由内交出皇后妆奁抬数清单：

　　光绪十五年正月二十四日卯刻进皇后妆奁：上赏金如意成柄，龙亭，头抬；……金转花洋钟成对、紫檀座，分二抬，栏杆采盘，四十一抬、四十二抬；金四面转花洋钟成对，紫檀座，分二抬，栏杆采盘，四十三抬、四十四抬；……以上共一百抬。

　　光绪十五年正月二十五日卯刻进皇后妆奁：上赏玉如意成柄，龙亭，头抬；……铜珐琅玻璃转花钟成对，分二抬，栏杆采盘，二十二抬、二十三抬；……镀金坐表成对，随玻璃罩，栏杆采盘，四十抬；……以上共一百抬[2]。

同时，珍嫔、瑾嫔妆奁也各有钟表六件，即"瓶式洋钟成对，小洋钟二对"[3]。但遍查光绪大婚档案，在各部往来文移中并无采办钟表之事，这说明光绪大婚使用的钟表原本宫中旧存。

故宫博物院现藏有当时人绘制的《光绪大婚图》，全图自皇后出宫起至庆典礼成，按照礼节次第绘制。其中从协和门至太和门东边的昭德门一段，便绘有皇后妆奁中的四抬钟表，即前面提到的金转花洋钟一对、金四面转花洋钟一对。从图上观察，这四件钟表高度可能都在 1 米左右，体量很大，制作精细，全身镀金，显得富丽堂皇。这就为我们留下了光绪大婚所用钟表的形象材料〔图 10〕。

通过以上同治、光绪大婚所用钟表情况，我们至少可以得到以下几点信息：其一，自 1601 年利玛窦给中国宫廷带来第一只钟表开始，经过近两个半世纪的发展，钟表在宫中逐渐替代了其他计时工具，而且越来越受到皇帝

---

[1] 中国第一历史档案馆藏：《内务府·婚礼处谕旨档》。

[2] 中国第一历史档案馆藏：《内务府·婚礼处·述旨档》。

[3] 中国第一历史档案馆藏：《宫中档·光绪大婚红档》卷一八。

[图 10] 《光绪大婚图》局部
清人绘 19世纪
每开纵 60 厘米 横 112 厘米
〔故宫博物院藏〕

的后妃们的喜爱。同治、光绪大婚中钟表的大量使用，即可说明其在清宫的普及程度；其二，同治大婚中的 12 件钟表均从粤海关购买或通过外国商人从外洋直接定制，说明直到清代晚期。粤海关仍是清宫钟表最主要的进口门户，粤海关监督仍然是清宫钟表的主要筹办者；其三，通观同治、光绪大婚中的 32 件钟表，几乎都是从西洋进口的。这固然由于西洋钟表的金碧辉煌能更好地烘托大婚的喜庆气氛，但主要原因恐怕还是当时中国钟表的质量和制作工艺都与西洋钟表存在明显差别。"至于钟表，穿衣镜等件，内地仿做者均不得法，必由外洋购办，方可合式"[1] 正是当时真实情况的反映。总体来说，西洋钟表要优于中国钟表，因此即使民间嫁女准备嫁妆时，也都把"进口金轮钟"作为高级妆奁，更不用说皇帝大婚了。这也说明西洋钟表直到清朝晚期仍在宫中占有绝对优势。

[1] 中国第一历史档案馆藏 :《宫中红事档 · 同治大婚典礼红档》卷二。

清宫造办处里的西洋钟表匠师

明末以来的中西文化交流具有重要而深远的历史意义。为了传教事业的顺利进行，利玛窦〔Matteo Ricci〕不但学习中国语言，依随中国文化习俗，改穿士大夫服装，与中国士人交往，演示西洋科学仪器，还想方设法直接与宫廷接触，向宫廷进献西洋奇器，为宫廷提供科学、艺术方面的服务。这一策略得到后来绝大多数西方传教士的遵从。从那个时候起，传教士便和中国宫廷发生了密切的关系。

从满族入关伊始直到嘉庆朝早期，都有外国传教士在宫廷中服务，其中从事钟表制作者就有十几位，大大提高了传教士在宫中的地位。他们在清宫做钟处的钟表制作和维修中发挥了巨大作用，成为清宫钟表制作走向繁盛的重要因素。对于服务于清宫造办处里的西洋钟表匠师的情况，在以往相关的研究中不时有所涉及[1]，但绝大多数都不够全面，需要补充和完善。这里利用清宫档案和相关中外文献对这些匠师在宫中做钟处的钟表制作情况进行全面梳理，以对清代宫廷钟表制作的历史有更深入的认识。尤其是清宫造办处的活计档，保存了大量西洋钟表匠师的原始活计记录，这是其他文献无法取代的第一手资料，可以使我们得见西洋钟表匠师在宫中工作和生活的真实状态，为西洋传教士在宫廷的生活画卷提供一些鲜活而生动的描画素材。

一　清廷对西洋技艺人之征召

积极而慎重地利用西方科学和技艺之人为宫廷服务一直是清代宫廷采取的基本策略。其中以康熙、雍正和乾隆时期最具有代表性。且前后相续，未曾中断。

康熙皇帝从执政初期即对西洋科技产生了极大兴趣。在位期间，不但对单纯的传教者和身怀科学技艺的专长者加以严格区别，还主动征召有才能的西洋人入京候用。康熙十一年〔1672 年〕命礼部派员到澳门调取通晓历法和音律的传教士徐日升〔Thomas Pereira〕来京时，不但有在京的传教士陪同，

---

[1] 鞠德源：《清代耶稣会士与西洋奇器》，《故宫博物院院刊》1989 年第一期、第二期；郭福祥：《乾隆皇帝与清宫钟表的鉴赏和收藏》，《故宫文物月刊》第二十卷第十一期；关雪玲：《清宫做钟处》，《明清论丛》第五辑。

还由兵部派兵护送,十分重视[1]。当时钦天监是服务清宫的西洋传教士比较集中的地方。

法国路易十四国王派至康熙宫廷的"国王的数学家"白晋〔Joachim Bouvet〕在《康熙皇帝》一书中有这样的记述:

> 大约五年前,康熙皇帝以法国科学院为楷模,在皇宫里建立了以画家、版画家、雕刻家、制造钟表的铁匠和铜匠及制造天文仪器的其他匠人为会员的科学院。为激励会员的上进心,展览了西洋的尤其是巴黎的美术作品作为学习的榜样[2]。

这里的"科学院"极有可能就是康熙三十年从养心殿移至隆宗门外慈宁宫茶饭房的造办处。无疑,当时的造办处是有西洋技艺之人工作的。

礼仪之争爆发后,康熙皇帝对西洋传教士在中国的传教活动进行了限制,但对怀有技艺巧思的西洋人却别有惠政。康熙四十六年五月,特差养心殿监造笔帖式佛保到广州,传旨给督抚:"见有新到西洋人若无学问只传教者,暂留广东,不必往别省去。许他去的时节,另有旨意。若西洋人内有技艺巧思或系内外科大夫者,急速著督抚差家人送来。"[3]文献记载康熙帝对西洋技艺人一直高度关注,如康熙五十七年在两广总督杨琳的奏折上批示:"西洋来人内,若有各样学问或行医者,必着速送至京中。"[4]语气中流露出迫切的心情。康熙皇帝的这些谕旨成为以后广东官员挑选西洋技艺人输送北京宫廷的法律依据,并被后来的雍正帝、乾隆帝和嘉庆帝所延续。

康熙时期的宫廷是如何选调西洋技艺之人的呢?康熙五十五年,波希米亚耶稣会士严嘉乐〔Charles Slaviczek〕来到中国,对他的考察反映了康熙时期对西洋技艺人征召的一般程式。在他们从欧洲启程之前,已经有修会总会长从罗马写信通知中国有人即将来华的消息。当他们到达澳门时,教省会长

[1] 黄伯禄:《正教奉褒》卷上。
[2] 〔法〕白晋著,赵晨译:《康熙皇帝》页51,黑龙江人民出版社,1981年。
[3] 中国第一历史档案馆编:《康熙朝汉文朱批奏折汇编》第1册,页702,档案出版社,1984年。
[4] 中国第一历史档案馆、澳门基金会、暨南大学古籍研究所编:《明清时期澳门问题档案文献汇编》〔一〕页115,人民出版社,1999年。

又写信给广东总督，广东总督很快派一名官员来澳门，对他们进行考察和相应的礼仪训练。几天后，他们搭船到达广州，受到总督的招待和安排，并确定动身赴北京的时间。正在此时，"一位皇帝派的大臣从满洲来到广州，他奉命了解我们这些新到的欧洲人懂什么技艺，并把我们送到北京去"[1]。这位皇帝派来的大臣就是正在广州寻买西洋物件的李秉忠。严嘉乐等于 1716 年 11 月 9 日从广州出发，1717 年 1 月 2 日到达北京，2 月 3 日受到康熙帝的接见。接见过程中，"首先谈起关于算术和几何的各种问题。随后皇帝唱了一个 c-d-e-f 的音阶，叫我跟着唱。他弹了弹我的羽管键琴，垂询了各种音调的问题。最后，皇帝表现出十分喜悦和恩宠，宣称：我的到来使他感到十分高兴，他早就希望来一个好乐师，同时又是一个好数学家。由于我兼有这二者，皇帝对此高度评价和赞扬"[2]。至此，严嘉乐获得认可，算是正式进入宫廷服务的行列，皇帝可以随时召见，承办交付的各项事宜。如此，可知当时宫廷征召西洋技艺人要经过前期通报、广东考察、礼仪培训、护送进京、觐见试用、钦定去留等步骤。

雍正时期，尽管实行相对严厉的禁教政策，但是对于在北京宫廷服务的传教士仍然予以照应。雍正元年〔1723 年〕福建总督满保题为饬禁愚民一疏，经礼部议复："查明西洋人果系精通历数及有技能者，起送至京效力，余俱送至澳门安插。"[3]此后，对西洋技艺人的处理即遵此例。如雍正七年精通历数的西洋人孙璋〔Alexandre de la Charme〕、擅制钟表的沙如玉〔Valentin Chalier〕到广，表示愿意进京效力，经广东总督孔毓珣疏报，礼部题奏后批准差官伴送到京效力。

乾隆时期对西洋技艺人的征召和使用达到前所未有的程度，宫廷中的西洋传教士并没有因各地不时发生的大小教案而受到影响。乾隆皇帝仍然坚持康熙以来的一贯策略，并针对现实情况不断进行调整。在抑教的同时又能保证宫廷中服务的西洋技艺人等享有一定的自由度，以使其在传教使命和服务

[1] ［捷克］严嘉乐著，丛林、李梅译：《中国来信》页 27，大象出版社，2002 年。
[2] ［捷克］严嘉乐著，丛林、李梅译：《中国来信》页 32，大象出版社，2002 年。
[3] 中国第一历史档案馆、澳门基金会、暨南大学古籍研究所编：《明清时期澳门问题档案文献汇编》〔一〕页 158，人民出版社，1999 年。

宫廷间达到一定的平衡，满足宫廷的需求。即所谓"中外之防闲，不得不严。远夷之诚愫，不可不通"。

由于在京西洋技艺人分属于不同的教派和国家，其相互之间的关系也错综复杂。如何化解各方矛盾，使他们在宫廷内和谐相处，同时又不能有损中国礼制，就要有周全的考虑。乾隆三十一年〔1766年〕在京服务的法国人蒋友仁〔Michel Benoist〕等上奏，提出由于现有的政策致使京广两地音讯难通，有愿意来京效力的法国人因无人申报，只能随船返回，要求设法通融。他们的奏折这样写道：

> 友等来自法郎济亚，深蒙皇上豢养隆恩，得以安居化宇，惟是广省乏人料理，乡信不能递接。又自乾隆二十七年间，澳门西洋头目不许法郎济亚管事人寄居澳门，是以京广两地信不易通。前有西洋别国人来京，知法郎济亚有愿来效力之人，并有一外科于乾隆三十年到广，因西洋人进京必由澳门头目申报总督，此时外科不能入澳栖止，无人申报，而例禁洋船开发时不许洋人逗留广省，因此仍随洋船回国，今夏或能复来，伏乞施一善法，俾友等乡信易通，天文、医科、丹青、钟表等技陆续来京效力，稍伸蚁悃[1]。

从中不难体察享有保教权的葡萄牙与海外拓殖新兴力量法兰西之间的强烈冲突，以及法国人试图通过宫廷政策改变自身利益和地位的愿望。对于法国人提到的问题，乾隆皇帝及其臣僚极为重视，军机处专门就此请示乾隆帝：

> 查法郎济亚远隔外洋，而蒋友仁等久在京师当差，一时乡信难通，是以据情呈请。但是否应与设法通融，俾得稍达音信，抑或事关例禁，不便遽与准行之处，臣等难以悬定，理合据词奏闻，交与两广总督，令其

[1] 中国第一历史档案馆、澳门基金会、暨南大学古籍研究所编：《明清时期澳门问题档案文献汇编》〔一〕页377，人民出版社，1999年。

酌量情形，或应行查办，或无庸置议，据实具奏请旨遵行[1]。

两个月以后，两广总督杨廷璋对此奏覆，认为蒋友仁等所控情由多有不实，"所有蒋友仁等呈请乞施善法，俾乡信易通之处，毋庸另议，应请仍照成例办理"。但杨廷璋在奏折中还是提出更为明晰便捷易于操作的西洋人进京效力及通达乡信的具体处置程序，得到军机处的议准后最终决定：

> 嗣后西洋人来广，遇有愿进方物及习天文、医科、丹青、钟表等技，情愿赴京效力者，在澳门则令其告知夷目，呈明海防同知。在省行则令其告知行商，呈明南海县。随时详报总督衙门代为具奏请旨，护送进京。俾得共遵王路，以效悃忱……
>
> 查该夷人等，从前往来书信，俱经提塘转递，已历有年，并未见有违碍之处，似应循照旧例，交与提塘寄递。并令其在广省者，呈报海防同知及南海县查收，将原封交与该省提塘至京城，送钦天监转付本人。其在京夷人，亦令其将所寄书信交与提塘递至广省，仍由同知、知县查收，将原封转给行商、夷目，该同知、知县亦随时详报总督衙门，以备查核。似此官为经理，有所稽查，既不至日久滋弊，而易于提塘寄递，则京广两地书信物件往来便捷，不致烦忧阻碍，似于伊等更为有益[2]。

这件事的处理过程实际上反映了整个乾隆朝对进京效力的西洋人呈报、护送、通信等各个方面的基本做法。在乾隆君臣看来，这样做既维护了国家制度的稳定性，也充分体现出嘉惠远人之意。实际上，乾隆皇帝对于法国传教士的请求并没有就此而止，我们从乾隆四十一年法国人汪达洪、贺清泰等的"乾隆三十三年蒙皇上天恩，准令西洋人邓类斯住居广东省城，料理本国

---

[1] 中国第一历史档案馆、澳门基金会、暨南大学古籍研究所编：《明清时期澳门问题档案文献汇编》〔一〕页377～378，人民出版社，1999年。

[2] 中国第一历史档案馆编：《清中前期西洋天主教在华活动档案史料》第一册，页255～256，中华书局，2003年。

新来听用之人并一切事物，大洪等得以在京专心效力"[1]的奏折内容来看，两年以后乾隆皇帝还是对此采取了一定的应对措施，法国人在广州有了固定的联络人员，从中也可以看出宫廷在征召和管理西洋技艺人方面所采取的审慎态度和措施。

在乾隆皇帝的意识中，西洋人进京效力是仰慕天国，诚心向化的自愿行为。他希望这些具有特别才能的西洋技艺人能够永远留在北京，终身为宫廷提供服务，来去自便是无法接受的行为。为此，乾隆皇帝在乾隆三十九年七月初九日上谕中对此有特别指示：

> 据李侍尧奏，现有西洋人岳文辉晓理外科，杨进德、常秉纲俱习天文，时搭商船到广，情愿进京效力，应否恩准之处，循例奏闻请旨。等语。向例，西洋人赴京效力之后，即不准其复回本国。近来在京西洋人内，竟有以亲老告假者，殊属非理。伊等既有亲侍养，即不应远涉重洋，投效中国。若既到京效技，自不便复行遣回，均当慎之于始。此次岳文辉等三人，即著李侍尧询问，伊等如实系情愿长住中国，不复告回者，方准送京，若有父母在堂者，即不准其详报呈送。并著李侍尧于总督衙门存记档案，嗣后凡有西洋人恳请赴京者，即照此询明，分别奏办[2]。

上谕中提到的岳文辉、杨进德、常秉纲最终因各有父母在家，若进京之后不复告归，诚恐父母悬念，故不能长住在京，这样的结果当然被看着是"情殊可恶"之举，于是三人"不便仍留粤省，当经逐赴澳门，饬令作速搭船回国，毋许逗留滋事"。在这样的制约之下，绝大部分的西洋技艺人都长期在京为宫廷服务，最终骨埋异乡。当然，乾隆皇帝对于这些梯山航海的远来人也给予尽量的照拂，死后赏赐丧葬费用，一般是白银二百两，大缎十四。

文献记载表明，乾隆皇帝对于宫廷之中的西洋技艺人的情况是相当了解

⑴ 中国第一历史档案馆、澳门基金会、暨南大学古籍研究所编：《明清时期澳门问题档案文献汇编》〔一〕页406，人民出版社，1999年。

⑵ 中国第一历史档案馆、澳门基金会、暨南大学古籍研究所编：《明清时期澳门问题档案文献汇编》〔一〕页402，人民出版社，1999年。

的，并时时关注，给以指示。对于为宫廷服务的西洋技艺人数量从整体上进行调控。乾隆后期，尤其是耶稣会解散以后，来华的有科学技艺专长的传教士逐渐减少。为此，乾隆四十六年五月初三日上谕：

> 向来西洋人有情愿赴京当差者，该督随时奏闻。近年来，此等人到京者绝少。曾经传谕该督如遇有此等西洋人情愿来京，即行奏闻，遣令赴京当差，勿为阻拒。据该督覆奏：因近年并无此等呈请赴京者，是以未经奏送等因。但现在堂中如艾启蒙、傅作霖等俱相继物故，所有西洋人在京者渐少，著再传谕巴延三，令其留心体察，如有该处人来粤，即行访问，奏闻送京。将此遇便谕令知之。钦此[1]。

乾隆皇帝明显感觉到宫廷服务的西洋技艺人的短缺，于是指示广东官员留心体察，广为访问。可能在以后的几年中，在京的西洋技艺人数量有所回升，因此当乾隆四十七年舒常奏报有几名西洋人愿意进京效力时，乾隆帝给出的旨意却是："此后不必多送，候旨行。"乾隆皇帝截然相反的态度反映出宫廷根据不同时期的实际需要所采取的调控措施，正是通过这种调控保证了在京西洋技艺人数量的相对稳定。

嘉庆皇帝在继位初期对宫廷使用西洋技艺人问题上亦有所秉承，许多乾隆时期进入宫廷的西洋技艺人仍然继续着他们的工作，同时也有新的西洋技艺之人情愿进京当差，如嘉庆九年〔1804年〕两广总督倭什布奏闻通晓天文之西洋人高守谦、毕学源情愿赴京，获得批复"准其进京"。但是嘉庆皇帝对西洋科学和技艺却不像他的父亲那样兴趣盎然，明显加强了对在京西洋人的管理和控制，认为："京师设立西洋堂原因推算天文参用西法，凡西洋人等情愿来京学艺者，均得在堂栖止。"要求在京西洋人等安分学艺，不得与当地民人往来交结[2]。尤其是嘉庆十年德天赐私托书信地图事件发生以后，清廷开始制定章程，清查和遣送在京传教士。

[1] 中国第一历史档案馆编：《清中前期西洋天主教在华活动档案史料》第一册，页341～342，中华书局，2003年。

[2] 中国第一历史档案馆编：《清中前期西洋天主教在华活动档案史料》第二册，页838，中华书局，2003年。

嘉庆十六年成为在京西洋技艺之人的转折点，这一年五月，嘉庆帝发布谕旨：

> 西洋人现在住居京师者，不过令其在钦天监推步天文，无他技艺足供差使。其不谙天文者，何容任其闲住滋事？著该管大臣等即行查明，除在钦天监有推步天文差使者仍令供职外，其余西洋人俱著发交两广总督，俟有该国船只到粤，附便遣令归国。其在京当差之西洋人，仍当严加约束，禁绝旗民往来，以杜流弊[1]。

从此，绵延 150 年之久的西洋科技和技艺之人服务清代宫廷的历史宣告结束，除了钦天监里还保留有限的几个通晓天文者外，清宫之内再不见其他西洋技艺人的踪影。这同时也宣告了做钟处里的西洋钟表匠师与清宫钟表制作长达 150 年因缘的终结。

二　清宫造办处西洋钟表匠师传略

从顺治五年〔1648 年〕安文思〔Gabriel de Magailles〕抵京到嘉庆十六年〔1811 年〕遣返在京传教士，西洋钟表匠师在清宫造办处的钟表制作活动前后相续达 150 年之久，从未间断。这里将清代宫中西洋钟表匠师的有关记载进行归纳整理，以他们在宫廷中的活动和钟表制作为中心，为每人立一小传。所用材料以清宫造办处活计档、宫中朱批奏折、耶稣会士中国书简集为主，这些文献相互补充，相互印证，使这些西洋钟表匠师在宫廷的生活细节尽可能多地呈现出来。

1. 安文思〔Gabriel de Magailles，1609-1677〕

葡萄牙人，耶稣会士。他是葡萄牙伟大的航海家麦哲伦〔Magellan〕的后裔，本人为工程师、自动机械的制造师[2]。16 岁即加入耶稣会，1634 年启

[1] 中国第一历史档案馆编：《清中前期西洋天主教在华活动档案史料》第二册，页 923，中华书局，2003 年。
[2] 〔法〕荣振华著，耿升译：《1552 ～ 1800 年在华耶稣会士列传·安文思》，《16 ～ 20 世纪入华天主教传教士列传》页 225，广西师范大学出版社，2010 年。

程前往东方，经过神学学习后于 1640 年前往中国，先后在杭州、四川传教，与张献忠发生争执，险遭绞杀。适清军攻占成都，肃亲王豪格将他和利类斯〔Lodovico Buglio〕送至北京,时顺治五年〔1648 年〕。此后一直生活在北京，长达 29 年。

按照利类斯为他所作的传记，"他们在京城一直住了七年才为皇帝所知。但当皇帝知道他们的身份后，以极大的善意对待他们，赐给他们一所房屋、一座教堂、薪俸及金钱。安神父为了表示对皇帝诸多恩赐的谢意，便继以日夜地制作了几件稀奇灵巧的机械装置献给他"[1]。说明到北京的前几年他一直从事传教工作，1655 年在顺治帝的批准下创建北京东堂，此后为顺治皇帝制作机械装置。

康熙继位以后，安文思仍然为宫廷服务。"以后几年，他既从事实际传教工作，又用他的巧妙发明，迎合已执政的当今皇帝。犹如一名普通机械师的劳作，以使皇帝的恩宠有利于维护和增进传教，这是神父们惟一的目的"[2]。据记载,他曾经为康熙帝制作过一件机器人和一件自鸣钟。"文思因此有一次献一人像于帝，像内置机械，右手执剑，左手执盾，能自动自行，亘 15 分钟不息。又有一次献一自鸣钟，每小时自鸣一次，钟鸣后继以乐声，每时乐声不同，乐止后继以枪声,远处可闻"[3]。 安文思与康熙帝的关系应该是十分密切的，可以向康熙帝上书奏事。据宫中留存的满文奏折记载，康熙十六年〔1677 年〕三月初十日谨奉上谕，将西洋地方安温斯、利类斯之奏书"俱著送内阁,交各该部"[4]。这里的安温斯即是安文思,此时据安文思去世还有不到一个月的时间，康熙帝的手中还存留有他的奏疏。

安文思为宫廷提供的服务得到了康熙皇帝的高度评价，康熙十六年四月初六日，也就是安文思去世的第二天，康熙帝专门有过如下谕旨："谕：今闻安文思病故，念彼当日在世祖章皇帝时，营造器具，有孚上意，其后管理所造之物无不竭力，况彼从海外而来，历年甚久，其人质朴夙著，虽负病在

[1] 〔葡〕安文思著，何高济、李申译：《中国新史》页 184，大象出版社，2004 年。

[2] 〔葡〕安文思著，何高济、李申译：《中国新史》页 184，大象出版社，2004 年。

[3] 〔比〕南怀仁著：《欧洲天文学》，转引自：〔法〕费赖之著，冯承钧译：《在华耶稣会士列传及书目》页 257，中华书局，1995 年。

[4] 中国第一历史档案馆编：《康熙朝满文朱批奏折全译》页 4，中国社会科学出版社，1996 年。

身，本期治疗痊可，不意长逝，朕心伤悯，特赐银二百两、大缎十匹，以示朕不忘远臣之意。特谕。"[1]这一谕旨也被刻在了安文思的墓碑之上〔图1〕。安文思是清朝入关后最早为宫廷提供钟表制作服务的传教士，那时钟表在中国还是相当稀少的东西。

此外，安文思的著作还为我们提供了一些中国钟表历史的有用资料。他在《中国新史》中详细介绍了中国计时用的香钟，还特别将香钟和当时的机械钟表进行了比较："这是很简单的东西，而且很便宜，一个这样的东西，可

〔图1〕 耶稣会士安文思墓碑
〔采自：林华等编：《历史遗恨》，中国人民大学出版社，1994 年〕

用四到二十个钟头，价值不过三便士；然而，装有许多齿轮和其他机械的钟表，价钱很贵，只有有钱人才买得起。"[2]说明当时中国国内钟表的普及情况。

2. 陆伯嘉〔Jacques Brocard，1661-1718〕

法国人，耶稣会士。1701 年来华，其墓碑误记来华时间为康熙三十九年〔1700 年〕庚辰。

关于陆伯嘉在宫廷服务的情况我们知道很少，荣振华记其来华后"在北京做建筑师和机械师"[3]。费赖之书记其"精艺术，终其身在内廷为皇帝及亲贵制造物理仪器、计时器与其他器物"[4]。从洪若翰〔Jean de Fontaney〕1704 年写给拉雪兹神父〔Francois de La Chaise〕的长信中得知康熙皇帝对陆伯嘉极为欣赏，使他得以每天进宫。"这位伟大的君主对杜德美神父与陆伯嘉神父也

[1] 〔葡〕安文思著，何高济、李申译：《中国新史》页185《安文思传略》，大象出版社，2004 年。

[2] 〔葡〕安文思著，何高济、李申译：《中国新史》页79，大象出版社，2004 年。

[3] 〔法〕荣振华著，耿升译：《1552～1800 年在华耶稣会士列传》"安文思"，《16～20 世纪入华天主教传教士列传》，广西师范大学出版社，2010 年。

[4] 〔法〕费赖之著，冯承钧译：《在华耶稣会士列传及书目》页603，中华书局，1995 年。

[图 2] 耶稣会士陆伯嘉墓碑
〔采自：林华等编：《历史遗痕》，中国人民大学出版社，1994 年〕

同样甚为欣赏。他俩由于皇帝陛下的特谕，每天均得进宫……而陆伯嘉神父则极为巧妙地致力于能讨皇帝欢心的各种工作"[1]。他一同在宫中服务的杜德美〔Pierre Jartoux〕在书信中也谈到他在当时的皇太子允礽府中制作数学仪器的情况[2]。

陆伯嘉于康熙五十七年〔1718 年〕在北京去世，葬于北京西北郊的滕公栅栏墓地，其墓碑上刻有中文和拉丁文的陆伯嘉简历："耶稣会弟子陆，讳伯嘉，号德音，泰西佛郎济亚国人。缘慕贞修，弃家遗世，在会二十三年，于康熙三十九年庚辰东来中华，至康熙五十七年戊戌闰八月十四日卒于顺天府，年五十七岁。"〔图 2〕"缘慕贞修，弃家遗世"正是当时来华耶稣会士献身福音传播的真实写照。

3. 杜德美〔Pierre Jartoux，1668-1720〕

法国人，耶稣会士。1701 年来华。

杜德美是康熙时期大地测绘的重要参与者，1708 至 1711 年绘制北直隶和辽东地区的地图。在这之前和以后可能参与宫廷钟表和机械制作，因此费赖之在其著作中说："杜德美神甫对分析科学、代数学、机械学、时计学等科最为熟练。故康熙皇帝颇器其才，居京数年。"[3]他在宫廷的服务情况在洪若翰的信中同样有所记载："这位伟大的君主对杜德美神父与陆伯嘉神父也同样甚为欣赏。他俩由于皇帝陛下的特谕，每天均得进宫。杜德美神父精于解

---

[1] 〔法〕杜赫德编，耿升等译：《耶稣会士中国书简集·1·中国回忆录》页 309，大象出版社，2005 年。

[2] 〔法〕杜赫德编，耿升等译：《耶稣会士中国书简集·2·中国回忆录》页 3，大象出版社，2005 年。

[3] 〔法〕费赖之著，冯承钧译：《在华耶稣会士列传及书目》页 594～595，中华书局，1995 年。

析学、代数、力学与钟表方面的理论。"[1] 他在自己的书信中也讲到1704年他曾协助陆伯嘉为皇太子允礽制作数学仪器，可知他是陆伯嘉在机械和钟表方面的重要合作者。

4. 林济各〔Francois Louis Stadlin，1658-1740〕

林济各是康熙至乾隆时期宫廷钟表制作领域非常重要的人物。

根据费赖之《在华耶稣会士列传及书目》中的记述，他是瑞士祖格〔Zug，图3〕人，自幼酷爱机械制造，对于钟表尤有嗜好。父母发现他擅长于此，便把他送到国外深造，游学于中欧各国城市，曾经到过乌尔姆、但泽、柏林、德累斯顿、维也纳、布拉格、柯尼斯堡等地，成为当时颇有声望的钟表专家。1687年，林济各加入耶稣会。在听说中国朝廷需要有技艺的传教士为其服务时，便申请来华传教，那一年是康熙四十五年〔1706年〕。第二年到达北京。从此开始了他长达33年的宫廷钟表技师的生涯。"济各抵京后，制造奇巧机械器物甚多，因受朝廷宠眷"[2]。康熙四十六年八月十三日两广总督赵弘燦等

[1] ［法］杜赫德编，耿升等译：《耶稣会士中国书简集·1·中国回忆录》页309，大象出版社，2005年。

[2] ［法］费赖之著，冯承钧译：《在华耶稣会士列传及书目》页628～629，中华书局，1995年。

的奏折记录了林济各最初来到中国进入宫廷的相关细节：

> 本年五月内蒙皇上差户部员外郎巴哈喇、养心殿监造笔帖式佛保为西洋人事务同到广东传旨与臣等，且将多罗不必回西洋去，在澳门住着等旨。又奉旨著佛保等传与督抚，见有新到西洋人若无学问只传教者，暂留广东，不必往别省去。许他去的时节，另有旨意。若西洋人内有技艺巧思或系内外科大夫者，急速著督抚差家人送来，钦此。……今查有新到西洋人拾壹名内，惟庞嘉宾据称精于天文，石可圣据称巧于丝律，林济各据称善于做时辰钟表，均属颇有技艺巧思。……今将庞嘉宾、石可圣、林济各三人，臣等专差家人星飞护送北京[1]。

10 年以后，同样服务于宫廷的波希米亚耶稣会士严嘉乐〔Charles Slaviczek〕在写给欧洲的信中还特别提到了他："皇宫的钟表师林济各在这里一直很好，他向所有的熟人衷心地问候。"[2]说明当时的林济各生活相当惬意。

林济各自康熙时期来到中国，到 1740 年去世，一直在宫中服务。可以肯定，雍正时期是林济各在宫中服务的最为重要的时期，但是内务府造办处的活计档中很少见到他制作钟表活计的记载。而在乾隆宫廷服务的五年是他生命的最后时段。对于一位已经 80 岁的老人，林济各此时恐怕很难再实际动手制作钟表，只能起到技术顾问的作用。因此，在乾隆朝造办处活计档中我们同样看不到林济各制作钟表的相关记载，只在乾隆五年三月的记事录中发现了他去世后照例赏给银、缎的记录。

> 二十三日，催总白世秀持来汉字折一件内开：西洋人臣戴进贤等谨奏，为遵例奏闻事。钦为我皇上德隆恩溥，薄海同仁。前有西洋人林济各航海东来，于康熙四十六年进京，居住宣武门堂内。因精于自鸣钟，小心供奉，历三十三年。今于乾隆五年三月十八日病故，八十三岁。臣等查从前西洋人利类期〔斯〕、苏霖、雷孝思等病故，原有具折奏闻之例，合

⑴ 中国第一历史档案馆编：《康熙朝汉文朱批奏折汇编》第 1 册，页 701～702，档案出版社，1984 年。
⑵ 〔捷克〕严嘉乐著，丛林、李梅译：《中国来信》页 35，大象出版社，2002 年。

将林济各病故情由遵例奏闻，谨
奏。本日交奏事太监王常贵等转
奏，奉旨：着赏银二百两、大缎
十疋，钦此。于本月二十六日西
洋人戴进贤将赏银二百两、大缎
十疋持去讫[1]。

档案记录了林济各去世的准确时
间，即 1740 年 4 月 14 日。乾隆皇帝
特赐给银二百两、大缎十疋，以为丧
葬之费，为其 33 年的宫廷钟表师生涯
画上了完满的句号。死后葬于北京西
北郊的滕公栅栏墓地，墓碑至今犹存
〔图 4〕。

林济各在北京的生活状态在前引
费氏的著作中有所涉及："济各性虽
烈，然能自制。工作时常以日耳曼语

〔图 4〕耶稣会士林济各墓碑
〔采自：林华等编：《历史遗痕》，中国人民大学出版社，1994 年年〕

唱赞主之歌。"他的身体很好，对他自己能够如此高寿有独特的看法。1739
年到北京的奥地利耶稣会士刘松龄〔Augustin de Hallerstein〕曾问他："汝有
何术能致 81 岁"，林济各的回答是："日耳曼人多饮酒，我在故国已早死矣，
但在此处则无此害。"[2]说明林济格性情豪爽，刚烈，但对自己在北京相对恬
静的生活也从心理上认可并接受。

对林济各的生平以及他在北京的情况记载最详细的当属刘松龄于 1739
年 11 月 4 日和 1740 年 11 月 6 日从北京写给他的本家同是耶稣会成员的

[1] 中国第一历史档案馆、香港中文大学文物馆合编：《清宫内务府造办处档案总汇》第 9 册，页 524，乾隆
五年三月"记事录"。人民出版社，2005 年。
[2] ［法］费赖之著、冯承钧译：《在华耶稣会士列传及书目》页 629，中华书局，1995 年。

Weichard Hallerstein 的两封信[1]。两信写作相隔一年,刘松龄见证了林济各在中国的最后一年，如实记录了林济各人生的最后时刻。前引费赖之书中所述林济各的生平及在北京的情形即多出于两信中。这里只引用他在宫廷中与钟表有关的记述。如：“他辛勤地制作和修理各种类型的自鸣钟，从不知疲倦。他精湛的技术使他在面对即使是没有见过的钟表机械装置时也能很快判断出其独特之处。他超人的天赋和灵巧的双手成功地解决了所遇到的任何问题。所有这些确保了他在宫廷中受到极大的尊荣，尤其是在康熙大帝时期。”可见林济各在宫廷钟表制作中的技术优势。

经过 33 年的磨砺，林济各在北京的西洋人中显得相当有特点。他被刘松龄描述为以其精湛的钟表制作技术很好地为宫廷服务的“一位和蔼可亲的老人”，他的语言尤其有趣，在交流过程中，就像他不能马上理解德语、葡萄牙语和汉语一样，别人也很难马上明白他的意思。因为经过这么长的时间，他的德语已经忘记了大半，而他又没有下专门工夫学习其他两种语言，因此，他的话语中往往混合了三种语言。尽管由于母语的失落使他那德国式的健谈不再，但人们仍然愿意与他交谈对话。他在当时的人缘一直是相当好的。

林济各在中国的活动构成了中国和瑞士两国之间早期文化交流和钟表技术交流最为重要的内容。

5. 严嘉乐〔Karel Slavicek，1678-1735〕

又名颜嘉乐。波西米亚人，耶稣会士。

1716 年至华，第二年到京并进入宫廷服务。严嘉乐到广州后，广东巡抚杨琳曾为此特别奏报：

> 本年七月十四日，有香山本澳洋船在大西洋贸易回帆，搭载西洋人严嘉乐、戴进贤二名，并西洋人书信一封。奴才随差员传唤，于七月三十日到省。严嘉乐年三十八岁，称会天文并会弹琴，戴进贤年三十六岁，称会天文，因慕天朝圣化，于本年二月二十一日在大西洋搭载来粤，愿

---

[1] Mitja Saje ed., *A. Hallerstein - Liu Songling- 刘松龄 : the multicultural legacy of Jesuit wisdom and piety of the Qing dynasty court,* Maribor: Association for Culture and Education Kibla, 2009.p.282-283,p.290-292. 梅欧金 (Eugenio Menegon) 教授为我检出两信并发给此书的扫描文件，特此致谢!

进京效力。等语。奴才捐给银两制备衣服,拟于八月初十日差人伴送起程。初六日钦差乌林大、李秉忠到粤,奴才随将西洋人二名并书信一封,遵旨交李秉忠,听其转奏带京[1]。

从奏折来看,中国官员得到的信息是严嘉乐具有会弹琴、弹唱、天文的技艺专长。而根据他本人写给欧洲的信件,严嘉乐当时主要是以数学家和音乐家的身份获得康熙认可。在经过康熙帝接见和召对后,严嘉乐写道:"皇帝表现出十分喜悦和恩宠,宣称:我的到来使他感到十分高兴,他早就希望来一个好乐师,同时又是一个好数学家。由于我兼有这二者,皇帝对此高度评价和赞扬。"[2]似乎严嘉乐早期在宫廷的活动与钟表没有太大的关系。

关于严嘉乐在宫廷和大臣之间的钟表维修情况,主要来自于他自己的书信。以下的几条记录对我们了解严嘉乐的相关活动是极为重要的。

1726年2月26日一位尊贵的大臣给我送来一座英国造的时钟,恳求我尽可能将它修好。这座钟在运输途中给糟蹋得不像样子,我费了很多时间、精力才把它修好。这座自鸣钟能演奏不少于12支很好听的曲子,全是有头有尾的,当然只在固定的钟点,也就是3、6、9、12点钟才演奏;另外只要你拉一下绳子,它也会演奏,就像那种一刻钟报一次时的钟那样。敲钟、演奏的设施是用一个滚筒驱动的,滚筒上钉着许多钉子,它们代替琴键,打开簧片,就和手风琴里的簧片差不多。这座英国自鸣钟最好的地方是它不用重锤做动力,而是用法条;而且它不像一扇门那样只能靠在墙上,而是像一个四面的小柜子或者小箱子,可以随便放在桌子上、柜子上或者窗台上。这可是一件挺费劲的细活,开头我还不愿干它,可是顺利地修好它之后我感到十分高兴。我甚至想,这是上帝圣明,让我先拆开、修理大臣的一座钟,这样我就有能力去顺利修理属于皇帝的、遭到类似损坏的自鸣钟了。这种自鸣钟英人在广州出售,每座卖3 000

[1] 中国第一历史档案馆、澳门基金会、暨南大学古籍研究所编:《明清时期澳门问题档案文献汇编》〔一〕页108~109,人民出版社,1999年。
[2] 〔捷克〕严嘉乐著、丛林、李梅译:《中国来信》页32,大象出版社,2002年。

到 5 000 金币[1]。

10 月 27 日我又奉命进宫，修理别人送给皇帝的自鸣钟，这座钟同上面我说的时钟一样，能演奏 12 支曲子。这是一座十分精美的机器，拿来向伟大的帝王进贡是再合适不过了[2]。

11 月 19 日……同一天我也进宫，修理皇帝的另一件自鸣钟，是能演奏 9 支曲子的。这座钟同我上面谈到的钟是出于同一位著名的钟表大师平奇贝克之手。修理这两座钟在这几个月里费了我很多时间[3]。

最近〔1730 年〕，当我在整整七年无所事事之后打算拆开书稿的纸包，将《春秋》一书中关于中国古时发生的日食的资料重新整理时，上面提及的宋君荣先生告诉我，他将经过印度给您写信。我想起，趁他寄信之便也给您写一封信。不过，一方面由于拯救人们灵魂的工作忙，另一方面修理英国自鸣钟〔这儿的王公大臣每年都买这种自鸣钟献给皇帝〕也占用了不少时间，我只来得及完成信后所附的一览表[4]。

从这几条资料可知当时宫廷和大臣所收藏的自鸣钟的状况，报时、报刻和奏乐兼有，在当时是很奢华的东西。严嘉乐在宫廷中和钟表相关的活动主要从事钟表修理，这和他在乐器方面的专业特长有直接关系。严嘉乐的钟表维修技能是逐步显现出来并得到认可的，先是给大臣修理他们自己收藏的时钟，慢慢才去修理宫里的钟表。1726 年他还希望通过修复大臣的钟表获得资格，"这样我就有能力去顺利修理属于皇帝的、遭到类似损坏的自鸣钟了"。几个月后，他就经常到宫里去修皇帝的钟表了。到 1730 年的时候，为修理那些大臣献给皇帝的英国自鸣钟已经占用了他相当多的时间，俨然是一个专职

[1]〔捷克〕严嘉乐著，丛林、李梅译：《中国来信》页 56，大象出版社，2002 年。
[2]〔捷克〕严嘉乐著，丛林、李梅译：《中国来信》页 59，大象出版社，2002 年。
[3]〔捷克〕严嘉乐著，丛林、李梅译：《中国来信》页 60，大象出版社，2002 年。
[4]〔捷克〕严嘉乐著，丛林、李梅译：《中国来信》页 96，大象出版社，2002 年。

的钟表修理者了。钟表的修理并不是一件容易的事，有的甚至耗费几个月的时间。严嘉乐的记录向我们提供了一名西洋技艺人成为宫廷钟表修复师过程中真实的生活状态。

严嘉乐还谈到当时的大臣每年都向康熙皇帝进献自鸣钟，这种能奏乐的自鸣钟在广州的售价高达 3 000 到 5 000 金币，相当昂贵，这也是难得的康熙时期钟表的历史资料。

严嘉乐于雍正十三年去世，亦葬于北京西北郊的滕公栅栏墓地，墓碑中特别记其是："钦召进京，内廷供奉。"〔图 5〕

［图 5］耶稣会士严嘉乐墓碑
〔采自：林华等编《历史遗痕》，中国人民大学出版社，1994 年〕

6. 徐安〔Father Angelo〕

意大利人，在西方文献中称为安吉洛神父。

康熙五十九年〔1720 年〕十月，以精通机械学，有一技之长的身份，随教皇特使嘉乐〔Carlo A Mezzabarba〕的使团来华，并于 1721 年被送到宫廷成为康熙皇帝的御用钟表匠之一。

在康熙五十九年九月初四日广东巡抚杨琳的奏折中也提到过随同嘉乐来华的一位钟表匠：

> 西洋教化王差来使臣一人，名嘉乐，业于八月二十七日船到澳门。奴才等随即差员查询得，嘉乐系奉差复命，并贡进方物。其随从西洋人二十四名内会画二名，做自鸣钟、时辰表者一名，知天文度数者一名……系教化王着进京伺候皇上[1]。

---

[1] 中国第一历史档案馆编：《康熙朝汉文朱批奏折汇编》第八册，页 727，档案出版社，1985 年。

可能是水土不服，几天以后的九月十六日，杨琳再次上奏："随从技艺人十名内，会做钟表一人，现在患病，俟调理痊愈，再遣人起送。"[1] 而根据第二年杨琳的奏折，可知此人的汉文名字叫徐安。康熙六十年杨琳的奏折写道：

> 有上年随嘉乐到粤留养之西洋人徐安善做钟表等物，今已痊愈……准于七月二十四日随员外郎李秉忠起身来京[2]。

同随嘉乐来华，都擅长做钟表，都于 1721 年到达北京，据此可知安吉洛和徐安可能就是同一个人。

当时服务于宫廷的意大利传教士马国贤〔Matteo Ripa〕记载 1722 年曾受命为安吉洛当翻译和向导，每天花两个多小时从畅春园寓所到宫里为皇帝制作钟表。作为御用钟表匠，安吉洛唯皇帝之命是从，在他看来，为皇帝制作钟表和提供服务是取得皇帝信任，展现自己才能的重要手段，他自然会充分利用，而对于宗教方面的制约考虑相对较少，也因此曾与马国贤产生相当尖锐的矛盾。尤其是雍正皇帝继位以后。

> 陛下想到了要建一座永不停歇的喷泉，下旨来问我们当中谁能够设计。一个法国人说他有两个新来的同胞能够从事这项工作。安吉洛神父通过我的翻译，毫不迟疑地表示他也完全胜任这个任务。其他人则宣布他们对这个事情一无所知。当我得知这位迷信的皇帝要想建造的喷泉，有他自己的一个初衷时，安吉洛神父已经开始了设计，并把它呈送给了皇帝……因为对他的迷信意图十分了解，我认为有责任阻止安吉洛神父从事这项工作。随后，我把想法告诉安吉洛神父，但是却发现要让他接受

---

[1] 中国第一历史档案馆、澳门基金会、暨南大学古籍研究所编：《明清时期澳门问题档案文献汇编》〔一〕页 130，人民出版社，1999 年。

[2] 中国第一历史档案馆编：《康熙朝汉文朱批奏折汇编》第八册，页 828，档案出版社，1985 年。

我的想法非常困难[1]。

随后的一件事导致了二人的最终决裂。

> 皇帝有旨来问，安吉洛神父能不能根据他送来的样品，协助制造一些铜钟。从这些钟的特殊样式，还有钟上面的铭文看，它们显然是要放在偶像崇拜者的庙宇里，作为供崇拜使用的东西……因此我就希望安吉洛神父不要接受这项工作，免得沾上偶像崇拜的罪名。安吉洛神父听了我的说法，却反对我在此问题上的看法，急着要我翻译说他懂得必要的知识，并准备参与其事[2]。

最后，由于马国贤的反对，这件事情不了了之。"安吉洛神父发现他未被任命，变得极端地恼怒，说我剥夺了他为陛下服务的荣誉，马上离开了我们在海淀的住所，宣布永不再和我同住一室，以后他要另找翻译"[3]。从这些记载中可以看出，作为刚刚到达宫廷的钟表匠，当时的徐安急于赢得皇帝信任和器重，以充分发挥出他的才能。

徐安服务于康熙和雍正宫廷，他后来的情况如何我们不得而知。马国贤评价他："安吉洛神父的机械知识非常丰富，但是他在神学和哲学上却知识贫乏。"[4] 但这似乎很符合宫廷对技艺之人的要求，在发挥才艺和宗教职责之间有所权重，这恐怕也是一名身怀技艺之人的正常选择。

7. 沙如玉〔Valentin Chalier, 1697-1747〕

法国人，耶稣会士。

1697 年生，1715 年加入耶稣会，1728 年 8 月 30 日来华，通过当时已经为宫廷服务的法国耶稣会士巴多明〔Dominique Parrenin〕推荐进京。雍正七年〔1729 年〕正月二十五日礼部尚书常寿为此题报：

⑴〔意〕马国贤著，李天纲译：《清廷十三年——马国贤在华回忆录》页 112，上海古籍出版社，2004 年。
⑵〔意〕马国贤著，李天纲译：《清廷十三年——马国贤在华回忆录》页 112，上海古籍出版社，2004 年。
⑶〔意〕马国贤著，李天纲译：《清廷十三年——马国贤在华回忆录》页 113，上海古籍出版社，2004 年。
⑷〔意〕马国贤著，李天纲译：《清廷十三年——马国贤在华回忆录》页 112，上海古籍出版社，2004 年。

广东总督孔毓珣疏称，西洋人孙璋果系精通历数，沙如玉系善制钟表，因慕圣化愿来中国进京效力，并非教王差遣，亦无随带书信、物件、跟役，惟有带自用天文历法章本，钟表须用器具，请照例差人伴送进京效力……今该督既称西洋人孙璋果系精通历数，沙如玉系善制钟表，因慕圣化愿来中国进京效力，应如该督所请，将孙璋、沙如玉差官伴送来京，俟到京之日，交与该衙门令其效力可也[1]。

雍正皇帝两天以后批示"依议"。沙如玉等很快从广东启程，三月初即入造办处服务。"初九日，首领太监赵进忠传怡亲王谕：着西洋人沙如玉在造办处做自鸣钟活计，遵此"[2]。以后的档案中多处记载了他制作钟表的情况。如：

〔雍正八年〕十月二十九日，内务府总管海望奉旨：着西洋人做小表一件试看，钦此。于本日内务府总管海望传看西洋人佘如玉做有架子时钟、问钟二座，记此。于九年十二月二十八日做得有架时钟、问钟二座，首领赵进忠持去安讫[3]。

〔雍正十二年〕正月二十一日，首领太监赵进忠来说：西洋人佘如玉画得架子时钟样一个，内大臣海望着照样做二分。于十二月二十九日做得插屏架子时钟一分，司库常保、首领太监李久明、萨木哈呈进讫[4]。

这里的"佘如玉"即"沙如玉"的异写。

乾隆皇帝即位时，沙如玉年仅38岁，正年富力强，而且已经在宫中服

[1] 中国第一历史档案馆、澳门基金会、暨南大学古籍研究所编：《明清时期澳门问题档案文献汇编》〔一〕页158，人民出版社，1999年。

[2] 中国第一历史档案馆、香港中文大学文物馆合编：《清宫内务府造办处档案总汇》第4册，页171，雍正七年三月"自鸣钟"，人民出版社，2005年。

[3] 中国第一历史档案馆藏《内务府各作承做活计清档》"自鸣钟处"，雍正八年十月。

[4] 中国第一历史档案馆藏《内务府各作承做活计清档》"自鸣钟处"，雍正十二年正月。

务了六年，积累了相当的经验。尤其是报更自鸣钟的研制成功，更奠定了他在宫中钟表制作的地位。因此，乾隆初年的钟表制作活计多由他负责或参与。如：

　　十三日首领赵进忠来说：太监毛团传旨：着西洋人沙如玉想法做自行转动风扇一分，钦此。于本月十五日首领赵进忠画得风扇纸样二张持进，交太监毛团呈览，奉旨：着西洋人沙如玉同首领赵进忠商酌，想法一边安钟表，一边安玻璃镜，将库内收贮坏钟表拆用。底座下添抽屉，以便收贮风扇。先做一小样呈览，准时再做，钦此。于本月二十七日做得风扇小样一件，首领赵进忠持进交太监毛团、胡世杰、高玉呈览，奉旨：照样准做，安一楠木架，钦此[1]。

　　十九日首领赵进忠来说：为十一月二十七日太监毛团、胡世杰交：金花玻璃架时乐钟一座、黑架时乐钟一座，传旨：交赵进忠、沙如玉粘补收拾好陈设，钦此[2]。

　　十九日赵进忠来说：本月十一日太监毛团、胡世杰交：西洋风琴钟一座、西洋木六角时乐钟一座，黑木架时刻钟一座、洋漆高架表一座，传：将此钟交赵进忠、沙如玉粘补收拾好，记此[3]。

　　二十三日首领赵进忠、栢唐阿泰山保来说：为本月十四日太监高玉等传旨：着西洋人沙如玉想法做钟，先画样呈览，准时再做，钦此。于本年八月二十四日将画得做自鸣钟作房纸样一张，首领赵进忠持进交太监高玉等呈览，奉旨：准做，钦此。于乾隆八年十二月二十八日首领赵

[1] 中国第一历史档案馆、香港中文大学文物馆合编：《清宫内务府造办处档案总汇》第 7 册，页 791，乾隆二年六月"自鸣钟"，人民出版社，2005 年。

[2] 中国第一历史档案馆、香港中文大学文物馆合编：《清宫内务府造办处档案总汇》第 8 册，页 816，乾隆四年十二月"做钟处"，人民出版社，2005 年。

[3] 中国第一历史档案馆、香港中文大学文物馆合编：《清宫内务府造办处档案总汇》第 8 册，页 816，乾隆四年十二月"做钟处"，人民出版社，2005 年。

进忠将做得作房钟一座，持进交太监胡世杰呈进讫[1]。

二十五日副催总六十七持来司库郎正培押帖一件，内开：为正月二十八日太监毛团传旨：方壶胜境大宝座隔内着郎世宁酌量画古玩，起稿呈览，钦此。于三月二十四日郎世宁起得古玩稿并做法应用轮簧木胎处俱着沙如玉做[2]。

二十三日副司库太山保来说，为八年十二月初十日太监胡世杰交：花梨玻璃纱灯一件，传旨：将下面纱片去了，安时刻钟转盘，旁门纱去了，安铜撒花片。上节玻璃有空处着西洋人沙如玉想法添活玩意，画样呈览，钦此。……于十年十月十五日首领孙祥将花梨木玻璃纱灯一件配得转盘时刻钟一座，交太监胡世杰呈进讫[3]。

这些档案表明，由于沙如玉的技艺精湛，乾隆皇帝会将一些活计点名让沙如玉完成。沙如玉所做的钟表包括安有钟表的自行转动风扇、作房钟、安有转盘时刻钟的花梨木玻璃纱灯等，同时也对出现问题的钟表进行维修。想必乾隆皇帝对沙如玉的工作十分满意，故不时赏赐，例如乾隆元年〔1736年〕五月传旨"着赏西洋人沙如玉上用缎二定，上用纱二定，银一百两"[4]。六年十一月"着赏西洋人沙如玉缎三定"[5]。他的待遇也似乎比其他西洋人优厚，在京内有专门的居住作房，乾隆九年九月记载："西洋人沙如玉等回称，京内居

[1] 中国第一历史档案馆、香港中文大学文物馆合编：《清宫内务府造办处档案总汇》第9册，页589，乾隆五年八月"做钟处"，人民出版社，2005年。

[2] 中国第一历史档案馆、香港中文大学文物馆合编：《清宫内务府造办处档案总汇》第11册，页123，乾隆七年三月"如意馆"，人民出版社，2005年。

[3] 中国第一历史档案馆、香港中文大学文物馆合编：《清宫内务府造办处档案总汇》第12册，页335，乾隆九年正月"自鸣钟"，人民出版社，2005年。

[4] 中国第一历史档案馆、香港中文大学文物馆合编：《清宫内务府造办处档案总汇》第7册，页395，乾隆元年五月"造办处钱粮库"，人民出版社，2005年。

[5] 中国第一历史档案馆、香港中文大学文物馆合编：《清宫内务府造办处档案总汇》第10册，页314，乾隆六年十一月"记事录"，人民出版社，2005年。

住作房一间，时天气寒冷，因我等身俱有疾，难以忍寒，请欲打地炕一铺"[1]，获得批准。说明沙如玉是居住在官房之中的。

乾隆初年的沙如玉可以称得上是京城西洋传教士中的代表人物，当时在京西洋传教士的奏章或者朝廷的指示多通过他传递，朝廷给予西洋人的赏赐也多通过他领取。这一地位的取得和他精湛的钟表制作技术不无关系。他于乾隆十二年在北京去世，年仅50岁。在他患病日益严重期间，乾隆皇帝对他的情况很关注，曾经询问在宫中绘画的意大利传教士郎世宁〔Fr.Jos.Castiglione〕等人，能否还有希望将他继续留在人世间，是否有欧洲医生可以为其诊治病情，并派太医院中的首席太医去照料他[2]。

8. 杨自新〔Fr Gilles Thebault, 1703-1766〕

法国人，耶稣会士。

乾隆三年〔1738年〕八月来华，次年即进入宫廷在做钟处服务。造办处档案中记载了他刚刚进入宫廷服务的情况。

> 乾隆四年六月十二日催总白世秀来说，太监高玉传旨：着新来会做钟表西洋人杨自新在做钟处行走，着伊做活计一件，先画样呈览，准时再做，钦此。于本月二十日首领赵进忠、杨自新画得自行人自鸣钟纸样一张，交太监毛团、胡世杰、高玉呈览，奉旨：照准做自行人自鸣钟，其钟若做好了，再做盆景，钦此[3]。

这次杨自新自己设计的自行人自鸣钟是一种比较复杂的机械装置，这也是杨自新最精通的，很快他在复杂机械方面的能力便得到认可。在以后的日子中，杨自新制作的大部分作品都是这种自动机械装置。乾隆皇帝对杨自新这方面的才能十分欣赏，充分发挥其潜力。1754年10月17日法国耶稣会士钱德明神父〔P.Jean.Joseph.Marie.Amiot〕在北京写给德·拉·图尔神父〔de

---

[1] 中国第一历史档案馆编：《清中前期西洋天主教在华活动档案史料》第四册，页127，中华书局，2003年。

[2] ［法］杜赫德编，耿升等译：《耶稣会士中国书简集·4·中国回忆录》页349～351，大象出版社，2005年。

[3] 中国第一历史档案馆、香港中文大学文物馆合编：《清宫内务府造办处档案总汇》第8册，页813～814，乾隆四年六月"自鸣钟"，人民出版社，2005年。

La Tour〕的信中写道：

> 能使他感到高兴的还有杨自新神父根据皇帝的旨意刚刚幸运地制作
> 完成的一只有自动装置的狮子，这种狮子能像普通的走兽那样行走百步，
> 而所有能使狮子运动的发条皆藏在狮子的内部。令人惊讶的是，仅仅凭
> 借最普通的钟表原理，这位可爱的神父就能够亲手发明和组装出各种令
> 人叫绝的机械装置。我之所以这样说，是因为我在其最后完成之前，亲
> 眼见过这种狮子，而且还见过他让这种狮子在宫内行走[1]。

无独有偶，一年半以后，清宫造办处档案就出现了杨自新修理自行狮子
的记载。乾隆二十一年四月初六日：

> 太监胡世杰交自行狮子一件，传旨：自行狮子皮毛虫蛀损坏，著杨
> 自新酌量用绒改做，法子不伶〔灵〕处另行收拾[2]。

这件需要修理的自行狮子应该就是钱德明信中讲到的杨自新为乾隆帝制
作的那一件。清宫档案又记：

> 十六年六月十五日郎世宁等将画得西洋法子陈设样稿二张呈览，奉
> 旨：照样准做，着西洋人杨自新、席澄源带匠役在如意馆做，应用材料
> 向造办处要，钦此[3]。

带领匠役成做，俨然是技术指导者的角色。清宫造办处活计档案还记载：

> 二十八日副催总福明持来帖一件内开：为十八年四月二十六日西洋

---

[1] ［法］杜赫德编，吕一民等译：《耶稣会士中国书简集·5·中国回忆录》页 51，大象出版社，2005 年。

[2] 中国第一历史档案馆、香港中文大学文物馆合编：《清宫内务府造办处档案总汇》第 21 册，页 637，乾隆
二十一年四月"如意馆"，人民出版社，2005 年。

[3] 中国第一历史档案馆编：《清中前期西洋天主教在华活动档案史料》第四册，页 194 ～ 195，中华书局，
2003 年。

人杨自新、席澄源画得有法子自行鳌山陈设等三件，讨用发条长八尺，宽一寸二根，长一丈四尺宽一寸七分四根，长一丈四尺宽二寸二根，员外郎郎正培、催总德魁面奏，奉旨：着向造办处做钟处照尺寸打给，钦此[1]。

十四日，接得郎中德魁押帖一件，内开：本月初十日奉旨：着杨自新做造办工程陈设一件，其发条向做钟处要，钦此[2]。

如同自行狮一样，西洋法子陈设、有法子自行鳌山陈设、造办工程陈设等也是通过发条驱动的自动机械装置。想必杨自新在清宫制作的这种自动机械十分出名，以至于在他去世后才来到宫廷的同样精于钟表技术的汪达洪〔Jean Mathieu de Ventavon〕在写给欧洲的信件中还特别提到他制作的自行狮和自行虎，并说能单独走三四十步远，乾隆帝极为喜欢[3]。

杨自新于乾隆三十年十二月初八日〔1766 年 1 月 18 日〕在北京去世，在宫廷服务长达 26 年。

9. 席澄源〔Adeodat 或 Sigismond de San Nicola，1713-1767〕

乾隆三年，和杨自新同时来华的另一位法国传教士席澄源也身怀绝技，会做风琴。但他并没有和杨自新一起进入宫廷服务，而是学习钟表制作技艺，乾隆六年他还进献过一张上顶安有翎毛鸡的西洋风琴[4]。说明他一直和宫廷保持联系。直到 10 年后的乾隆十三年他才以钟表匠的身份进入宫廷，在造办处做钟处行走。

乾隆十三年五月初七日司库白世秀来说太监胡世杰传旨：着内大臣海望查西洋人内有会做钟表的人，查来做钟表，钦此。于本月初十日司

[1] 中国第一历史档案馆、香港中文大学文物馆合编：《清宫内务府造办处档案总汇》第 19 册，页 497，乾隆十八年九月"自鸣钟"，人民出版社，2005 年。

[2] 中国第一历史档案馆、香港中文大学文物馆合编：《清宫内务府造办处档案总汇》第 28 册，页 811，乾隆二十九年五月"如意馆"，人民出版社，2005 年。

[3] 〔法〕杜赫德编、吕一民等译：《耶稣会士中国书简集·5·中国回忆录》页 211，大象出版社，2005 年。

[4] 中国第一历史档案馆、香港中文大学文物馆合编：《清宫内务府造办处档案总汇》第 9 册，页 723，乾隆六年七月"灯作"，人民出版社，2005 年。

库白世秀查得西洋人席澄元到京时应会做风琴，今亦会做钟。缮写折片一件，持进交太监胡世杰转奏，奉旨：准在做钟处行走，钦此[1]。

这里的"席澄元"即是"席澄源"的异写。自此以后，席澄源一直在宫中供职。他所做的钟表活计除了前述乾隆十八年与杨自新一起设计"有法子自行鳌山陈设等三件"之外，还有乾隆二十年十月制成一自行人，因为发条不好，乾隆皇帝特指示："席澄源作的自行人与过会陈设上法条俱各不好，着向造办处自鸣钟上拣好的用。"[2] 席澄源所做的自行人深得乾隆帝喜欢，以后又不止一次地制作，如乾隆二十七年传旨："将席澄源现做自行人手内改做玉石子一块"[3]，这是一件新做的自行人。第二年乾隆帝再一次下达旨意："照先做过自行人再做双自行人一件，其法条向做钟处要"[4]，当然，此项任务自然落到了席澄源身上。可能活计太多，也可能难度太大，这件双自行人活计直到乾隆三十三年他去世时还未做[5]。关于席澄源在宫中制作自行人一事，法国耶稣会士钱德明神父在前述1754年的书简中也有明确记述：

> 同样能够获得皇上恩典的还有至为尊敬的西吉斯蒙〔Sigismond〕神父，这位传信部的传教士制作了另一个自动装置，这一装置原打算采用人的形状，并将以人的平常方式来行走。如果这位神父能够取得成功的话，很有可能皇帝将会命令他赋予其自动装置以其他动物的特性，皇帝将会对他说道："你已经让它行走了，那你肯定也能够让它说话"[6]。

[1] 中国第一历史档案馆、香港中文大学文物馆合编：《清宫内务府造办处档案总汇》第16册，页269～270，乾隆十三年五月"自鸣钟"，人民出版社，2005年。

[2] 中国第一历史档案馆、香港中文大学文物馆合编：《清宫内务府造办处档案总汇》第21册，页497，乾隆二十年十月"记事录"，人民出版社，2005年。

[3] 中国第一历史档案馆编：《清中前期西洋天主教在华活动档案史料》第四册，页296，中华书局，2003年。

[4] 中国第一历史档案馆、香港中文大学文物馆合编：《清宫内务府造办处档案总汇》第28册，页64，乾隆二十八年六月"如意馆"，人民出版社，2005年。

[5] 中国第一历史档案馆、香港中文大学文物馆合编：《清宫内务府造办处档案总汇》第31册，页759，乾隆三十三年正月"如意馆"，人民出版社，2005年。

[6] ［法］杜赫德编、吕一民等译：《耶稣会士中国书简集·5·中国回忆录》页51，大象出版社，2005年。

根据法国汉学家伯德莱〔Michel Beurdeley〕的研究，这位西吉斯蒙神父就是席澄源[1]。钱德明的信是1754年10月17日即乾隆十九年九月初二日在北京写的，写信的时候席澄源的自行人还没有完成。一年以后，这个自行人做好了，那就是乾隆二十年十月的造办处活计档中记载的席澄源制成的发条不好的自行人。耶稣会士的书简和清宫档案在此一事情上的记载如此吻合，实在是令人惊奇。这些档案表明，席澄源至少三次制作过自行人。

此外，乾隆十九年席澄源还设计制作过过会盆景陈设：

> 十九年闰四月十七日员外郎郎正培等将西洋人席澄源画得过会盆景
> 纸样一张呈览，奉旨：照样准做，钦此[2]。

这件过会陈设于第二年做成，因为发条不好，乾隆指示向造办处自鸣钟上拣好的用。乾隆二十一年四月十九日，乾隆帝还钦点席澄源制作"西洋式跑马中圈陈设"：

> 本月十九日奉旨：著席澄源做西洋式跑马中圈陈设一件，先画样呈
> 览，准时再做，钦此。于本月二十日员外郎郎正培将画得安表钟跑马中
> 圈陈设纸样一张，交太监胡世杰呈览，奉旨：照样准做。其应用钟表法
> 条等著席澄源到做钟处挑用，其应用材料向造办处要，钦此[3]。

又乾隆三十年七月初六日：

> 太监荣士泰传旨：含经堂现安时乐钟一架，著如意馆照样配做一件，
> 里面安转盘活动人物，钦此。本日郎世宁画得纸样一张，交太监胡世杰

⑴ ［法］伯德莱著，耿昇译：《清宫洋画家》页89，山东画报出版社，2002年。
⑵ 中国第一历史档案馆编：《清中前期西洋天主教在华活动档案史料》第四册，页203，中华书局，2003年。
⑶ 中国第一历史档案馆、香港中文大学文物馆合编：《清宫内务府造办处档案总汇》第21册，页640，乾隆
  二十一年四月"如意馆"，人民出版社，2005年。

呈览，奉旨：活动人物著席澄源做，钦此[1]。

同时，他也负责钟表的维修，如乾隆三十一年"将大驼钟穰著席澄源收拾"[2]即是。有时也完成一些精细的零散活计，如同年十一月由内交出绿皮扇匣一件，奉旨将扇匣上绿皮"交西洋人席澄源设法起下"[3]。因其在制造、修理钟表和机械玩具方面的出色才华，所以备受乾隆帝的推崇尊重。

乾隆十八年葡萄牙国王就与中国通商问题派巴石喀〔Don Francois xaviel Sssig Pachecoy Sampayo〕出使中国，在罗马传信部档案馆存有一件中文档案，记录了此次葡使来华的事情，被中国学者阎宗临发现并予以发表。让我们感兴趣的是其中多处谈到席澄源在宫中的活动、他与皇帝和官员的关系以及为使团的安置所做的种种努力，并称席澄源为"西老爷"。档案中讲道：

> 又因他在朝里、在花园里，作钟作玩意，天天见万岁，万岁很喜欢他，很夸他巧，常望他说话。如意馆内有三位西洋人画画，两位作钟，共五位，万岁常向他们两个说话……

> 西老爷在如意馆内钟房，常见万岁，万岁常同他说话，看他做的，很夸说他的法子很巧。钦差未来之先，万岁对西老爷说过好几次，你们快快完西洋房子，你们的西洋大人来了，我叫他看我的西洋房子里的陈设，都是大西洋来的很好的东西。又有好些都是西老爷做的，很巧很妙的玩意排设。

由于制作钟表和机械玩意，席澄源有机会经常和乾隆皇帝见面，并相谈甚欢。档案中讲到在葡使到北京之前，乾隆皇帝就将葡使的具体行踪告诉了席澄源。而在接见了葡使之后，乾隆皇帝又向席澄源夸赞葡使人聪明，有学

[1] 中国第一历史档案馆、香港中文大学文物馆合编：《清宫内务府造办处档案总汇》第29册，页526，乾隆三十年七月"如意馆"，人民出版社，2005年。

[2] 中国第一历史档案馆、香港中文大学文物馆合编：《清宫内务府造办处档案总汇》第30册，页95，乾隆三十一年五月"如意馆"，人民出版社，2005年。

[3] 中国第一历史档案馆、香港中文大学文物馆合编：《清宫内务府造办处档案总汇》第30册，页323，乾隆三十一年十一月"记事录"，人民出版社，2005年。

问，会办大事。可见乾隆皇帝和席澄源关系的密切程度。他和皇帝的这种关系，势必会影响到大臣官员们对他的态度。一个例子是借着葡使到访的由头，传教士将原来很矮小的北堂拆除重建。在建造过程中，正好被前往圆明园的乾隆皇帝看到，当问及是席澄源等在盖教堂时，乾隆皇帝就没有再说什么。为此事席澄源还特地去见了管事的提督，得到的回答是："你爱怎么样盖就怎么样盖。"[1] 对于乾隆皇帝的沉默，档案中的推测是：

> 万岁对西老爷不提盖堂的事，大概是这个意思，若提起不得不赏，不得不帮助，因为西老爷在万岁跟前很出力，作的东西很多很好，万岁很夸，所以不如不说不提，提起不赏，不好意思，赏怕人说万岁盖天主堂了。虽然没有赏，但因万岁喜欢不说什么，众王公大人都不说什么，王公大人也有到堂里看的，有送陈设的，这就是天主的大恩，也是皇上的大恩[2]。

这件档案所记录的内容应该是当时的实录，关于席澄源的史实与清宫档案、其他传教士的著作中的情况都比较吻合，许多内容更生动而具体，为我们研究席澄源在宫廷的工作和生活状态提供了难得的第一手材料。席澄源于乾隆三十三年在北京去世，其未竟的双自行人之事则由汪达洪〔Jean Matthieu de Ventavon〕接替。

10. 李衡良〔Archangelo-Maria di Sant' Anna，1729-1784〕

又作李恒良。意大利人，罗马教廷圣部传教士，加尔默罗会修士。

李衡良于乾隆二十六年〔1761 年〕五月来华，时年 32 岁，因精通钟表兼医治内科，陈请进入宫廷服务。当时广东巡抚讬恩多于七月二十六日特为此事上了如下奏折：

> 赞署两广总督印务、广东巡抚臣讬恩多谨奏。为奏闻请旨事。据广东布政使史奕昂详，据署广州府海防同知宋鉴详，据澳门夷目喋嚟哆等秉

⑴ 阎宗临著，阎守诚编：《传教士与法国早期汉学》页 217，大象出版社，2003 年。
⑵ 阎宗临著，阎守诚编：《传教士与法国早期汉学》页 217，大象出版社，2003 年。

称，有大西意大理亚国修士安德义、李衡良二人搭本港二十三号船于本年五月内到澳。安德义年三十四岁，素习绘画，兼律吕。李衡良年三十二岁，习修理自鸣钟兼医治内科。愿进京效力。恳请转详代奏等情到臣……

兹西洋人安德义、李衡良二人遵例呈请代奏前来，应否准其进京效力之处，臣未敢擅便，理合恭折奏闻，伏乞皇上训示遵行[1]。

同年九月十一日乾隆帝朱批"准来京"。于是，安德义和李衡良于乾隆二十七年正月初二由广州启程，官府发给盘费银两，由南海县神安司巡检魏用胜伴送来京。

李衡良在宫廷中的主要工作就是钟表制作和维修。见于造办处档案的他曾做过的活计有乾隆三十五年十二月画"鸭浮水盆景陈设纸样一张"[2]，第二年又受乾隆帝之命在做钟处做水法活计[3]。

但不知什么原因，到乾隆三十八年二月二十六日乾隆帝的御前太监胡世杰传旨"做钟表人西洋人李恒良不必进如意馆行走"[4]。李衡良可能就此离开如意馆，但他仍然继续在宫廷服务。因为李衡良的名字出现在同一年蒋友仁〔Michel Benoist〕写给欧洲的两封书信中。

下午，有人把皇帝未收下的礼品拿了出来并向我们宣布了皇帝的旨意，即两名新来的传教士立即进宫各展才艺；潘廷璋修士与达马塞纳〔Damascene〕及贺清泰（Poirol）两神父一起完成陛下交办的六幅画；李俊贤神父与阿尔尚日（Archange）及汪达洪（Ventavon）两神父一起在钟表工

[1] 中国第一历史档案馆编：《清中前期西洋天主教在华活动档案史料》第一册，页252，中华书局，2003年。

[2] 中国第一历史档案馆、香港中文大学文物馆合编：《清宫内务府造办处档案总汇》第33册，页658，乾隆三十五年十二月"如意馆"。档案全文如下："十九日接得郎中李文照等押帖一件，内开：本月初九日西洋人李衡良画得、汪达洪做得鸭浮水盆景陈设纸样一张、地球表样一件，俱呈览，奉旨：准做，钦此。"人民出版社，2005年。

[3] 中国第一历史档案馆、香港中文大学文物馆合编：《清宫内务府造办处档案总汇》第34册，页500，乾隆三十六年七月"如意馆"。档案全文如下："十八日接得郎中李文照等押帖一件，内开：七月初九日首领党进忠传旨：着西洋人汪达洪、李衡良在做钟处做水法活计，钦此。"人民出版社，2005年。

[4] 中国第一历史档案馆、香港中文大学文物馆合编：《清宫内务府造办处档案总汇》第36册，页119，乾隆三十八年三月"如意馆"，人民出版社，2005年。

场工作[1]。

　　皇帝指定学习抽气机使用方法的四名太监已经掌握了一点操作技能。三名从事钟表工作的传教士、〔罗马教廷〕圣部传教士、赤脚穿云鞋的加尔默罗会修士阿尔尚日神父及耶稣会士汪达洪神父和李俊贤神父，曾展示过这架机器的各种零件[2]。

在《耶稣会士中国书简集》中译者为阿尔尚日修士所作的注释中，认为"该神父事迹不详"[3]，但从书信提供的 Archange 名字中，可知这位阿尔尚日神父即是李衡良。蒋友仁的书信写于这一年的 11 月，当时李衡良仍然在宫廷钟表工场，和汪达洪、李俊贤共同承担钟表和机械玩具的制作任务。

上述材料说明李衡良一直在做钟处工作，为宫廷服务时间长达二十余年。

11. 汪达洪〔Jean Matthieu de Ventavon，1735-1787〕

法国人，耶稣会士。

乾隆三十一年〔1766 年〕来华，是乾隆中后期造办处最为重要的钟表和机械技术骨干之一。据这一年九月初六日两广总督杨廷璋的奏折：

　　据通事成林等报称，佛郎济亚国巴姓即吧沁，附搭该国夷船到广。臣传询吧沁，据称谙治外科，情愿赴京效力，并同伴来广一人，名唤汪达洪，熟谙天文，兼习钟表等技艺，均属精巧，亦情愿赴京效力等语。现为之制备衣履，拟委员于九月中旬伴送启程……[4]

三年后他在北京写给欧洲的信中说："抵京整整一年后，我作为钟表匠被召至皇帝身边。"[5]而他开始服务宫廷的具体时间则是乾隆三十二年十一月十

[1]〔法〕杜赫德编，郑德弟译：《耶稣会士中国书简集·6·中国回忆录》页 17，大象出版社，2005 年。

[2]〔法〕杜赫德编，郑德弟译：《耶稣会士中国书简集·6·中国回忆录》页 58，大象出版社，2005 年。

[3]〔法〕杜赫德编，郑德弟译：《耶稣会士中国书简集·6·中国回忆录》页 17，大象出版社，2005 年。

[4]《朱批奏折·外交类》，转引自鞠德源《清代耶稣会士与西洋奇器》，载《故宫博物院院刊》1989 年第 2 期。

[5]〔法〕杜赫德编，吕一民等译：《耶稣会士中国书简集·5·中国回忆录》页 211，大象出版社，2005 年。

八日，这一天乾隆帝下谕"著西洋人汪大功进如意馆行走"[1]，从时间看，这个"汪大功"无疑就是汪达洪。通过汪达洪写给欧洲的信件，我们得知他对自己在北京宫廷的生活的看法，即忙碌、充实而自由。

> 至于我，每天都要进宫，因此无法与教友们一起待在城里，我的职务使我必须待在海淀，陛下平时就住在那里。……此外，如果我只做皇帝吩咐的活计，我就尚有喘息机会，但亲王、大臣们也要找欧洲人修理他们的钟表，而且此类物件在这里还真不少，会修理的却只有罗马传信部一位神父和我两个人。因此，我们岂止是忙，简直是不堪重负……
>
> 而我之所以对修理钟表有点兴趣，也只因为希望自己对宗教有用……
>
> 再说，我们在宫中干活很安稳。我们手下有几名工人听我们使唤，没有任何人打扰我们。我当着异教徒官员面毫无顾忌地背诵日课经和其他祷文。从中您可看到，我们在此进行宗教活动是多么自由，皇帝对此又是多么慎重[2]。

从乾隆三十二年进入如意馆，直到乾隆五十二年四月十一日去世，汪达洪在宫中服务差不多有二十年。我们在清宫档案中发现很多汪达洪承做活计的记录，这些记录清晰地描画出作为精通钟表机械的西洋技师汪达洪服务于宫廷的真实境况。作为当时宫廷首席钟表和机械师，其在宫廷的活动具有相当的代表性。这里不妨按照年份将其活动列表于下：

汪达洪在乾隆宫廷活动年表

编号	时间	活动内容	出处来源
1	乾隆三十二年十一月十八日	著西洋人汪大功进如意馆行走	《总汇》30册，页854，乾隆三十二年十一月"如意馆"

[1] 中国第一历史档案馆、香港中文大学文物馆合编：《清宫内务府造办处档案总汇》第 30 册，页 854，乾隆三十二年十一月 "如意馆"，人民出版社，2005 年。

[2] ［法］杜赫德编，吕一民等译：《耶稣会士中国书简集·5·中国回忆录》页 212～213，大象出版社，2005 年。

2	乾隆三十三年正月十三日	因西洋人席澄源物故,汪达洪另画得一统万年双自行人稿一张,呈览,奉旨:照样准做	《总汇》31,册页759,乾隆三十三年正月"如意馆"
3	乾隆三十四年八月十六日	现在我负责制造两个能拿着一盆花走路的机器人。我已干了八个月,还需整整一年方可完工	《耶稣会士中国书简集·5·中国回忆录》页211
4	乾隆三十四年四月初一日至十七日	四月初一日太监胡世杰传旨:谐奇趣殿内自行人一件,著汪达洪收拾,钦此。四月十七日汪达洪改做收拾自行人一件,呈览,奉旨:著配合身子另做衣服一件	《总汇》32册,页509,乾隆三十四年五月"如意馆"
5	乾隆三十四年六月初十日	初十日西洋人汪达洪画得水内自行鹅纸样,呈览,奉旨:照样准做	《总汇》32册,页521,乾隆三十四年六月"如意馆"
6	乾隆三十四年六月十九日	太监胡世杰传旨:西洋人汪达洪现做西洋木城样四块,著做粗木箱盛装收储	《总汇》32册,页522-523,乾隆三十四年六月"如意馆"
7	乾隆三十五年闰五月二十二日	太监胡世杰传旨:谐奇趣西八方亭内风琴钟一件,着汪达洪收拾	《总汇》33册,页604,乾隆三十五年闰五月"如意馆"
8	乾隆三十五年十月十三日	郎中李文照、员外郎六格面奉谕旨:西洋人现做风琴钟一座、自行鹅一件,现今法条不堪应用,著粤海关监督德魁照大铜盒配法条二根、二号铜盒配法条二根、三号铜盒配法条三根,外宽窄不等法条几根来,以备应用。钦此	《总汇》33册,页639,乾隆三十五年十月"如意馆"
9	乾隆三十五年十二月初九日	西洋人李衡良画得、汪达洪做得鸭浮水盆景陈设纸样一张、地球表样一件,俱呈览,奉旨:准做	《总汇》33册,页658,乾隆三十五年十二月"如意馆"
10	乾隆三十六年七月初九日	首领党进忠传旨:着西洋人汪达洪、李衡良在做钟处做水法活计	《总汇》34册,页500,乾隆三十六年七月"如意馆"
11	乾隆三十八年正月二十日	将西洋人汪达洪画得鱼浮水纸样一张,呈览,奉旨:照样准做	《总汇》36册,页106,乾隆三十八年正月"如意馆"
12	乾隆三十八年九月二十五日	将西洋人汪达供〔洪〕做得地球表陈设一件、鸭浮水盆景一件,交太监世杰呈览,仍交出,传旨:将地球表收储,俟明年驾幸圆明园时呈进。鸭浮水盆景着常存堆宣石山子,做象牙花树	《总汇》36册,页143,乾隆三十八年十月"如意馆"
13	乾隆三十九年二月二十日	太监胡世杰传旨:极乐世界现安转玻璃水法二分,不必用法条,着西洋人汪达洪改做弦坠	《总汇》36册,页143,乾隆三十九年二月"如意馆"
14	乾隆三十九年四月十五日	郎中德魁等面奉谕旨:西洋楼所有活动陈设年久,俱动转不灵,西洋人汪达洪陆续持来收拾妥协,安设	《总汇》37册,页130,乾隆三十九年四月"如意馆"
15	乾隆三十九年五月二十二日	西洋人汪达洪画得浮水娃娃内安西洋法子纸样一张,呈览,奉旨:照样准做	《总汇》37册,页143,乾隆三十九年八月"如意馆"

16	乾隆三十九年十月初八日	西洋人汪达洪收拾得谐奇趣陈设打钟人儿一件,呈览,奉旨:脸像另画,衣服糟旧,着另画新衣服	《总汇》37册,页148～149,乾隆三十九年十月"如意馆"
17	乾隆四十二年十月初九日至十三日	先是,乾隆四十一年十二月乾隆皇帝指示广木作制作木根杯、盘,由于雕做花纹的工匠黄兆活计太多,以致一年以后还没有完成。乾隆帝想到了宫中收存的西洋旋床,下谕:"着西洋旋床旋做花纹",并指示:"水法殿现有西洋旋床,着西洋人汪达洪同西洋旋床之人前去视看回奏。"于是"西洋人汪达洪同西洋旋床匠役至水法殿"查看,结果"现有小旋床一座,无旋做此样花纹铜盘,亦不能设法旋做。"	《总汇》39册,页708,乾隆四十一年十二月"广木作"
18	乾隆四十二年三月十九日	西洋人汪达洪改画得自行船纸样一张,将做浮水娃娃材料即用在自行船上,交太监如意呈览,奉旨:照样准做	《总汇》40册,页266,乾隆四十二年三月"如意馆"
19	乾隆四十二年六月二十一日	西洋人汪达洪现做自行船一件,面奏需用洋发条八根,奉旨:着粤海关监督德魁即速办来	《总汇》40册,页208,乾隆四十二年七月"行文"
20	乾隆四十三年七月十五日	将汪达洪办造得自行铜船上人物亭座彩画完竣,安在奉三无私,呈奏,奉旨:船身亭座着做漆饰,得时摆水法殿	《总汇》41册,页808,乾隆四十三年八月"如意馆"
21	乾隆四十三年七月初四日	太监厄勒里传旨:西洋人汪达洪所请造办挂钟尺寸小,着照佳气迎人殿内现设挂钟样式一样做,钦此。随将挂钟高矮尺寸画得钟样一张,贴签交太监鄂勒里呈览,奉旨:钟仍着汪达洪做	《总汇》41册,页811,乾隆四十三年八月"如意馆"
22	乾隆四十三年七月十五日	为汪达洪新做座钟一座,需用法条二条,水法〔殿〕安设自行人、自行虎换用法条六根,请旨向粤海关监督图明阿处传等因写折单交太监厄勒里转奏,奉旨:准向图明阿处照发去尺寸造办送来	《总汇》41册,页817,乾隆四十三年八月"如意馆"
23	乾隆四十五年九月二十二日	鄂鲁里交:西洋写字人乐钟陈设一件,传旨:交如意馆汪达洪收拾	《总汇》44册,页53,乾隆四十五年十月"如意馆"
24	乾隆四十八年五月十四日	西洋人汪达洪面奏讨玻璃缺一件,中安自行升转鱼,奉旨:准赏给	《清中前期西洋天主教在华活动档案史料》第四册,页459
25	乾隆四十九年十月二十一日	常宁传旨:谐奇趣、海晏堂、远瀛观等处所有西洋法子活动陈设,俱著保成查看,交汪达洪收拾,钦此	《总汇》47册,页812,乾隆四十九年十一月"如意馆"
26	乾隆五十年九月至十一月	常宁传旨:含经堂殿内现陈设西洋人写汉字万寿无疆陈设内,着汪达洪想法改写清话万寿无疆四字,钦此。十一月十二日汪达洪现做写汉字万寿无疆西洋陈设内着添做写清话万寿无疆清字。据汪达洪称:原交下清话四字上下两行写,因清字小、笔画多,恐做成字体抹糊不清,今拟得清字四字由左起挨平头排写,字体得大,做成字体得清楚纸样一张,交鄂鲁里呈览,奉旨:准照样由左起挨次平头排写	《总汇》48册,页536,乾隆五十年十一月"如意馆"

通过上表，汪达洪在乾隆宫廷的活动序列一目了然，几乎年年都有活计派发给他。我们看到，汪达洪于乾隆三十二年底被宣召为宫廷服务，仅仅两个月后，就拿出了相当复杂的"一统万年双自行人"的设计样稿，这极有可能是汪达洪服务宫廷的第一件活计，如此快速地进入角色，在当时的西洋人中是不多见的。无怪乎后来的研究者誉其为"传教区的最后一位大钟表匠"[1]。我们也看到，其中的第二和第三条史料又是一个令人惊奇的吻合。乾隆三十三年正月汪达洪画出"一统万年双自行人"的样稿，乾隆批准照样准做。到乾隆三十四年八月他在写给欧洲的信中提到"负责制造两个能拿着一盆花走路的机器人"，并且已经进行了八个月，还需一年才能完成。这实际上说的是一回事，都是两个自行人。清宫档案有"一统万年"的修饰词，是宫廷活计中固定搭配组合的吉祥物品名称，即植有万年青花卉的盆景，这正好和汪达洪信中的"拿着一盆花"的描述一致。档案中找不到一统万年双自行人的完成时间，但汪达洪信中却有大致的推算。结合起来可知，制作这件双自行人耗时达三年之久。这和第九条和第十二条档案记载的乾隆三十五年十二月批准，并于三十八年九月完成的地球表陈设和鸭浮水盆景的制作时间差不多。而第十八条、第十九条、第二十条档案记载的铜自行船也耗时一年半。汪达洪设计制作了不少这种具有复杂变化的机械装置，没有高超的技术和丰富的机械知识是很难胜任的。我们还看到，汪达洪在宫廷服务期间，不但是设计者，曾设计一统万年双自行人、自行鹅、自行船、鱼浮水陈设、浮水娃娃陈设，还是上述机械装置的具体制作实施者，同时还制作过挂钟、座钟。不但修理收拾因年久运转不灵的钟表和机械，如谐奇趣、海晏堂、远瀛观等处所有西洋法条活动陈设、自行人、风琴钟、打钟人儿等，还按照要求改造原有的活动陈设的内部结构，增加新的功能，其中最著名的就是乾隆五十年将含经堂内陈设的西洋人写汉字万寿无疆陈设改造成同时能写满、汉文的万寿无疆字。这种活动直到他去世之前都没有停止。

从第二十四条档案中有"面奏"之语，可以知道汪达洪是当着乾隆的面提出要求的，当时乾隆帝极有可能正在看他做活，这种情况在汪达洪的书信中也有反映。正因如此，使得汪达洪能够有机会近距离接触乾隆帝，对他进

---

[1] ［法］伯德莱著，耿昇译：《清宫洋画家》页 231，山东画报出版社，2002 年。

行观察。在他眼里，"这位君主身材高大，相貌堂堂，神情和蔼却又令人起敬。……每次当他让我受宠若惊地跟他说话时，他仁慈的神情总能鼓起我的信心，对他说几句有利于宗教的话"。他还记下了第一次见到乾隆皇帝时的趣事：

> 第一次见到他时，他就在我身边询问我的工作情况，我作了回答却未认出他来，因为当他不穿礼服时，除帽子上一颗红色小丝扣外，他并无其他与众不同的特殊标志。当时我知道皇帝可能要来，但我把他当成了皇帝驾临前被派来预先了解我工作进度的某位老爷了。直到看见一位官员跪下回答他的一个问题时，我才意识到自己弄错了[1]。

乾隆帝亲临钟表制作现场时的随意、亲切、慈善与端坐于宝座之上君临天下的庄重、威严形成了鲜明的对比，而汪达洪看到的正是其随和亲切的一面，也使我们多少看到了乾隆帝和这些西洋钟表匠、机械师之间融洽和谐的关系。

12. 李俊贤〔Hubert Cousin de Mericourt〕

法国耶稣会士，字席珍。乾隆三十六年〔1771 年〕来华。

关于李俊贤的基本情况，费赖之《在华耶稣会士列传及书目》中记载："1729 年 11 月 1 日生，1754 年 1 月 8 日入会，1773 年至华，1774 年 8 月 20 日殁于北京。"[2]但是清代档案的记述又与此存在较大出入。根据当时两广总督李侍尧乾隆三十七年的奏折：

> 窃照定例，西洋人来广，遇有谙习丹青、钟表等技，情愿赴京效力者，准令呈明地方官，详报臣衙门具奏请旨。等因。兹据广东布政使姚成烈转，据南海县详报，据洋行商人潘同文等禀称，有西洋人李俊贤，年三十五岁，熟理钟表；潘廷章，年三十三岁，熟习绘画，于乾隆三十六年附搭佛兰西亚国布吕连商船到广，情愿赴京效力，恳请代奏等情到臣。

⑴〔法〕杜赫德编，吕一民等译：《耶稣会士中国书简集·5·中国回忆录》页 211，大象出版社，2005 年。

⑵〔法〕费赖之著，冯承钧译：《在华耶稣会士列传及书目》页 1 041，中华书局，1995 年。

查西洋人李俊贤、潘廷章来广，情愿赴京效力，应否准其进京之处，相

应循例奏闻请旨，如蒙俞允，容臣另行委员伴送赴京，臣谨恭折具奏，伏

乞皇上睿鉴，训示遵行，谨奏[1]。

在奏折后有乾隆三十七年五月二十二日的乾隆朱批："准其来京。"李侍尧的奏折中明确记录了李俊贤到华的时间是乾隆三十六年，即 1771 年，与其同船来的还有画家潘廷璋〔Joseph Pansi〕。又记录李俊贤当时的年龄是 35 岁，这样反推李俊贤应该生于 1736 年。因为熟理钟表，得以批准赴京效力。费氏所据资料为在华耶稣会士名录和墓志，而李侍尧的奏折则据李俊贤本人提供的说法，孰是孰非，有待进一步的研究。但可以肯定的是，费氏所说李俊贤 1773 年至华是错误的，这实际上是李俊贤到达北京进入宫廷服务的时间。

李俊贤到达北京后最初两个月的情况在蒋友仁〔Michel Benoist〕1773 年 11 月的信札中有所交待：

> 1773 年 1 月 12 日，当两名新来的传教士——以钟表匠身份出现的李俊贤神父和作为画师的潘廷璋修士——抵京时，我们传教会的长上委托我负责有关此次觐见的一切事宜[2]。

可知，李俊贤于 1773 年 1 月 12 日即乾隆三十七年十二月二十日到达北京，由蒋友仁负责联系接洽其觐见事宜，推荐的奏章很快被送到大内，六天以后即 1773 年 1 月 18 日农历乾隆三十七年十二月二十六日，乾隆帝在紫禁城内接见了李俊贤，并于当天下午传旨赏给六小匹丝绸，命其立即进宫施展才艺。"李俊贤神父与阿尔尚日及汪达洪两神父一起在钟表工场工作"[3]。

差不多一个月以后，我们在清宫档案中发现了李俊贤承做活计的记录，时在乾隆三十八年正月。

⑴ 中国第一历史档案馆编：《清中前期西洋天主教在华活动档案史料》第一册，页297，中华书局，2003 年。

⑵ 〔法〕杜赫德编，郑德弟译：《耶稣会士中国书简集·6·中国回忆录》页 15，大象出版社，2005 年。

⑶ 〔法〕杜赫德编，郑德弟译：《耶稣会士中国书简集·6·中国回忆录》页 17，大象出版社，2005 年。

正月二十二日将西洋人汪达洪画得鱼浮水纸样一张、李俊贤画得活动犬陈设一件，呈览，奉旨：照样准做[1]。

这是我们所见的唯一一件李俊贤的活计档案，他一般和汪达洪一起承做活计，是当时宫中承应活计的三个西洋钟表匠和机械师之一。在最初的两个月当中，李俊贤也参与了利用以他和潘廷璋的名义进贡给乾隆帝的抽气机〔一种进行空气的压缩、膨胀及其他性能演示的机器〕进行的各种试验，这些试验在 3 月 10 日和 11 日〔农历二月十八日、十九日〕向乾隆帝进行了展示。乾隆帝十分感兴趣，赏赐李俊贤、潘廷璋和蒋友仁每人各一大匹绸缎，还特别将蒋友仁取的"验气筒"的名字改为"活气筒"。

很可惜的是，李俊贤为宫廷服务仅仅一年多的时间，乾隆三十九年七月十四日〔1774 年 8 月 20 日〕因病在北京去世，"时正开始与汪达洪神甫同在内廷担任时计制造与机械工作也"[2]。

13. 巴茂正〔Charles Paris，1738-1804〕

法国人，遣使会士。

档案中又称为"巴茂真"或"巴茂止"。作为皇宫的钟表匠，以"若瑟修士"〔Frere Joseph〕之名而著称。乾隆五十年五月二十三日〔1785 年 6 月 29 日〕到达北京。但实际上，早在三年前，巴茂正就已经来到中国，当时大臣舒常为此曾上过如下奏折：

臣舒常跪奏，为奏闻事。恭照乾隆四十六年钦奉上谕：西洋人在京者渐少，着再传谕巴延三，令其留心体察，如有该处人来粤，即行访闻奏闻等因，钦此。在案。兹据广东布政使陈用敷详，据南海县转，据通事林禧等秉称，有西洋佛兰西人……巴茂真年四十四岁，高临渊三十六岁，晓做钟表，因该国接到在京西洋人德建供寄信，着令伊等赴京效力，

⑴ 中国第一历史档案馆、香港中文大学文物馆合编：《清宫内务府造办处档案总汇》第 36 册，页 106，乾隆三十八年正月"如意馆"，人民出版社，2005 年。

⑵ 〔法〕费赖之著，冯承钧译：《在华耶稣会士列传及书目》页 1 041，中华书局，1995 年。

先后附搭佛兰西、英吉剌各国洋船来广，恳请代奏等情，除行司委员伴送赴京外，臣谨恭折奏闻，伏乞皇上睿鉴。谨奏[1]。

奏折中巴茂正写作"巴茂真"，是在接到在京西洋人所寄信件后远涉重洋来到广州的，目的就是要凭借其会做钟表的技术为宫廷效力。结果，乾隆帝于四十七年正月二十二日给出的旨意是："此后不必多送，候旨行。钦此。"正因为乾隆的谕旨，尽管巴茂正精通钟表技艺，属于清廷需要的技术人员之列，但最终还是使巴茂正进京的时间推迟，直到三年以后才进入宫廷。

此后，我们在清代档案中发现了几件与巴茂正有关的文件，反映出巴茂正在北京，在宫廷工作和生活的不同侧面。

反映巴茂正在宫廷承应活计情况的有制作西洋写字人陈设钟的档案。乾隆五十四年〔1789年〕五月十八日：

鄂鲁里传旨：宁寿宫乐寿堂现设写"八方向化，九土来王"西洋人陈设钟一件，着如意馆西洋人德天赐、巴茂止照样成做陈设钟一件，西洋人要写四样字[2]。

虽然有现成的成品做样，但又不仅仅是简单的照样成做，而是加了"要写四样字"的要求，相比于原来的只写八个汉字的写字人，实在是不知要复杂多少倍。为了制作此件写字人陈设钟，六月二十二日特奏明总管内务府大臣行用铸料塔子二件、铜轴辘二件、见方八分长二尺熟铜条四根、见方三分长三尺十二根、宽五分厚一分五厘长三尺六根。第二年四月又奏明将铸料铜桌一张供给他们使用[3]。直到乾隆五十七年闰四月，巴茂正和德天赐完成了写字人陈设钟，安在圆明园奉三无私殿内。可能是乾隆的要求太复杂了，完成

⑴ 中国第一历史档案馆编：《清中前期西洋天主教在华活动档案史料》第一册，页334，中华书局，2003年。
⑵ 中国第一历史档案馆、香港中文大学文物馆合编：《清宫内务府造办处档案总汇》第51册，页509，乾隆五十四年闰五月"如意馆"，人民出版社，2005年。
⑶ 中国第一历史档案馆、香港中文大学文物馆合编：《清宫内务府造办处档案总汇》第51册，页510，乾隆五十四年六月"如意馆"，人民出版社，2005年。

的写字人陈设钟只能写一种字，乾隆亦未深究，予以接受[1]。巴茂正对复杂机械的技术水平是得到乾隆帝认可的，因此乾隆五十八年英国马嘎尔尼使团来京时，为了调试使团赠送给乾隆的天文地理大表等仪器，清廷派出的技术人员之一就是巴茂正[2]。

反映巴茂正在宫中服务过程中的待遇、饮食情况的有乾隆五十七年四月的一则内务府档案。其中记载："巴茂正每日份例：盘肉三斤，每月菜鸡七只半。"又每日份例："白面十四两，白糖、澄沙各五钱，甜酱一两六钱，水稻米七合五勺，随时鲜菜三斤。"又每日果房份例："红枣、桃仁、圆眼、荔枝、西葡萄各二两，随时鲜果八个。"[3]与当时在宫中服务的内三旗家内匠役相比，其膳食待遇相对的要优厚许多。

还有一条档案反映了巴茂正的晚年景况。在嘉庆七年〔1802年〕《香山知县徐乃来为查明明诺等是否堪以在粤接办北堂事务下理事官谕》中，谈到当时在京的法国人请求派人驻粤以承办北堂事务：

北堂虽有六人：贺清泰、梁栋材、潘廷璋，巴茂正年俱衰迈，吉得明废疾，惟南弥德现年三十五岁，继续乏人。若广省无人接办，有情愿进京效力者无人呈报，乡信土物无人接收，不得不续恳天恩，现有西洋人明诺与巴类斯德罗在吕宋行居住，二人俱可以接办本堂事务。为此泣求转奏，行知两广总督，于二人中安置一人接替，则清泰等继续有人，永沐皇恩于无既矣[4]。

巴茂正此时已经到了年老衰迈的地步，是北堂仅存的六名西洋人之一，这一年他65岁，离去世只有两年的时间。

[1] 中国第一历史档案馆、香港中文大学文物馆合编：《清宫内务府造办处档案总汇》第53册，页310，乾隆五十七年闰四月"广木作"，人民出版社，2005年。

[2] [法]阿兰·佩雷菲特著，王国卿等译：《停滞的帝国——两个世界的撞击》页149，生活·读书·新知三联书店，1993年。

[3] 水木：《清代西洋画师的膳食》，《紫禁城》1983年第2期。

[4] 刘芳辑，章文钦校：《葡萄牙东波塔档案馆藏清代澳门中文档案汇编》页598～599，澳门基金会出版，1999年。

14. 德天赐〔Santo Agostino Adeodato〕

意大利人，奥古斯丁教派的修士。

乾隆四十九年〔1784年〕来华，因擅长绘画，当年即赴京服务。据本年两广总督舒常的奏折：

> 兹据南海县详，据洋行商人潘文严等、通事林禧等秉称，有意打利亚奴国夷人德天赐、颜诗莫二名，附搭双鹰国夷船到广，情愿进京效力等情。卑职随即传唤该夷人德天赐、颜诗莫并行商、通事人等查讯。据德天赐供，夷人今年二十七岁，谙晓绘画。据颜诗莫供，夷人今年三十二岁，谙晓外科医理。因本国王接到在京夷人汪达洪的信，叫夷人进京效力，附搭双鹰国夷船来广等语，由县转详到司[1]。

之后于本年七月初九日德天赐等从广州启程赴京。在奏折中，德天赐申报自己的专长是"谙晓绘画"，但实际上，他进入宫廷以后，并没有从事绘画，而是转向了钟表和机械制作，说明德天赐也同样精通钟表机械。而且，德天赐在宫廷中主要的工作就是参与钟表和机械玩具陈设的制作。前面提到的巴茂正在乾隆五十四年至五十七年按照宁寿宫乐寿堂现设写"八方向化，九土来王"西洋人陈设钟制作的西洋人写四样字陈设钟，德天赐即是主要合作者之一。而且这件由德天赐和巴茂正共同完成的作品最终竟是记在了德天赐的名下：

> 闰四月二十一日，将西洋人德天赐做得写字人陈设一件，安在奉三无私呈览，奉旨：面像手着黄兆、杨秀收拾，其三样字不必做了。其写字人交做钟处着如意馆画配做亭式座子样呈览，钦此[2]。

这也是德天赐在宫中承做活计中最为著名的一件。

[1] 中国第一历史档案馆编:《清中前期西洋天主教在华活动档案史料》第一册，页343，中华书局，2003年。
[2] 中国第一历史档案馆、香港中文大学文物馆合编:《清宫内务府造办处档案总汇》第53册，页310，乾隆五十七年闰四月"广木作"，人民出版社，2005年。

德天赐参与的另一重要活动是乾隆五十八年英国马嘎尔尼使团来京时，作为宫廷钟表匠和机械师对使团带来的天文地理大表等仪器以专家的身份进行观察，帮助安装。并在后来充当使团随行机械师巴罗〔John Barrow〕和丁维提〔Dinwiddie〕安置礼品时的翻译，帮助英国专家和中国安装工人之间的交谈。巴罗在后来的著作中特别提到德天赐的情况和他的帮助：

> 没过多久，来了一位先生。尽管穿着中式服装，我马上就看出来他是个欧洲人。他用拉丁语自我介绍说，他叫迪奥达多，是那不勒斯传教士。清廷派他来做翻译。他希望能对我们有帮助，态度极其诚恳。我非常高兴有这个机会表达对他的感激之情，感谢他在我居留于圆明园的五个星期中所给予的友好而持续的关怀，在向派来照管一些机械的中国人翻译说明它们的性质、价值和用法时所给予的重大帮助。迪奥达多是个优秀的技师，因而清廷雇他照管宫中所搜集的、大多数来自伦敦的钟表[1]。

德天赐此次翻译工作也得到了清廷的认可，事后被提为砗磲顶戴六品官[2]。算得上是宫中钟表方面的顶梁柱之一，其膳食待遇和同时期的巴茂正一样，"德天赐每日份例：盘肉三斤，每月菜鸡七只半"。又每日份例："白面十四两，白糖、澄沙各五钱，甜酱一两六钱，水稻米七合五勺，随时鲜菜三斤。"又每日果房份例："红枣、桃仁、圆眼、荔枝、西葡萄各二两，随时鲜果八个。"[3]

德天赐后来的景况并不好，其转折点就是嘉庆十年的德天赐托教友陈若望向澳门递送西字书信和地图一事，为嘉庆年间的一大教案，牵连甚广。德天赐亦身陷其中，查出他用汉字编造经卷至 31 种之多，认定他以西洋人来京当差，不知安分守法，妄行刊书传教，请旨"将德天赐革去顶戴，交刑部详细研审"[4]。最终嘉庆帝上谕："该部〔刑部〕奏请或饬令回堂，或遣回本国，

---

[1] ［英］约翰·巴罗著，李国庆、欧阳少春译：《我看乾隆盛世》页79，北京图书馆出版社，2007年。

[2] ［法］阿兰·佩雷菲特著，王国卿等译：《停滞的帝国——两个世界的撞击》页150，生活·读书·新知三联书店，1993年。

[3] 水木：《清代西洋画师的膳食》。《紫禁城》1983年第2期。

[4] 中国第一历史档案馆编：《清中前期西洋天主教在华活动档案史料》第二册，页833，中华书局，2003年。

均属未协。德天赐著兵部派员解往热河，在厄鲁特营房圈禁。"[1] 德天赐在热河被圈禁四年，直到嘉庆十四年七月二十五日嘉庆帝才传旨："西洋人德天赐遣住热河，业已数年，著加恩释，令回京，仍著禄康等交西洋堂严加管束，钦此。"[2] 德天赐才又回到北京。

和其他服务宫廷的西洋钟表技艺之人的结果不同，德天赐是被清廷遣送回国的。嘉庆十六年五月二十九日上谕：

> 西洋人现在住居京师者，不过令其在钦天监推步天文，无他技艺足供差使。其不谙天文者，何容任其闲住滋事？著该管大臣等即行查明，除在钦天监有推步天文差使者仍令供职外，其余西洋人俱著发交两广总督，俟有该国船只到粤，附便遣令归国[3]。

据此，管理西洋堂事务大臣福庆等于七月十四日奏：

> 查西洋人情愿来京效力者，向由两广总督具奏，奉旨准令来京，始行咨送进京当差。今无职役之五人内，惟毕学源通晓天文算法，其高临渊、颜诗莫、王雅各伯、德天赐学业未精，止能绘画及修造钟表等事，在京本属无用，应即遵旨遣令回国[4]。

于是，相关部门当即催令德天赐等收拾行李什物，作速起程。经过沿途各省递送，"将高临渊等四人于本年十二月初八日护送至澳门，交夷目喷嚟哆收管，并查明澳门地方常有贸易夷船往来吕宋，堪以附搭回国"[5]。德天赐最终回到了意大利，在幸运地与祖国亲人再次相会的同时，也为他的中国之路留下了些许遗憾。

[1] 中国第一历史档案馆编：《清中前期西洋天主教在华活动档案史料》第二册，页 847，中华书局，2003 年。

[2] 中国第一历史档案馆编：《清中前期西洋天主教在华活动档案史料》第二册，页 895，中华书局，2003 年。

[3] 中国第一历史档案馆编：《清中前期西洋天主教在华活动档案史料》第二册，页 923，中华书局，2003 年。

[4] 中国第一历史档案馆编：《清中前期西洋天主教在华活动档案史料》第二册，页 924～925，中华书局，2003 年。

[5] 中国第一历史档案馆编：《清中前期西洋天主教在华活动档案史料》第三册，页 945，中华书局，2003 年。

15. 高临渊

西文名不详。法国人。

乾隆四十七年〔1782 年〕与巴茂正一起来到中国。前面已经讲到，当他们到达广州后，大臣舒常特为此上过奏折，介绍新来西洋技艺人的情况。其中讲到"有西洋佛兰西人……高临渊三十六岁，晓做钟表。"按此推算，高临渊应该生于 1746 年。至于高临渊何时到达北京，现在还无法找到确凿的证据，极有可能是和巴茂正一起赴京服务于宫廷的。他在宫廷的具体工作和生活情况史无记载，我们只知道他是和德天赐等一起于嘉庆十六年被清廷遣送回欧洲的，理由仍是"学业未精，止能绘画及修造钟表等事，在京本属无用"。据嘉庆十六年九月十三日福庆的奏折：

> 查西洋人高临渊、颜诗莫、王雅各伯、德天赐等四名因现无差使，未便令其闲住在京，经奴才等据实奏请，奉旨：遣令回国等因，钦此。钦遵在案。当即催令收拾行李什物，作速起程[1]。

此时，高临渊已经 68 岁。

以上 15 名服务于清宫的西洋钟表匠师的传略是迄今为止最为详尽的记述，尤其是清宫档案的发掘，清晰地勾勒出他们在宫廷中工作和生活的面貌。这些材料可以为我们提供一个全新的视角，重新审视他们在中西文化交流中的地位和作用。当然，在清代来华的传教士中，还有一些具有钟表技艺专长者，有的被误认为曾经进入宫廷，其实并非如此。如法国巴黎外方传教会会士嘉宾·盖提〔Gaspard Guety〕，有关著作中认为他 1706 年到达北京，在北京和热河〔今河北承德〕为康熙皇帝工作多年，据传曾经协助林济各制作自动机械[2]。但是，我们从关于嘉宾·盖提更详尽的资料中，可以排除他进入宫廷服务的可能。法国学者热拉尔·穆赛〔Gerard Moussay〕和布里吉特·阿帕乌〔Brigitte Appavou〕主编的《1659～2004 年入华巴黎外方传教会会士列

---

[1] 中国第一历史档案馆编：《清中前期西洋天主教在华活动档案史料》第三册，页 945，中华书局，2003 年。

[2] Pagani ,Catherine. *"Eastern Magnificence and European Ingenuity": Clocks of Late Imperial China.* p.50. The University of Michigan Press 2001.

传》中这样写道："嘉宾·盖提原籍为里昂。他很可能是于 1689 年赴远东，所从事的职业是钟表匠。他进入中国之后，才从事神学学习并于 1695 年 6 月晋铎。从这时起，他便在广东、福建和江西工作。1706 年，他被从中国内地驱逐，他先被押解到广州，然后到澳门，他随后到达暹罗和本地治里。1707年左右，他行使副司库的职务，于 1720 年成为司库，他于 1725 年 6 月 13 日死于本地治里的外方传教会司库部。"[1] 上述经历环环相扣，绝无可能在北京为康熙皇帝工作多年的时间空隙。再如法国耶稣会士骆尼阁〔Nicolas-Marie Roy〕在巴黎 "习神学时同时学习西班牙语及时计制造术，俾能制造零件，装置钟表"。已经具备了一定的钟表方面的技术水平。1754 年 8 月至华，到中国以后原打算进京协助蒋友仁神父为宫廷制造钟表，但 "惟会督嘉类斯〔Jean de Sylva〕神甫不许友仁荐之于朝，而遣之传教湖广" [2]。他遂于 1756 年赴湖广传教，1769 年 1 月殁于湖广。很明显，在中国期间他们并没有从事与宫廷钟表有关的工作，因此本文没有将他们列入宫廷西洋钟表匠师之中。

三　造办处西洋钟表匠师与中西文化交流

以嘉庆十六年〔1811 年〕为分界点，以钟表匠和机械师的身份在宫中服务的西洋传教士全部离开宫廷，再也不见他们的踪影。实际上，随着宫廷中西洋钟表匠师的离去，宫廷的钟表制作也失去了技术的支撑，最终连那种基础性的修理和保养工作都有些难以为继，更不用说有新的制作了。在以后的时日里，和民间的情形一样，清朝宫廷的钟表收藏主要来自于同西方国家的钟表贸易。那种真正意义上的中西间钟表技术的传播和交流在中国宫廷成为渐行渐远的历史记忆。那么，我们该如何看待这样一场旷日持久的跨越东西方的文化交流现象呢？

也许，以下的几点是值得我们思考的。

首先，这是一场持续一百五十余年历史的技术转移过程。在这一转移过

⑴ 〔法〕热拉尔·穆赛、布里吉特·阿帕乌主编，耿升译：《1659 ～ 2004 年入华巴黎外方传教会会士列传》"嘉宾·盖提"，载《16 ～ 20 世纪入华天主教传教士列传》页 897，广西师范大学出版社，2010 年。

⑵ 〔法〕费赖之著，冯承钧译：《在华耶稣会士列传及书目》页 921 ～ 922，中华书局，1995 年。

程中，宫廷中的西洋钟表匠师扮演了极为重要的角色。

1601 年，利玛窦将两件自鸣钟进献给万历皇帝，钟表第一次为中国宫廷所认知。此后，利玛窦又教会了宫中的太监对钟表进行调试，使他们成为宫廷中最早的钟表技术人员，尽管他们对技术的掌握和理解还相当肤浅。到了清代顺治时期，宫廷之内真正的钟表制作就已经开始了。在过去的有关论文中，我就一直持有这样的观点，精通钟表技艺的西洋传教士是清代宫廷钟表制作的主要技术力量，从钟表的设计、制作到收藏品的改造、维修，他们往往成为决定性的因素。的确，正是因为他们的不断到来和努力，使雍正和乾隆时期成为中国钟表史上最为辉煌的阶段。一百五十余年前，中国宫廷对钟表这种东西还茫无所知；而一百五十余年间，中国宫廷能够逐渐制作出相当复杂的钟表作品，钟表的基本技术逐渐为宫廷工匠所掌握。这期间，服务于清朝宫廷中的西洋钟表匠师仍然是决定性的因素。可以这样说，在这一百五十余年中，他们犹如接力一样从西方来到中国宫廷，正是通过他们在北京出色的表现和勤勉的工作，不断进行着钟表技术从欧洲向中国宫廷的空间转移。当然，从最终的结果来看，这种技术转移的效果并不像想象中的那样完美，甚至可以说是不尽如人意，随着西洋钟表匠师的被驱逐而终归消遁于无形。但这毕竟是一段长达一百五十余年的交流过程，在这一过程中遗留下来的珍贵之作及其丰富的内涵，犹如基因密码，为我们提供了这一技术转移过程中丰富的历史信息，是怎么也无法抹去的。

其次，钟表技术向中国宫廷传播和转移的结果与中国社会环境和宫廷文化等因素有着密切的关系。

一切人类的文化遗存都包含着技术和审美这两个基本要素，其间反映着技术和艺术的关系。一种产品，它的视觉效果取决于艺术和设计，它的功能效果则取决于技术；同时，技术也是制造产品并实现审美的一种手段。纵观整个钟表史，没有人能够否认这样一个事实：钟表是技术和艺术的综合体。技术的传播和转移是通过一系列的产品体现出来的，这些产品的形态及特性也反映出技术传播和转移过程中受到不同的社会文化环境影响所产生的变化，尤其是最终通过视觉效果体现出来的审美和设计的变化。运用同样的技术，但由于不同地域社会结构、审美取向、人际关系、自然原料等的不同，形成的产品就会产生很大的差异，这种情况也充分地反映在清宫钟表制作领域中。

欧洲的钟表技术通过西洋钟表匠师向清代宫廷传播和转移的直接成果就是清宫造办处制作的精致钟表。通过故宫现存的清宫钟表藏品，不难看出钟表技术向清宫转移和传播过程中受到宫廷文化和皇帝趣味影响的事实。前面引述的大量清宫档案表明，在清宫造办处钟表的制作过程中，往往先由皇帝提出制作意向，具体要求，由掌握技术的西洋传教士和其他技术人员予以实现。其间每一重要步骤如画样、材料选取、细节更改等都会经过呈览的程序，皇帝发出相应指示或认可，才能进入实质性的制作程序。因此，清宫造办处制作的钟表是集宫廷及皇帝的审美意趣和西方钟表技术于一体的文化融合的产物，紫檀木雕出的建筑和宝塔、黄地彩绘的画珐琅钟面、八仙庆寿的变动装置、夜间报更的计时体系等，无不彰显皇家的豪奢优雅。可以说，清宫制作的钟表有许多是服务于做钟处的西洋钟表匠师和皇帝共同参与的结果，体现出他们各自的优势和理念。这里仅以故宫博物院所藏的彩漆描金楼阁式自开门群仙祝寿钟为例〔图 6〕。此件钟表的制作档案在清宫造办处活计档中有相当详尽的记录。乾隆八年〔1743 年〕十二月：

> 初四日副司库太山保来说，本月初二日太监胡世杰交缎子二疋、银五十两，传旨：着赏西洋人。再着西洋人照做过作房钟样式另想法急速做有玩意钟一件，钦此。于乾隆九年正月二十二日西洋人想法画得八仙庆寿、海屋添筹山子楼台玩意纸样一张，太监孙祥持进交太监胡世杰呈览。奉旨：外面楼做杉木彩漆，栏杆做木头扫金，再里面山子树木楼台交造办处做。着造办处再画样呈览，准时再做，钦此。于乾隆十四年正月初七日栢唐阿福明来说，为本月初六日首领孙祥将做得八仙庆寿、海屋添筹时刻乐钟一座，持进交太监胡世杰呈览，奉旨：将此钟里面山子树木用交出本处收贮寿山石景象牙人物、楼亭、树木、玩意，其表盘屉板烧珐琅，钟楼座子交造办处彩漆，栏杆扫金，人头、手做象牙，衣纹另做鲜明。里面安设玻璃镜四块，门上玻璃三块，后面俱贴画。再将此钟上有添做活计，所少之处，俱向造办处要。钦此[1]。

[1] 中国第一历史档案馆、香港中文大学文物馆合编：《清宫内务府造办处档案总汇》第 11 册，页 730，乾隆八年十二月"做钟处"，人民出版社，2005 年。

[图 6] 彩漆描金楼阁式自开门群仙祝寿钟
　　清宫做钟处　清乾隆
　　高 185 厘米　宽 102 厘米　厚 72 厘米
　　〔故宫博物院藏〕

将现存钟表实物和档案记载相对照，其"作房钟样式"、"八仙庆寿、海屋添筹山子楼台玩意"、"杉木彩漆木楼"、"木头扫金栏杆"、"烧珐琅表盘"、"彩漆钟楼座子"、"象牙人头、手"、"楼台山子里面安有增加进深的剥离镜"等，都非常契合，无疑是同一件钟表。值得注意的是，这件钟表正是由宫中的西洋钟表匠师设计，经过乾隆帝的不断指示具体做法的情况下完成的，在现存造办处所做钟表中相当典型。可以说，西洋钟表匠师的技术和以皇帝为代表的宫廷审美在这些造办处所做的钟表中达到了完美的结合。

再次，从整个明清中西文化交流的大历史考察，西洋钟表匠师在宫廷中的际遇极具典型意义。

正如乾隆时期在北京的传教士方守义〔Dollieres〕所说，画家、钟表匠、机械师是当时西洋传教士在宫中得到使用的三种主要人才[1]。精于这些技艺的西洋传教士在宫廷中的活动构成了清朝宫廷中西文化交流极为重要的内容。但是，在这场旷日持久的文化交流中，清朝宫廷和皇帝们与西洋钟表匠师的考量角度是各不相同的，存在相当大的歧异。

在这些宫廷西洋钟表匠师眼中，自己只是通过掌握的钟表技术更好地为传播福音服务。通过钟表的制作和修理博取清帝的好感，换取清帝放宽对传教活动的限制，服务宫廷成为他们在华传教的重要手段。在他们写给西方的书信中经常提到他们心目中的这种服务宫廷与传教的关系以及他们为此而进行的努力。如：康熙时期的耶稣会士洪若翰曾记述："这位伟大的君主对杜德美神父与陆伯嘉神父也同样甚为欣赏。他俩由于皇帝陛下的特谕，每天均得进宫……不管他们如何忙于侍奉这位君主，他们仍不放过宣传耶稣基督的时机，并使受命与他们交谈的宫中的官员认识耶稣基督。"[2]乾隆时期的钟表技术骨干汪达洪则明确表示："我之所以对修理钟表有点兴趣，也只因为希望自己对宗教有用。"可见，传教是他们的主要目的，而他们进入宫廷也是为完成自己的宗教使命服务的。

而在中国皇帝和宫廷看来，这些西洋钟表匠师确是不折不扣的技艺工匠，他们之所以梯山航海来到宫廷完全是由于仰慕圣化诚心向忱，是自愿效

⑴〔法〕杜赫德编，郑德弟译：《耶稣会士中国书简集·6·中国回忆录》页199，大象出版社，2005年。
⑵〔法〕杜赫德编，耿升等译：《耶稣会士中国书简集·1·中国回忆录》页309，大象出版社，2005年。

力之举。对清朝统治者而言，他们的到来一方面是宫廷实际的需要，另一方面也具有彰显其广纳天下贤士的意义。因此，清朝皇帝们对待宫中西洋钟表匠师的方式和态度上也与此认识密切关联，一方面在具体工作上进行干预和指示，经常是"著西洋人某某如何如何"，与其他类别的中国工匠没有太大的区别，皇帝的目的是利用他们手中的技术获得使自己满意的产品。在现存清宫造办处制作的钟表中，我们看不到一例签署上述服务于宫廷中的西洋钟表匠师名字的作品，这和由造办处中国工匠制作的其他种类的工艺品的署名原则是一致的，一般不署制作工匠的名字，如果签署，都要经过皇帝的特许。作品上经常出现的却是皇帝的年号，如"康熙御制"、"雍正年制"、"乾隆年制"〔图7〕等，皇帝和工匠之间的主从关系从具体作品的署名方式中便可一目了然。这同时也给我们现在的研究和作品鉴别带来了不小的困扰。当对一件具体的作品进行深入考察时，往往会遇到只知其时代，不知其制作者的尴尬，这恐怕是明清宫廷工艺研究中很难解决的问题；另一方面则因为他们的远道而来而有所照拂，相对而言，西洋匠师在宫内活动的限制有所松动，林济各在干活的同时"常以日耳曼语唱赞主之歌"，而在圆明园"这个优美的别宫里只有皇上、他的后妃和太监。他很少让亲王们、大臣们到他的宫中或园中来，他们只能在会客厅候见皇上。这里的欧洲人中只有画家和钟表匠能够到处走走，因为需要他们"[1]。当然这只是在一定的限度之内，是作为皇帝恩宠远臣的体现，给予和取消的权力一直实质性地掌握在皇帝手中。这种双方对于西洋钟表匠师角色的理解和歧异导致了这些西洋钟表匠师在宫廷中集多重身份于一身，而且他们自己对每一种身份都要有所兼顾，成为宫廷关系网络中的重要节点。同样的情况在宫廷服务的其他传教士身上亦存在着。

　　最后需要强调的是，尽管清朝宫廷和西洋传教士对服务于宫廷的西洋技艺人等角色的理解各不相同，但为了达到各自的目的，他们都力图谋求一定限度内的平衡，彼此适应。这期间清朝皇帝与西洋钟表匠师之间基本上维持了良好的关系。西洋钟表匠师和服务于清宫中的西洋画家、服务于钦天监的精于天文历法的传教士一起，构成了清代宫廷中中西文化交流的主体部分，他们带来了西方的科学和艺术，成为西学东渐的桥梁和纽带。

[1]　朱静编译：《洋教士看中国朝廷》页199，上海人民出版社，1995年。

[图 7] 黑漆描金木楼钟
　　清宫做钟处　清乾隆
　　高 70 厘米　宽 49 厘米　厚 33 厘米
　　〔故宫博物院藏〕

Fluv. Nirtza.

清代中俄交往中的钟表

钟表在清代中外关系中是非常重要的一类物品。俄国与中国比邻，由于种种原因，钟表在清代中俄关系史上同样扮演了十分重要的角色，而以往的研究对这个问题关注甚少，本文即通过零散的史料，对清代中俄交往中的钟表进行考察，这对全面认识中国钟表的历史或许有所帮助。

一　俄国使团的贵重礼品

互派使团是两国之间进行联系的重要渠道，为了礼貌和增进感情的需要，使团往往都带有一定数量的礼品。在清代，钟表是最能引起中国皇帝的兴趣和注意的物品，故往往成为礼品的重要组成部分。有清一代，俄国为了打通同中国的商业通道，垄断西北陆路对华贸易，攫取在华最大的经济利益，调节双边关系，不断地向中国派遣使团。在这些使团送给中国方面的礼品中，时常会有钟表出现。这方面详细的情况前面已经提到，这里只简单带过。比较典型的有：

为了打通同中国的贸易关系，进一步调查中国情况，窥探中国的虚实和表面上缓和同中国在黑龙江流域的紧张关系，1675 年沙俄政府决定向中国派遣一个外交使团，并选定斯帕法里为使团团长。斯帕法里一行于 1676 年 5 月到达北京，清政府隆重接待了使团，康熙帝两次接见，希望通过谈判解决中俄边界的争端。其间斯帕法里将价值 800 卢布的物品赠给康熙皇帝，包括貂皮、黑狐皮、呢绒、珊瑚串珠、镜子、钟表及琥珀等[1]。斯帕法里使团并没有完全达到目的，但却为俄国政府收集了大量有关中国的情报。

雅克萨战争之后，俄国政府为了缓和远东的紧张局势，决定接受清政府的建议，举行边界谈判。为此，俄政府派维纽科夫和法沃罗夫为专使于 1686 年 11 月先期到达北京，传达俄方的信息。同样，送给皇帝的礼品是少不了的。礼品中就包括"银座钟一对、法国银表一只、德国小表一对、土耳其制小表一"等钟表[2]。

1689 年，中俄双方签订《尼布楚条约》后，俄方使团送给中方的礼品

[1]　［俄］尼古拉·班蒂什－卡缅斯基编著：《俄中两国外交文献汇编》页 40，商务印书馆，1982 年。

[2]　［俄］尼古拉·班蒂什－卡缅斯基编著：《俄中两国外交文献汇编》页 65，商务印书馆，1982 年。

中也有钟表。根据当时参加谈判的法国耶稣会士张诚的记述，俄国首席全权特使派人送给钦差大臣们"一座精致的自鸣钟、三块表"等物品，钦差大臣决定自己什么也不留，全部奉献给皇上[1]。中方使团也相应地向俄方回赠了礼品，从而为中俄尼布楚边界谈判画上了较为圆满的句号。

1692 年，俄国派遣丹麦人伊兹勃兰德·义杰斯作为俄国使节出使中国，这是《尼布楚条约》签订后俄国派遣来华的第一个正式使节。义杰斯在北京期间数次得到康熙皇帝召见。义杰斯向康熙呈献了所携带的国书和礼品，礼品包括两只艺术装饰的金表，但由于俄国国书不合款式，康熙退回了国书和礼品，不予接受。在北京期间，义杰斯还拜会了朝中高官，赠送了礼品，如送给侍读学士的礼物就有一些奇妙的奥格斯堡的带发条的玩具，送给领侍卫内大臣索额图的礼品更多，包括：乌木框大镜子一面、小镜子一面、镀金框圆镜一面、小时钟两座、染成金色的皮革二十张、各种铜器、精致玻璃高脚杯六只、盒装大瓶香水一件、荷兰麻布一匹、花边手帕四条等，索额图接受了这些礼品，表示了感谢。义杰斯等人在出使报告中还提到使团带有一些装有发条的机械玩具和钟表，用来送礼或交易[2]。

1720 年，俄国派遣伊兹马伊洛夫出使中国。伊兹马伊洛夫在北京停留三个多月，康熙接见了十多次。伊兹马伊洛夫将沙皇的礼品献给康熙，康熙欣然接受。关于这次俄国使团送给康熙帝的礼品，当时奉命担任翻译的意大利传教士马国贤〔Matteo Ripa〕著作中亦有详细记载：

> 在一个事先商量好的日子，俄使向皇帝敬献了沙皇陛下的礼物。包括两块点缀着钻石的表，一个装在水晶盒里的钟表，盒子上有一幅沙皇的肖像。对此中国人并不欣赏，他们不喜欢沙皇的肖像如此公开陈列。另外，还有同样装饰着水晶的首饰盒、八面大镜子、几箱数学仪器、一个大半球仪、一个水准仪、一个显微镜、几架望远镜、一百张黑貂皮、一百张貂皮和狐狸皮等。皇帝陛下全部收下了，这是给以特别荣誉的表示[3]。

⑴ ［法］张诚著，陈霞飞译：《张诚日记》页 47，商务印书馆，1973 年。

⑵ ［俄］伊兹勃兰特·伊台斯等编：《俄国使团使华笔记》页 174，商务印书馆，1980 年。

⑶ 刘晓明译：《清宫十三年——马国贤神甫回忆录》，《紫禁城》1990 年 4 期。

1725年初，刚刚继位的女皇叶卡捷琳娜一世任命极具商贸才能的伊利里亚伯爵萨瓦·卢基奇·弗拉季斯拉维奇为特命全权使臣出使中国。使团为同样是刚刚继位的雍正皇帝准备了丰厚的礼物，以女皇的名义赠送价值一万卢布的礼品，计有贵重的怀表、座钟和挂钟、镜子、手杖、金线花缎和价值昂贵的貂皮、黑狐皮等。以使臣本人的名义赠送火枪一只、手枪一对、刻有各种图案的银盘一只、怀表一块、银盒装的绘图仪器一盒、银质烟盒两个、精致玻璃枝形大吊灯两架、大幅绘图纸三令、镀金银质首饰盒一个、银质马饰物一套、俄国狼狗四只，总价值1 390卢布[1]。

以上材料表明，在俄国使团的礼品中钟表占了相当大的比重。这些使团都是代表俄国政府到中国来的，礼品的选取反映了俄国统治阶层对中国皇帝和贵族心理和兴趣的了解和认识。从记载中可以看出，中国方面对使团礼品中的自鸣钟表充满了好奇、惊讶和喜爱，相关的信息肯定会反馈到俄国国内，这无形中对西洋钟表起到了宣传、推广和促销的作用。

二　中俄蒙贸易与钟表

深处亚洲大陆腹地的蒙古一直充当着中国和俄国交往的重要媒介之一。清朝初年的状况更是如此，中国对俄罗斯的了解是通过蒙古人作中介的，因而是间接的，俄罗斯对中国的了解同样也是通过蒙古人，从蒙古人那儿知道大漠以南有个契丹族。当然，随着俄罗斯疆界的迅速东拓，中俄之间有了直接接触以后，这种情况有所改变，但由于其独特的地理位置，蒙古在中俄关系上所起的作用仍十分重要。这不仅表现在三方政治关系上，也体现在三方间的商业贸易关系上。

与中国的情形一样，蒙古诸部上层对新奇独特的钟表也抱有浓厚的兴趣，并在与俄国的交往和贸易中着力搜罗，因此，在俄蒙间的交往中也伴随着一些钟表交易。比如，早在1635年沙皇派遣图哈切夫斯基出使蒙古阿勒坦汗处，企图说服阿勒坦汗向沙皇宣誓归顺，图哈切夫斯基没有完成这一目标，但阿勒坦汗却派出使臣携带貂皮跟随图哈切夫斯基来到莫斯科，向沙皇

---

[1]　[俄]尼古拉·班蒂什-卡缅斯基编著：《俄中两国外交文献汇编》页146，商务印书馆，1982年。

进贡，同时阿勒坦汗也向沙皇索取回礼，包括：金银珍珠、宝石珊瑚、盔甲军刀、锦缎衣料、钟鼓乐器及望远镜一付、自鸣钟一座[1]。又如，1722 年俄国政府派遣炮兵大尉伊万·温科夫斯基出使土尔扈特部珲台吉策妄阿喇布坦处，宣布俄君主彼得一世允准接纳策妄阿喇布坦受俄国庇护。尽管温科夫斯基送给策妄阿喇布坦的礼物中没有钟表，但当地的商人和首领却对温科夫斯基携带的钟表大感兴趣，温科夫斯基还适时地送给策妄阿喇布坦一块表，这块表是温科夫斯基在莫斯科花 41 卢布买到的。在温科夫斯基撰写的出使报告中就有两次提到双方围绕钟表进行的接触。一次是 1723 年 1 月 6 日，温科夫斯基写道：

> 他们请求卑职让他们看一些物品，并说……我们想看看我们尚未见到的那种物品。卑职对他们说：哪些物品你们尚未见到过，本使不知道。卑职从衣袋里掏出一块漂亮的英国表给他们看，同时说，这表是件绝妙之物。他们说，似乎他们也有能制造这种表的匠师。卑职对他们说：如果你们有这种匠师，本使愿白送你们 3 块表。他们相视无语[2]。

另一次是 5 月 6 日：

> 布哈拉人列季普霍扎和另一名叫巴扬伯克的人来此，请求给他们看几件他们未见过的东西。给他们看了一条英国手工制的表链，链上有一把小锁，做工十分精巧。这时卑职对他们说，如果他们能弄明白，把链子从表上摘下来，那他们就见到过这件东西；如果弄不明白，那就是没见过。他们翻来覆去看了有半个小时光景，然而却未能把小锁打开。接着又给他们看了一块万能太阳表，他们未见过这种表，后来他们未再请看别的东西[3]。

[1] ［英］约·弗·巴德利著，吴持哲、吴有刚译：《俄国·蒙古·中国》下卷，第一册，页 1 096，商务印书馆，1981 年。

[2] ［俄］伊·温科夫斯基著，宋嗣喜译：《十八世纪俄国炮兵大尉新疆见闻录》页 70，黑龙江教育出版社，1999 年。

[3] ［俄］伊·温科夫斯基著，宋嗣喜译：《十八世纪俄国炮兵大尉新疆见闻录》页 100，黑龙江教育出版社，1999 年。

与其他官方使团一样，温科夫斯基的随行人员中有许多来自莫斯科和托博尔斯克的商人，温科夫斯基所用的钟表除了他自己准备的之外，其余的很有可能就是这些商人带来准备买卖的，温科夫斯基的记述也说明土尔扈特部商人和首领对钟表的好奇和兴趣，那么，双方之间进行一些钟表交易也就是很自然的了，这一点从后面的有关记载中也可得到证明。

蒙古人又将从俄国人那里得到的钟表或通过不同的途径送到了清朝皇帝、高官手中，或通过商业手段与内地商人进行交换。1729 年，中国向俄国派出了一个使团，并于 1731 年 1 月到达莫斯科。在回国之前，其中的四人受雍正帝之命顺道前往伏尔加河土尔扈特部蒙古人的驻地，受到土尔扈特部首领策凌敦多布的热情接待。使团返回时，策凌敦多布写信给雍正帝，表示：

> 感谢博格德汗遣使下达谕旨和赠送礼物；感谢对多尔济纳扎尔之弟的恩养；请求今后不要忘记他和接受他所呈献的银钟、几支土耳其制火绳枪和弓等礼品[1]。

无疑，这座银质钟表成了宫中的收藏。实际上，此次不止策凌敦多布一人送给了雍正钟表，其他人也送了，这在清宫档案中有相应的记载：

> 雍正十年四月初四日，据圆明园来帖内称：自鸣钟处太监张玉持来银盘银套小表一件，系汗策凌敦多布进；金花盒玳瑁套小表一件，内金钉不全，系达尔嘛巴拉进；蓝珐琅盒小表一件，珐琅有坏处，系尚古尔喇嘛进。说太监王常贵传旨：交造办处，钦此[2]。

三人中策凌敦多布为西蒙古土尔扈特人的首领，达尔嘛巴拉为策凌敦多布之母，尚古尔喇嘛则是策凌敦多布宫廷的首要神职人员。

[1] ［俄］尼古拉·班蒂什－卡缅斯基编著：《俄中两国外交文献汇编》页 213，商务印书馆，1982 年。

[2] 中国第一历史档案馆藏：《内务府各作承做活计清档》"记事录"，雍正十年四月。

另据前面引述的康熙晚期内务府总管凌普的奏折提到：

> 将厄鲁特策妄喇布坦请安进贡表一块，及该使者阿布杜拉额尔克塞桑等带来变卖之自鸣钟一座、表三块送至宫内，与邸报一并赍进，为此谨奏。朱批：钟表甚为粗略，俱不可用，故却之[1]。

这条档案中的"变卖"一词表明蒙古诸部与内地是存在着纯粹商业性的钟表交易的，而他们所进献或变卖的钟表很可能就是通过前述俄蒙间的边地贸易获得的。

除此之外，中俄之间也有一些或直接或间接的钟表贸易。《尼布楚条约》签订后，俄国就定期组织商队前往中俄边境或北京进行贸易。1714 年到达北京的奥斯考尔考夫商队便带有"镶着钻石的挂表"，是由宣誓商们提供的，而且卖出了很高的价钱。这一点引起了当时俄国方面的注意。正因为中国这个极具吸引力的大市场，俄国才特别在莫斯科和托博尔斯克建立了一些钟表行，意在向中国销售钟表。

中俄之间的巨额贸易也引起了法国著名启蒙思想家伏尔泰的注意，当时，他在自己的领地费尔奈〔Ferney〕开办钟表作坊，为销售自己的钟表，他将目光投向了俄国的近邻中国。1771 年，伏尔泰写信给俄国女皇卡特琳娜二世，极力建议在中俄边界建立一个商栈以专门销售费尔奈生产的钟表，通过陆路直接与北京建立贸易。他认为，倘若"边境上的中国人有商业头脑，他们就会购买公社生产的表，然后再把它们以高价转卖到整个帝国去。"并开出了每只银表 12 至 13 卢布，金表每只不超过 30 到 40 卢布的诱人价格。事实上，卡特琳娜二世确实订购过费尔奈的钟表，但她要的是垄断对华贸易，不可能让任何人参与竞争而分享自己的利益，最终伏尔泰的计划未能实现[2]。但从中不难看出中国市场对于欧洲各地钟表产地的巨大诱惑力，也从一个侧面反映出中俄陆路贸易线对包括钟表在内的西方物品销售的重要性。

⑴ 中国第一历史档案馆编译：《康熙朝满文朱批奏折全译》页 1545，中国社会科学出版社，1996 年。
⑵ 孟华：《启蒙泰斗伏尔泰向中国销售钟表的计划》，载《东西交流论谭》第二集，上海文艺出版社，2001 年。

[图1] 尼布楚城
18 世纪

三 结 语

通过以上情况，可以使我们获取如下信息：

首先，中国统治者总是以天朝大国自居，凡是外国使节常以贡使视之，所赠礼品也往往以贡品称之。在中国人眼中，贡品的好与坏直接影响到中国人对这些外国使节的看法，甚至直接影响到其外交使命的成功与否。1601 年，利玛窦把包括钟表在内的西洋奇器送给万历皇帝，从而敲开了皇宫的大门，自此以后，中国的皇帝们对钟表产生了浓厚的兴趣，宫中收藏钟表成为一时风尚。因此，为迎合皇帝们的喜好，许多来华的西方人都把钟表作为礼品的一部分，俄国也不例外。钟表在中俄交往中起到了一定的作用，既拉拢关系，又联络感情，这一点和西方其他国家与中国交往中钟表的情形是一样的。可以说，钟表成了中俄交往中的重要媒介之一。

其次，俄国与中国交往中所用的钟表并不都是俄国自己制造的，甚至很少有俄国的产品出现，而是大部分为欧洲其他国家如英国、法国、德国、瑞士甚至土耳其等国的产品。欧洲的产品进入中国,北部陆路也是非常重要的。使我们知道，西方钟表的输入，除众所周知的南方海上路线之外，俄国等与我国西北接壤的邻邦亦是钟表输入我国的重要通道。

再次，钟表在当时是比较昂贵的物品，在俄国使团送给中国皇帝的礼品中往往也是价格不菲。比如，萨瓦·卢基奇·弗拉季斯拉维奇到中国时送给雍正皇帝的几块表中，一只镶宝石的金表，内有女沙皇的珐琅质像，英国制造，值1 600卢布；另一只土耳其式金表，700卢布；一只英国挂钟，能鸣钟报时，能奏12支曲子，上有彼得大帝像，钟上面有一只水晶球，700卢布；一只法国制镀金铜挂钟，400卢布[1]。这还仅仅是俄国人从欧洲购买或定做时的价格。如果是作为商品运到中国出售，其价格又不知会增加多少。俄国凭借其地理位置，进行钟表等西洋物品的转口贸易，从中获得丰厚的经济利益。

---

① ［法］加斯东·加恩著，江载华、郑永泰译：《彼得大帝时期的俄中关系史》页222，商务印书馆，1980年。

清宫钟表的陈设和使用

数量众多的钟表之所以源源流入清宫，与帝后们对钟表的需求有着密切的联系。随着宫廷收藏数量的不断增加，钟表和金石、玉器、瓷器、书画等中国传统工艺品一样，成为皇宫、皇帝行宫、苑囿最基本的陈设品种之一。乾隆帝为自鸣钟处撰写的楹联"帘幕香篆斋心久，座殿钟声问夜遥"便流露出身居殿宇，闻着香支散发的气息，耳畔响着自鸣钟报时钟声的惬意心情。大量档案也为我们弄清这些钟表的去向即宫中钟表的使用情况提供了充分依据。

一 钟表作为礼器

礼器最初都是生活日用器物，其被统治阶级垄断之后，就成为他们奉行各种礼仪的物质表现形态。交泰殿位于乾清宫、坤宁宫之间，是内廷主要建筑之一，殿内就陈设有清代作为礼器的两件计时仪器——铜壶滴漏和大自鸣钟。

交泰殿陈设钟表的历史可追溯到明万历年间。清循明旧俗，仍以交泰殿存放自鸣钟。"康熙初，英吉利进自鸣钟，置端凝殿南，后移于交泰殿"[1]。交泰殿内之英国钟表何时移出，移至何处，记载语焉不详。雍正时期的档案中屡见修理交泰殿陈设自鸣钟的记载，且冠以"大自鸣钟"称号，可见其时所陈设钟表体量之巨大。如：

> 雍正十年八月初五日，首领太监赵进忠来说，宫殿监正侍王朝卿、王以诚，宫殿监副侍徐起鹏、安泰传为交泰殿陈设大自鸣钟一架，内用厄里歪油，应用何处之油，尔同该处首领刘祥、马三元向造办处应往何处转行取来应用等语。本日首领刘祥、马三元、赵进忠同说先行备用厄里歪油四两等语，员外郎满毗准此[2]。

而此前不久，大自鸣钟机芯内的一件"钢轮子"刚刚由造办处收拾安装

[1] 《清宫词选》页 159，紫禁城出版社，1985 年。

[2] 中国第一历史档案馆藏：《内务府各作承做活计清档》"自鸣钟处"，雍正十年八月。

妥当[1]。又如:乾隆元年〔1736年〕二月二十六日收拾大自鸣钟过程中换生丝绳三根,用厄里歪油四两[2]。从此,维修养护交泰殿大自鸣钟就成为做钟处年例之一,此年例一直沿用到逊清皇室时期。交泰殿大自鸣钟以其科学准确,使用便利,成为宫中计时的标准,就是入值诸大臣佩带的怀表,亦参考此钟来校准。

〔图1〕交泰殿大自鸣钟
〔采自《皇朝礼器图式》卷三〕

交泰殿大钟,宫中咸以为准。殿三间,东间设刻漏一座,几满,须日运水贮斛,今久不用;西间钟一座,高大如之,蹑梯而上,启钥上弦,一月后再启之,积数十年无少差,声远直达乾清门外。文襄〔于敏中〕每闻午正钟,必呼同值曰:表可上弦矣![3]

交泰殿大自鸣钟地位之显贵由此可见一斑。

更为令人注目的是,乾隆二十四年成书的《皇朝礼器图式》将大自鸣钟作为重要礼器收入其中"以昭万世成法"〔图1、图2〕。书中详细著录了其形状及内部机械结构:

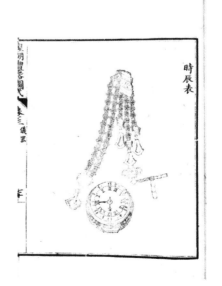

〔图2〕西洋怀表
〔采自:《皇朝礼器图式》卷三〕

⑴ 中国第一历史档案馆藏:《内务府各作承做活计清档》"自鸣钟处",雍正十年三月。
⑵ 中国第一历史档案馆藏:《内务府各作承做活计清档》"自鸣钟处",乾隆元年二月。
⑶〔清〕沈初:《西清笔记》卷二。

　　本朝制自鸣钟，铸金为之，中承以柱，下为方栞。面设表盘，均十二分，上起子午正，右旋，一日再周，以短针指时，长针指刻，起丑末初，钟一鸣，尽子午正，十二鸣。其初正自一鸣至四鸣，各四刻。栞内藏钢轮三重，中为大轮四，轴上间小轮三，联之以旋时刻针。钟左为大轮三，轴上间小轮二联之，旁大轮一，绾击具，以击钟知时，右亦如之，以击钟知刻。三重皆施坠线，击具皆有铜片，为作止之限。表盘径二尺一寸五分，罩以玻璃，栞木质，髹漆，绘金花纹。四隅皆有柱，中为周栏，髹以金。纵距四尺七寸，横五尺七寸五分，通高一丈六尺六寸[1]。

　　这表明清代统治者对交泰殿大自鸣钟的看法已经远远超越于普通的实用计时器而成为验天测时的象征了。这座大自鸣钟不幸毁于嘉庆二年〔1797年〕的乾清宫大火，但很快便于第二年按照原样制作了一座新的钟陈设于交泰殿，也就是我们现在所看到的交泰殿大自鸣钟。

　　与交泰殿情形相同的还有皇极殿中的陈设，同样是西为大自鸣钟，东为铜壶滴漏。皇极殿是乾隆皇帝为其归政后颐养天年而特意修建的，完全仿自内廷乾清宫的制式。由于皇极殿后直接就是与坤宁宫地位作用相同的宁寿宫，并没有一座像交泰殿那样的宫殿存放相应的象征太上皇帝的礼器，而这些礼器又是不能缺少的，故作了一定的变通，将其前移陈设于皇极殿中，这种情况一直持续到清朝灭亡。皇极殿中的铜壶滴漏和大自鸣钟现陈列于新改造的奉先殿钟表馆内〔图3〕。

　　清代之所以会把大自鸣钟与中国传统的铜壶滴漏左右对称陈设于宫中交泰殿和皇极殿这样重要的宫殿中，有其深刻的社会历史背景，这是由时间及计时仪器的重要性所决定的。

　　中国素有"礼仪之邦"之称，历代统治阶级都强调和注重以礼治国，以礼管理和统治人们的精神生活和物质生活。各朝都订有一系列的礼仪制度，并对一些礼仪的举行规定了严格的时间，这就突出了计时工作的重要性，清代自不例外。重要典礼事先均由钦天监诹吉日，行礼过程中由钦天监报时辰。

[1]《皇朝礼器图式》卷三。

此外，清帝从办理日常政事到起居、用膳无不有时可守。如御门听政，康熙二十一年〔1782年〕前，春夏季定为卯正，秋冬季定为辰初；康熙二十一年后，春夏季改为辰初，秋冬季改为辰正。皇帝用膳时间：早餐在卯正一刻，偶有推迟至辰正；晚餐在午正一刻，偶有推迟至未正。一个社会若缺乏时间观念，没有严明的法制，不能遵时守法，就会如同散沙一盘，不能井然有序地发展。赵翼在《檐曝杂记》中记述乾隆皇帝的妻弟傅文忠公因表疏于修理而入值迟误后的惶恐窘态。

这个例子一方面反映乾隆帝及官员对时间是珍视的，另一方面也阐明准确的钟表是何等举足轻重。只有在统一时间标准的前提下，各种社会活动才能有条不紊地进行。

此外，清朝皇帝们历来视"敬天"为圭臬，信奉"天命论"和"天人感应论"。他们认为天象的变化反映着人间的丰歉、战争与和平、王朝的兴衰、帝王德行的臧否，所谓"其与政事俯仰，最近天人之符"。正如雍正帝在其御极七年后首次遇到日食所发布的上谕：

六月朔日食，朕心深为畏惧，时刻修

〔图3〕大自鸣钟
清宫造办处　清乾隆
高557厘米　宽221厘米　厚178厘米
〔故宫博物院藏〕

省，内外臣工宜共相勉，以凛天戒。

雍正帝意犹未尽：

> 天象之灾祥，由于人事之得失。若上天嘉佑而示以休征，欲人之知
> 所以勉，永保令善于勿替也。若上天谴责而示以咎征，欲人之知所恐惧，
> 痛加修省也[1]。

在这种思想指导下，统治者要求日夜注视天空，详细记录各种奇异天象
以便欲知休咎。钦天监专司此职，凡晴雨风雷，流星异星，皆查而记之。晴
明风雪按日记注，然后汇成晴明风雪录，清、汉各一本，于次年二月初一日
呈送给皇帝。每日风向云气、晕珥单双及流星出没，彗星诸异星，均要奏报
或注明。而要观测天象，就离不开时间计量，没有时间作参照物，天象的变
化也就无从谈起。计时仪器正是"测天地、正仪象之本也"。

综上所述，时间和度量时间之计时仪器的重要性是不言而喻的。缘于此，
清帝常常将时间、计时仪器与皇权、为政之道联系起来，把"天人感应"的意
念附会在反映天时规律的计时仪器中，交泰殿御制刻漏铭就是最好的诠释。
乾隆帝在他的《刻漏铭》中说：

> ……于以考时，寝兴慎游。于以熙绩，勤民礼贤。业业兢兢，俯察
> 仰观。器与道偕，是验是虔[2]。

而嘉庆帝在其所作铜壶滴漏铭文中也流露出与其父一脉相承的思想：

> 敬授人时，语传尧典。小子继绳，敢不勤勉。夜寐夙兴，改过迁
> 善。……守器勿忘，文思追缅，不匮惟勤，力行实践[3]。

---

[1] 《清朝文献通考》卷二六三，浙江古籍出版社，1988年。

[2] 《清高宗御制文初集》卷二七"刻漏铭"。

[3] 《清仁宗御制文初集》卷二"刻漏铭"。

在这种思想支配下，将计时仪器作为重要的礼器看待也就是自然而然的事了。

虽然乾隆和嘉庆都认为与传统的铜壶滴漏相比，自鸣钟是"淫巧徒传"，"奇巧迭演"，但这只是一种官面文章而已，对于西洋自鸣钟的科学准确他们同样是无法否认的，从而将大自鸣钟作为计时仪器中的重器，与传统的铜壶滴漏同殿陈设，交相辉映。这恐怕也是历史的必然。

二　钟表陈设无所不在

在清代，钟表最集中的典藏地莫过于皇宫。皇帝和后妃是当时钟表消费的主要群体，他们收藏了堪称当时最珍贵、最精美、最别致的钟表作品。如此众多的钟表，主要是用于宫中及苑囿建筑内的陈设〔图4、图5〕。钟表陈设分常年性陈设和年节陈设，前者基本是永久性的，钟表摆放在一个地点后基本不再移动，而后者则是临时性的，只逢年节才陈设，以烘托节日祥和喜庆的气氛，年节过后则收入内库。

雍正时期宫中钟表的陈设已经相当普遍，举凡重要宫殿皆有钟表用以计时。内务府档案中提到陈设有钟表的宫殿有：宫中的交泰殿、养心殿、承华堂；畅春园的严霜楼；圆明园的蓬莱洲、四宜堂、万字房、含韵斋、事事如意、闲邪存诚、勤政殿、九州清宴、莲花馆、西峰秀色、紫萱堂、后殿仙楼等，从中可以看出，宫中和圆明园是陈设使用钟表最多的地方，这与雍正帝的日常生活和政治活动有关。乾隆时期，钟表数量骤增，宫中及园囿钟表的陈设密度加大，一间房子陈设多件钟表是很平常的，据清宫《陈设档》记载，仅宁寿宫东暖阁陈设的钟表就有：

穿堂地下设：洋铜水法座钟壹架，洋铜腰圆架子表壹对；楼下西南床上设：洋铜架子表壹对；西面床上设：铜水法大表壹件，铜镶珠口表壹件；夹道地下设：洋铜嵌表鸟笼壹件，罩里外挂洋铜镶表挂瓶贰对；西

［图 4］承德避暑山庄烟波致爽殿内的钟表陈设

［图 5］养心殿后殿的钟表陈设

墙挂：铜镶表挂瓶壹对；窗台上设：洋铜架嵌玻璃小座表壹对^⑴。

竟有 16 件之多。

在陈设钟表时由于每件钟表因其类别、大小不同，在宫殿中都有相应的位置。如筒子钟多对称倚墙立于门旁，既符合中国人凡物讲求左右对称的习惯，又使颀长的筒子钟有安稳感。隔断墙表自然是围墙而设。挂瓶表多在墙壁上，柱子上陈设。即便是同类钟表，因大小之分，所摆的位置也各异。以最普遍的座钟为例，大型座钟随钟架放于地面；中型座钟多在桌、案、条、几上〔图 6、图 7〕；小型座钟置于炕上，宝座旁或窗台上。从众多的档案中可以清晰地看出每一件钟表在宫殿中各得其所。如前述宁寿宫因其恢弘巨制，可以游刃有余地在地下、墙壁、窗台上陈设相应钟表。而三希堂则不然，因其是小书房，空间有限，故此除小案上陈设"镀金镶嵌红白绿玻璃长方箱问乐表"之类小座钟外，只能在"蓝地五彩珐琅人形底盒白珐琅盘镀金双针表"等怀表及"镀金嵌蓝玻璃八方形盒漏摆玩意表"等小型换班陈设表中择选所需。在众多的陈设钟表中，摆宝座陈设钟表的位置较为固定，通常放在宝座的铺垫上，以供皇帝几暇之余随手把玩。做钟处库贮有一定数量的钟表，以备宝座上轮流替换之用。限于宝座的空间，此类多是怀表等小型钟表。如嘉庆二十四年十一月至次年十一月的摆宝座陈设钟表就有镀金刻花套镀金盒白珐琅表盘双针表、红白玻璃口圈镀金刻花套白珐琅人形底镀金盒白珐琅表盘镀金双针表等共 28 件之多^⑵。另外，有些钟表的陈设具有相当强的季节性，如风扇钟。清朝皇帝以机械风扇作为祛暑引风用具之一，夏季宫殿中多有陈设，处暑之后则收入库中。随手翻开内务府活计档，从六月到八月这段时间内，修缮、制造、安装风扇钟表便成为做钟处首当其冲的任务。以乾隆四年〔1737 年〕六月为例，先是初二日交造办处原有风扇二份，让其再照样制造二份。二十三日，又交风扇一份，传旨收拾见新，并"预备头伏以前持进安装设在九洲清晏，俟处暑之日仍持出收贮"。第二天又传旨在万方安和、西峰

⑴ 故宫博物院图书馆藏：《宁寿宫东暖阁佛堂钟表陈设档》。
⑵ 中国第一历史档案馆藏：《城内圆明园做钟处钟表等项清册》，嘉庆二十四年十一月起至二十五年十一月。

［图 6］养心殿东暖阁中的钟表陈设

［图 7］长春宫内的钟表陈设

秀色各安装风扇一份^⑴。这个月，传做、修缮风扇钟表共五份。做钟处库贮钟表中把风扇钟表单列一类，以备随时安装陈设使用，便反映了这种情况。

当然，钟表陈设最主要的决定性因素还是皇帝的意见。主要表现为：

首先，皇帝的喜好决定了宫殿中钟表陈设的多寡及类别。以养心殿为例，除旧有陈设外，皇帝还随时指派做钟处造新钟加以充实。雍正三年〔1725年〕十一月二十九日传做灯表一件，画样呈览后准做。雍正四年十一月二十四日做成安在养心殿东暖阁内；雍正六年九月，雍正帝准备在东稍间安玻璃插屏镜一面，后觉得镜的北面板墙上略显空旷，于是传旨："镜北边板墙上安一表盘，钟轮子俱安在外间门书格上。"当年十月十六日做得花梨木边铜心表盘一件安讫。乾隆入住养心殿后，对殿内陈设的钟表要求："前殿东暖阁内着做二层西洋式架一座，上安时刻钟并五更钟，先画样呈览，准时再做。"四年八月十四日将画好的钟架样进呈乾隆，乾隆看后认为中层稍高，应矮五六寸，再添些玻璃珠、栏杆顶等。同年九月十五日，将底层饰油画的西洋式钟安装在东暖阁。在补充新钟表的同时，对以前陈设的不合自己品位的或不觉新奇的钟表随时予以更换。乾隆元年，传旨将养心殿穿堂壁上现安钟表去了，其空处另安表一件。四年九月又把后殿陈设玻璃球珐琅表盘时乐钟连同钟架开除，钟被送往圆明园安设，钟架修整后陈设在重华宫^⑵〔图8、图9〕。

其次，具体于某件钟表陈设在哪，如何陈设，也多由皇帝指定。如：太监胡世杰交来西洋镶珠石行驼玻璃山自鸣乐钟一座、西洋镶嵌珠石楼子风琴钟两座等三件钟表，传旨将玻璃山自鸣钟交李裕在圆明园玉玲珑馆有景致处安设，楼子风琴钟二座配座交水法殿陈设。即使是不常驻足的行宫中的钟表陈设，皇帝也要过问。乾隆六年，乾隆准备前往承德避暑山庄，途中要驻跸汤山、石槽、密云县、遥亭、两间房、长山峪等行宫，关于各行宫内的陈设，乾隆特别指示造办处照喀尔河屯行宫内安设的表穰、表盘的样子制作钟表安装在各行宫内寝宫的墙上。具体安在哪儿，"俟朕到时再指地方安设"^⑶。

可见，伴随着皇帝的行踪，钟表陈设几乎达到了无所不在的程度。

⑴ 中国第一历史档案馆藏：《内务府各作承做活计清档》"自鸣钟处"，乾隆四年六月。

⑵ 中国第一历史档案馆藏：《内务府各作承做活计清档》"做钟处"，乾隆四年八月。

⑶ 中国第一历史档案馆藏：《内务府各作承做活计清档》"做钟处"，乾隆六年四月。

［图 8］养心殿后殿东暖阁的钟表陈设

［图 9］长春宫东暖阁内的钟表陈设

三 随侍及交通工具内使用

皇帝离开皇宫出巡到其他地方，自鸣钟处或做钟处都要派太监携带钟表随侍。如雍正六年〔1728年〕十月二十日

> 首领太监赵进忠来说：本月十八日随侍自鸣钟首领太监薛勤传旨：着向养心殿造办处要好的表一件，随侍用，钦此。本日郎中海望启怡亲王。王谕：着将自鸣钟处收贮的好表选一件交进侍侯……于本日将自鸣钟处收贮银盒银套表一件，首领太监赵进忠交随侍自鸣钟太监武进庭持去讫[1]。

在清代，随侍钟表是极为普遍的现象，钟表与皇帝的行踪可谓如影随形，成为第一重要的日常计时器具〔图10〕。

与此相对应，皇帝乘坐的交通工具内如御用车轿、御舟、御用马鞍等都安设有钟表，档案中多处记载在上用交通工具内安设钟表之事。

皇帝最常用的代步工具即是轿子。由于轿中空间的局限和行进中的颠簸，座钟不适合在车轿陈设。据档案记载分析，车轿陈设表大概有两种，一种形制似怀表，但较怀表大，有环可以悬挂；另一种是挂瓶表。至于钟表在轿中的位置，雍正帝有明确指示："自今以后出入轿内，右边前头着安表。"[2]乾隆时期对车轿用钟表的要求日益提高，须多功能的"自打时刻钟"或"单打时刻带问者"。上用车轿内安设钟表在雍正时期就已经相当普遍,那时的车轿表多配做有表匣，可知是小型的可平置的表。如雍正六年十一月初一日，首领太监赵进忠来说怡亲王谕：上乘车内安的表着做铜挦合牌胎锦匣盛装，遵此；雍正七年二月初三日，首领太监赵进忠来说郎中海望传将上乘车内盛表匣三个另糊新里，记此；闰七月二十三日，首领太监赵进忠来说，随侍自鸣钟太监武进庭传：大礼轿内着安表匣一件，记此。于八月二十日做得表匣

⑴ 中国第一历史档案馆藏：《内务府各作承做活计清档》"自鸣钟处"，雍正六年十月。
⑵ 中国第一历史档案馆藏：《内务府各作承做活计清档》"自鸣钟处"，雍正六年正月。

[图 10] 木质金漆楼阁钟
清宫做钟处　清乾隆
高 36 厘米　宽 23 厘米　厚 16 厘米
〔故宫博物院藏〕

一件安讫 [1]。而到乾隆时期车轿用表功能则渐趋复杂〔图 11〕。

　　御舟陈设的则多是座钟。皇帝乘船时由太监搬出安设，到达目的地后再由太监收起保管。如乾隆十六年五月十八日，奏事总管王常贵传旨：

　　　　安福舻船上陈设嵌茜色象牙银母花架时问钟一座，着收贮，俟用安福舻船时即将此时问钟安上 [2]。

⑴　中国第一历史档案馆藏：《内务府各作承做活计清档》"自鸣钟处"，雍正六年十一月、雍正七年二月、闰七月。

⑵　中国第一历史档案馆藏：《内务府各作承做活计清档》"自鸣钟"，乾隆十八年二月。

　　直到咸丰年间，御舟备用陈设还有随洋漆座乌木嵌绿色白玻璃塔时钟一
座、随玻璃罩时乐钟一座、随玻璃罩葫芦形顶时钟一对等。

　　清朝以弓矢定天下，骑马尚武被奉为根本。对相应的鞍辔等也就比较重
视。上用马鞍装饰华美，有的饰各种宝石，有的在鞍的正面中央嵌小表〔图
12〕。宫中专辟有鞍库收存御用鞍辔。乾隆四十一年十一月在清查武备院各库
收储一切物件过程中，查得北鞍库收存的"上用马鞍"中有 27 副镶有钟表，
其中 23 副是造办处制作鞍，四副是进献鞍。通过档案我们还知道马鞍上的钟
表平日并不随鞍存放，而是由做钟处收存，需用鞍时再由做钟处派员前往，
随用随安 ⁽¹⁾。皇帝秋狝、行围时，都要准备安钟的马鞍备用。如乾隆三十四年
乾隆帝木兰行围前，指令备安大钟鲨鱼皮鞍十副。不仅马鞍上安钟表，马鞭
上也不例外。如乾隆四十一年四月，将楠木匣内盛装的银把镶表缠金线鞭二
把交武备院 ⁽²⁾。这些安有钟表的马鞍和马鞭在实际行围过程中同样具有计时
功能，清代乾隆时期曾多次随从皇帝赴木兰秋狝的大臣陆耀在其所著《切问

⑴ 中国第一历史档案馆藏：《内务府各作承做活计清档》"做钟处"，乾隆四十一年十一月。

⑵ 中国第一历史档案馆藏：《内务府各作承做活计清档》"记事录"，乾隆四十一年四月。

[图] 12 马鞍表
清宫做钟处　清乾隆
高 34 厘米　长 60 厘米　表径 9 厘米
〔故宫博物院藏〕

斋集》"塞上杂纪"诗中有"十二鸣钟响御鞍"之句,并自注"鞍内嵌自鸣钟,响十二点则为正午,例得收围"[1]。说明乾隆时期这些安装在马鞍上的自鸣钟能够按时报响,成为皇帝行围时的标准时间。

皇帝交通工具中所使用的钟表多是比较精致的小表,一般出行前由太监安装好,到达目的地后再由太监收起保管。不难看出,作为最主要的计时工具,钟表已经是皇帝须臾不可离开左右的物件,这更进一步说明当时钟表广泛使用的程度。

---

[1]　章乃炜等编:《清宫述闻》"述外朝〔一〕:午门迄保和殿",紫禁城出版社,2009 年。

四　钦赐钟表以示恩宠

赏赐臣工是加强君臣关系的重要手段，清代赏赐的物品多为食品、药材、武器、小佩饰等，有时也有将自鸣钟用作赏赐物品的情况。

清代早期由于钟表十分珍贵，皇帝轻易不肯赐给他人，大多数的赏赐仅限于皇亲国戚。如雍正六年八月十九日

> 圆明园来帖内称，八月十八日为怡亲王福金寿日，所用寿意活计等件太监刘希文、王太平等奏闻。奉旨：准着照年例预备，钦此。本日郎中海望、太监刘希文、王太平仝定得做八仙自鸣钟一件，记此。于十三年十月初四日收拾好，首领赵进忠呈进讫[1]。

雍正八年十月十八日

> 据圆明园来帖内称，八月三十日首领太监赵进忠来说太监刘希文传旨：将豆瓣楠木小架自鸣钟赏给果亲王，钦此。于本日将豆瓣楠木小架自鸣钟赏给果亲王讫[2]。

而大臣能够有幸获得御赐钟表殊荣的人则少之又少，雍正时所见仅年羹尧一人而已。雍正二年〔1724年〕三月，雍正帝赏给时在西北的年羹尧一只自鸣表，为此年特进折谢恩：

> 太保公四川陕西总督臣年羹尧为恭谢天恩事。三月十七日由驿赍到御赐自鸣表一只、朱笔上谕二纸，臣叩头祗领，捧读再四，臣喜极感极而不能措一辞……

在年羹尧的奏折上，雍正朱批如下：

---

[1] 中国第一历史档案馆藏：《内务府各作承做活计清档》"自鸣钟"，雍正六年八月。
[2] 中国第一历史档案馆藏：《内务府各作承做活计清档》"自鸣钟"，雍正八年十月。

从来君臣之遇合，私意相得者有之，但未必得如我二人之人耳。尔之庆幸，固不必言矣；朕之欣喜，亦莫可比伦。总之，我二人作个千古君臣知遇榜样，令天下后世钦慕流涎就是矣。朕时时心畅神怡，愿天地神明赐佑之至[1]。

可见二人关系相当密切。

乾隆时期，随着宫中钟表收藏数量的不断增加，钟表用于赏赐者越来越多。做钟处库里有皇帝专用的"赏用箱"，箱内存放着皇帝用来赏赐的各种钟表，这些钟表依一定的标准划分为一等、二等、三等、四等及无等，共计五个级别，皇帝据自己的心情及不同情况，颁赐宗室、后妃、臣工等相应等级的钟表。赏用箱以外的其他库存钟表，皇帝也随时调用赏人。清宫档案在记载内宫和圆明园等处的钟表库存情况时往往单列一项，专门记录准备或已经用于皇帝赏赐的钟表情况。关于乾隆时期钟表的赏赐情况，可以参阅本书相关章节的论述。需要说明的是，这种对臣工的钟表赏赐直到晚清都是存在的，如：咸丰九年〔1859 年〕因抗击英法联军之功，对僧格林沁予以赏赐。"僧格林沁，督办海防，筹划精详，不辞劳瘁，著先行赏给御用烟壶一对、时辰表一对，即由国瑞赍交僧格林沁祗领"[2]。

自鸣钟不但受到皇帝的喜爱，同时也为后妃所热衷的陈设品。因此赏赐后妃钟表是常有的事。如道光元年二月初八日即令太监从库中取挂瓶表一对赏给皇后。后妃生前拥有的钟表数相当可观，如乾隆帝的容妃遗物中，有钟三架、大小表十个、冠架表一个；嘉庆帝的颖贵妃有钟九架，戒指表一个，表 27 个。后妃遗留的钟表，由皇帝处置，或赐予亲王、郡王，或分发给其他妃嫔。颖贵妃的九架钟，赏庆郡王一，十公主一，庆郡王福晋一，余六架留做钟处。唯一的戒指表赏皇后。27 个表，赏晋贵人一，庆郡王一，十公主一，绵惠福晋一，余 23 个留做钟处[3]。

[1] 季永海、李盘胜、谢志宁翻译点校：《年羹尧满汉奏折译编》页 275，天津古籍出版社，1995 年。

[2] 《清文宗实录》卷二八五"咸丰九年六月上"。

[3] 中国第一历史档案馆藏：《宫中杂件》2 105 包。

皇帝还以钟表作为生日礼物赏给亲王、郡王等。如同治八年醇郡王 30 生辰，赏镀金盒套珐琅表盘二刻有秒表一对。同治九年，惇亲王 40 生辰，赏上下双珠子口圈蓝珐琅人形底盒套双针有秒表一对。公主下嫁有时也赐给钟表，如同治九年荣寿公主下嫁赏给镀金连盒套上下单珠子口圈五彩花叶双鸽子底白珐琅表盘有秒表一对、五色玻璃花镀金炉形顶圆鼓式珐琅牌楼转花瓶台座时乐钟一对[T]。

用钟表赏赐文武大臣的情况也不少。如嘉庆二十年正月初二日，新春茶宴联句后，赏诸王、大臣、内廷翰林用"赏用箱"内三等小钟表 18 件。次年又因同样的事由从三等钟表中取用"镀金嵌珠子口圈锦地珐琅花地盒套白珐琅表盘双针表"一对。

清王朝因地制宜实行独特的宗教政策来统治西藏地区，笼络当地的宗教领袖。档案中时见赏赐达赖喇嘛、章嘉呼图克图腰带佩带的表或大表的记载。如乾隆四十八年七月三十日，佳赏章嘉呼图克图大表三件。

可见，皇帝们是把钟表当作维系君臣关系、联络个人感情的媒介来看待的。

⟨1⟩ 中国第一历史档案馆藏：《宫中杂件》508 包。

清宫藏太阳系仪与哥白尼学说在中国的传播

——兼谈英使马嘎尔尼进贡的钟表

1543年，波兰天文学家尼古拉·哥白尼〔Nicolaus Copernicus,1473-1543〕的《天体运行论》出版，其中系统而详细地论述了日心地动的太阳系学说，标志着近代科学的日心说的确立。从那个时候起，日心说逐步取代了以往的地心说，在科学和思想领域掀起了一场巨大的革命。同样，日心说作为中西文化交流的一项重要内容，也被西方的传教士介绍到了中国，从而在中国留下了相当数量的演示太阳系行星运行的仪器及文献资料。本文既对中国宫廷所藏的几件太阳系运行仪作一介绍，并说明哥白尼学说在中国传播的情况，同时对通常认为乾隆末年英使马嘎尔尼进贡的几件钟表实际上为太阳系仪的情况加以考证。

一 入藏清宫的几件太阳系仪

太阳系仪是用来演示行星、地球及月亮等星球绕日运转的仪器。这种仪器最早出现于18世纪初的英国。当时，著名的钟表匠葛理翰〔George Graham,1673-1751〕根据哥白尼和牛顿的宇宙理论制作了第一台太阳系仪。后来丁·洛利继承了葛理翰的方法，为第四代奥勒里伯爵波义耳〔Charles Boyle 4th Earl of Orrery〕制作了一架著名的十分精致的太阳系仪，引起了广泛关注，这就是英文太阳系仪 Orrery 的来历。此后，太阳系仪的制作越来越多，成为当时普遍使用的十分重要的天文演示仪器。18世纪中后期，有些太阳系仪通过不同途径传入中国，其中至少有五件进入了清朝宫廷，显示出太阳系仪和它所反映的日心说在中西文化交流中的特殊地位。这些太阳系仪有的现在仍完好地保存在故宫博物院。

〔一〕铜镀金七政仪

"七政仪"是太阳系仪的中文名称。所谓七政古代是指日、月、水、金、火、木、土七个星体，而这里是指包括地球在内的七个绕日运转的行星，即水、金、月、地、火、土、木。

此仪铜镀金质，上盘直径54.6厘米，下盘直径28.4厘米，通高71.3厘米〔图1〕。下盘上刻有作者名款"Rich Glynne Fecit"（黎奇·格里尼）。黎奇·格里尼是英国18世纪的科学仪器制造家，其创作年限约在1705～1755

[图 1] 铜镀金七政仪
英国 18世纪
高 71.3 厘米 最大径 54.6 厘米
〔故宫博物院藏〕

年之间。此仪完成后不久即被带到中国为清宫收存。1759 年成书的《皇朝礼
器图式》中有如下著录文字：

> 本朝制七政仪，铸铜为之，径一尺六寸五分，高二尺五寸，凡二重。
> 外重平圈为黄道，列周岁十二月、周天十二宫。斜圈为赤道，十字圈为赤
> 道子午、卯酉经圈；内重为七政盘，列十二宫与黄道左右相应。中心为日
> 体，最近日为水星、次金星、次月与地、次火星、次木星、最远土星。木
> 星旁四小星，土星旁五小星。土星上圆环平之则星正圆，侧之则星长圆。
> 日体旁为瓶，置灯以取日影，对日处映以玻璃。盘内皆有机轮，其旁以
> 小盘之轴挈诸轮转之。承以半圆十字，下歧三足，座心设指南针，十二
> 宫上施游表，表转一周为一日。视诸体之旋转以测七政昼夜隐见之象[1]。

[1] 《皇朝礼器图式》卷二。

非常有意思的是，在这里这件英国制品却堂而皇之地变成了清朝自己的作品，如果不是我们现在仍能有幸看到实物的话，这一结论恐怕只能维持下去了。

与《皇朝礼器图式》的著录情况相比，七政仪实物为我们提供了更多的具体的信息。因此有学者依据实物现状对其进行了更为详尽的介绍[1]。整个仪器分上、下两部分。下半部分为支撑部。包括一半圆十字铜架和一三歧铜足。半圆十字铜架直接承载仪器主体，在半圆铜架和三歧铜足之间为一转盘结构，通过转盘的转动，可以调节仪器的方向。三歧铜足坐落于大铜盘上，铜盘中心置指南针，用以调节水平及南北方位。

上半部分为仪器主体，分内外三层。最外层为一水平圆环，代表黄道，故曰黄道环。此环直径 54.6 厘米，宽 4.3 厘米，厚 0.5 厘米。环之内缘刻有圆周 360 度，其精确值可达 1/2 度。按照当时的习惯，刻度从春分点、秋分点起，分别向冬至点和夏至点各刻 0 ～ 90 度；环之中间刻有黄道 12 宫的拉丁文名称、符号及其代表图像。每宫又分刻成 30 度；环之外缘刻有一年 365日、12 个月的英文名称及每个月的具体天数〔图 2〕。

中间一层为三个相互垂直咬合在一起的圆环，三环大小规格相同，直径皆 44.2 厘米，宽 1 厘米，厚 0.45 厘米。其中一个圆环与地球赤道平行，代表天球赤道圈。上刻有精确到 1/2 度的圆周 360 度。另外两个十字相交的圆环则为子午、卯酉经圈。它们的上下两个交点就是天球上的北极和南极。两环与黄道环的四个交点则为冬至点、夏至点、春分点、秋分点。子午经圈上亦有刻度，分别以它与天赤道环的交点为起点，向南向北各刻 0 ～ 90 度。

最里层为七政盘，是整个七政仪的中心。七政盘的外层为一三重套环装置，火、木、土三个行星分别以竖杆立在这三重套环上。每个套环都有一个扳钮，用手拨动扳钮，可使这三个行星绕太阳运动。同时，木星周围有四颗卫星，土星周围有五颗恒星，每颗卫星也都用竖杆连在木星和土星底下的小圆盘上，并有扳钮，拨动扳钮可以显示各卫星环绕木星和土星旋转的现象。七政盘的中层是地球和月亮。其中地球上画有海陆之大致轮廓，标注有五大洲的英文名称。月球本身涂有黑白二色，表示月球的向地面和背地面。在地球下面有一相应的圆盘，上面刻有一个朔望月的时间——29 天半。内层是金

① 刘炳森、马玉良、薄树人、刘金沂：《略谈故宫博物院所藏七政仪和浑天合七政仪》，《文物》1973 年第 9 期。

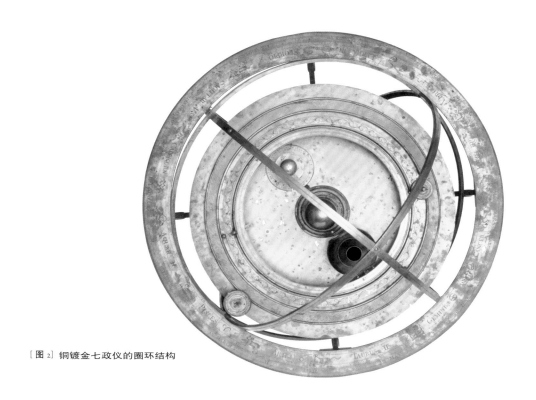

〔图 2〕铜镀金七政仪的圈环结构

星和水星。正中间最大的圆球体为太阳。在七政盘的中层和内层下面，有一套齿轮装置，通过发条带动可以表演太阳的自转；水星、金星和地球的绕日旋转；地球的自转以及月球的绕地旋转等天象。在和地球相对的太阳的另一面，为一高 11.8 厘米，直径 7.5 厘米的铜瓶。其背向太阳一面有一指针，指针正贴着一个架在七政盘中层上面的小黄道环。此环直径 25 厘米，宽 1.3 厘米，厚 0.3 厘米。上面的刻度内容与外黄道环相同。指针所指之处即是从地球上所看到的太阳所在的位置。铜瓶面向太阳一面镶一凸透镜，其焦距正好是铜瓶的半径。在铜瓶的中心放置光源，光线经过凸透镜变成了平行光，把正中间的太阳移走，铜瓶射出的平行光就代表太阳光照射在月、地两个球体上，随着地球和月亮的各自运转，便可以显示从地球上看到的朔、望、上弦、下弦等月相变化以及日食、月食等现象。在七政盘旁边立装一直径 10.5 厘米，厚 4.1 厘米的圆盒，盒正面嵌 1～24 小时的时刻盘及指针。盒内装有带动七政盘齿轮系统的发条动力源。指针通过齿轮与七政盘内各星体相连。指针旋转一周，恰好是七政盘上的地球自转一周，即一昼夜。

这件七政仪构思巧妙，制作精细。但仔细观察，其制作之时并没有严格按照当时实测数据。比如仪器中的太阳直径 5 厘米，地球直径 2.5 厘米，月球直径 0.9 厘米，木星直径 0.75 厘米，火星直径 0.6 厘米，土星直径 0.67 厘米，水星直径 0.5 厘米，金星直径 0.4 厘米，各星体间直径比例与当时的实测比例相去甚远，这说明七政仪只是一种演示模型。它的重要性并不在它的精确度上，而是它本身所体现出的日心地动的思想。

〔二〕浑天合七政仪

此仪铜镀金质。上盘直径 36.8 厘米，下盘直径 31.1 厘米，通高 38 厘米〔图 3〕，无作者名款，但从制作风格推断亦为英国制造，至少在 1759 年已入藏清宫。《皇朝礼器图式》卷二著录：

> 本朝制浑天合七政仪，铸铜为之。径一尺二寸，高一尺三寸五分，凡三重。外二环平者为地平圈。上列西洋书十二宫十二月。立者为子午圈。子午圈天顶垂铜叶为地平高弧。北小圈为时刻盘。次内五环两轴为南北极，贯二极为二至。经圈腰带、赤道斜带、黄道、黄赤道交处为二分，

[图3] 浑天合七政仪
英国　18世纪
高38厘米　最大径36.8厘米
〔故宫博物院藏〕

相距最远处为二至,二极
轴上小圈为负黄极圈。其
最内平面圆环为黄道十二
宫,中心为日体,圆边为地
球。对地球立表以指日行
宫度。日与地各为盘,地盘
有月体,日盘有金、水二
星体。日外大盘有火、木、

土三星体,皆以机旋之。月旋以地为心,五星旋以日为心。座面旁施指
南针,以测太阳纬度及出入地平时刻方位。

此仪主体由六根铜柱支撑，铜柱底部连以铜盘，上置指南针。仪器主体亦由内外三层构成。最外层由一水平的地平圈和直立的子午圈组成。地平圈直径 38 厘米，宽 4.6 厘米，厚 0.3 厘米。其内缘刻圆周 360 度，中间刻 12 宫的拉丁文名称、中文名称、符号及代表图像。12 宫的中文名称分别写为："宝瓶子宫、摩羯丑宫、人马寅宫、天蝎卯宫、天秤辰宫、双女巳宫、狮子午宫、巨蟹未宫、阴阳申宫、金牛酉宫、白羊戌宫、双鱼亥宫。"其外缘刻有 12 月的英文、中文名称，并刻本月天数。其中 12 宫及 12 月的中文名称为后加刻，可能是此仪进入宫中后为方便认看而增刻上去的。子午圈由位于底盘中心的小支架支撑，并与地平圈相咬合，可以上下旋动，用以根据当地的地理纬度调节北极距地平圈的高度。其上刻有用阿拉伯数字及中文数字标注的四组 0～90 度的刻度。北部顶端附一时刻盘。中间一层为径纬圈环结构，十字相交于南、北两极的经圈构成四条明显的经线，南北两极点有机轴将其固定在外层子午圈上，并可自由转动。其中一条经圈上刻 "Equinoctialis Circulus" 字样，表示此经圈与黄道相交的两点为春分点和秋分点。另一条经圈上刻 "Soltitialis　Circulus" 字样，表示此经圈与黄道相交的两点为夏至点和冬至点。另有五个圆环相互平行地附于经圈之上，它们自上而下〔即从北向南〕依次为北极圈、北回归线、赤道、南回归线和南极圈。此外还有一带状宽环斜附于十字经圈上，此即黄道带，其中心线就是黄道。黄道带宽 3.9 厘米，厚 0.1 厘米，上刻有十二宫的中文名称、拉丁文名称、符号及代表图像。其中文名称也是后来增刻上去的。最里层为七政盘。七政盘之上架一小黄道环，上刻有中文子宫、丑宫……等 12 宫名及相应符号。其中文宫名亦为后刻。小黄道环与中层大黄道环平行，并与太阳、地球、月亮、金星、木星、土星、水星、火星处于同一水平面上。七政盘亦为套环装置，不同的星球位于不同的套环上，分别以竖杆支撑，其结构与七政仪相同。每个套环上有扳钮，人工拨动扳钮，可使星体转动，从而演示整个太阳系的运动状态。八个星体中的地球为象牙质，上刻有经纬网，其他皆为铜质。地球和太阳的体积大致相同，较其他行星大得多。土星和木星无卫星环绕，可知与七政仪相比，其精确性又稍逊一筹。

与"七政仪"相比，这件仪器外部的圈环结构与中国古代的浑天仪极为相似，可视为浑天仪和太阳系仪合一的作品。将其定名为"浑天合七政仪"也表明当时的中国人对这件仪器的基本认识。此仪没有像七政仪那样的发条和齿轮系统，其运转完全通过扳钮由人工控制。通过前述《皇朝礼器图式》中对此仪的介绍和仪器上增刻的有关中文译名，不难想象出当时中国学者对其进行的认真观察和研究，亦可推知其在宫中所受到的重视程度。

〔三〕铜镀金天文地理表

在故宫博物院的钟表收藏中，有一件极为豪华精细的英国 18 世纪的作品，由于过去人们对它的认识有限，很少对其作细致的观察和研究。现在看来，其重要性并不在前述两件仪器之下，有必要将其详细情况介绍出来，以供研究者利用。

此表通高 169 厘米，直径 85 厘米，由底座、七政仪和钟表三部分组成〔图 4〕。

底座为由六个铜镀金支脚支撑的上宽下窄之六面柱体，通体包绿鲨鱼皮，镶嵌铜镀金饰件。其中三面为嵌有活动装置的玻璃橱窗，窗内有模拟西洋建筑、农田牧场、跑马游戏等内容的变动机械装置。六个支脚上分别站立铜镀金西洋人，或怀抱天球仪，或手持望远镜。底座内装有机芯及音乐装置。通过底座侧面的上弦孔上弦后，橱窗内的建筑、人物、动物等图像便开始旋转活动，同时奏出音乐。这些动力系统通过拉杆与上面的七政仪内的齿轮系统连接，使七政仪亦同步运行。安装在七政仪圈环顶部的钟表直径仅十厘米，与整个七政仪不发生联系，似为后增者。其制作者为英国的珍尼曼〔Jennyman〕。

中间部分的七政仪是整个钟表的中心。整个七政仪由上部的圈环结构、七政盘和下部的齿轮系统组成。其圈环结构只有黄道以北部分。黄道圈由立柱支撑架于七政盘上，直径 66 厘米，宽 4.6 厘米，厚 0.3 厘米，上刻圆周360 度、12 宫拉丁文缩写、符号、365 天刻度及 12 月的英文名称，这也是此仪中唯一的一条黄道带。两条相互垂直的经圈与黄道带相交，分别为两至和两分点。经圈直径 60 厘米，宽 1.8 厘米，厚 0.6 厘米，上刻有纬度度数。赤道圈与黄道圈斜交成 23.5 度，直径亦 60 厘米，宽 1.8 厘米，厚 0.6 厘米，其上刻有 180 ～ 360 度的刻度、阿拉伯数字标志、表示时间的罗马数字及英文

[图 4] 铜镀金天文地理表
英国　18 世纪
高 169 厘米　直径 85 厘米
〔故宫博物院藏〕

名称。与赤道圈平行的两条纬圈分别为北回归线和北极圈。北回归线直径 55 厘米，北极圈直径 25 厘米，无刻度，只有二者的英文名称。以上各圈环都固定于黄道圈上，不能转动。圈环结构以下为七政盘。如前所述，此仪黄道圈通过立柱固定在七政盘上。以黄道圈为界，圈内为太阳、地球、月亮、水星、金星、火星各星体及其运行轨道，圈外为土星、木星及其运行轨道。太阳位于七政盘的中心，用立柱支撑，直径 7 厘米，通体镶嵌白色玻璃珠。再由里往外分别为负责水星、金星、地球、火星的套环，各星分别以立柱竖立在套环上，其中水星直径 0.8 厘米、金星直径 1.4 厘米、火星直径 1.8 厘米，水星、金星皆为铜质，火星通体镶嵌白色玻璃珠。地球套环较宽，套环上地球两边分别为 24 小时时刻盘和一个朔望月的月历盘。围绕地球又有月球轨道套环。地球为瓷质，上画有黑色经纬网，直径 4.3 厘米，月球亦瓷质，黑白各半，以示向地面和背地面，直径 1 厘米。黄道圈以外有二个大的上下重合的套环，直径 69 厘米，内缘有齿，以便转动，分别负责土星和木星的运行。其中上面的套环为木星轨道，轨道上有一小立柱，从立柱起又向外伸出一 18 厘米的延长臂杆，木星即立于臂杆的顶端，亦通过立柱竖立。木星直径 3 厘米，通体镶嵌红白玻璃珠。木星的四颗卫星通过弯臂连接在支撑木星的立柱上，可绕木星移动。下面的套环为土星轨道，以同样的方式固定土星，其延长臂杆长达 31.5 厘米。土星直径 2.2 厘米，外带光环，光环直径 5.2 厘米，亦镶嵌白色玻璃珠，土星的五颗卫星亦可绕其转动。与前述两件仪器不同的是，此仪器中的土星和木星通过延长臂杆使其游离于整个七政仪之外，土星的活动直径达到 132 厘米，大大扩展了演示空间，也使整个仪器更趋精密。七政盘以下为齿轮系统，以上各星体套环间皆以齿轮咬合，通过拉杆与底座中的动力系统连接，达到同步运行。齿轮系统之外为玻璃包裹，用铜镀金框等分成 12 份，每一份代表黄道 12 宫中的一个宫。玻璃上粘贴有每一个宫的代表图像，皆铜质镀金。通过玻璃亦可窥见里面的齿轮机械结构。

通过以上介绍，我们认为将此钟定名为"铜镀金七政仪表"是比较恰当的。无论从体量，还是制作工艺上，此钟都可以与英王乔治二世〔George，1683-1760〕的御前仪器制造家莱特〔Thomas Wright，1711-1786〕于 1733 年制作的著名的太阳系仪相媲美，堪称绝世珍品。此仪制作的具体年代，如何进入清宫等情况，由于缺少文献，我们还无法得知，这里只能付诸阙如。

〔图 5〕乾隆帝在承德接见英使图
〔英〕W·亚历山大 绘

〔四〕英马戛尔尼使团赠给乾隆帝的太阳系仪

为了拓展东方市场，打破中国对英国贸易的限制，1792 年英国政府向中国派出了以马戛尔尼勋爵率领的庞大使团〔图 5〕，一方面进行外交上的接触，另一方面欲凭实力向当时的中国人宣传英国的文明与富强，以博取中国人的好感。因此，在礼物的选择上英国人是相当慎重的。

英王陛下为了向中国皇帝陛下表达其崇高的敬意，特从他的最优秀卓异的臣属中遴选出一位特使万里迢迢前来觐见。礼品的选择自不能不力求郑重以使其适应于这样一个崇高的使命。贵国地大物博，无所不有，任何贵重礼品在贵国看来自都不足称为珍奇。一切华而不实的奇巧物品更不应拿来充当这样隆重使命的礼物。英王陛下经过慎重考虑之后，只精选一些能够代表欧洲现代科学技术进展情况及确有实用价值的物品作为向中国皇帝呈献的礼物。两个国家皇帝之间的交往，礼物所代表的意义远比礼物本身更足珍贵 [1]。

[1] 〔英〕斯当东著，叶笃义译：《英使谒见乾隆纪实》页 248，商务印书馆，1963 年。

在这些珍贵的礼品中，就包括两架太阳系仪〔图 6〕。

这两架太阳系仪被看作是最能说明自己国家现代化程度的物品而被列入了礼品清单的前两位，并作了详细介绍：

第一件，西洋语布蜡尼大利翁大架一座，乃天上日月星宿及地球全图，其上地球照依分量是极小的，所载日月星辰同地球之像俱自能行动，效法天地之运转，十分相似。依天文地理规矩何时应遇日食、月食及星辰之愆，俱显著于架上，并有年月日时之指引及时辰钟历历可观。此件系通晓天文生多年用心推想而成，从古迄今所未有。巧妙独绝，利益甚多，于西洋各国为上等器物，理应进献大皇帝用。又缘此天地图架座高大，洋船不能整件装载，因此拆散分开装成十五箱，又令原造工匠跟随贡差进京以便起载安排，安放妥当。并嘱咐伊等慢慢小心修饰，勿稍勿遽，手错损坏。仰求大皇帝容工匠等多费时侯，俾安放妥当自然无错，同此单相连别的一样稀见架子名曰来復来柯督尔，能观天上至小及至远的星辰转运，极为显明。又能做所记的架子名曰布蜡尼大利翁，此镜规不是正看是偏

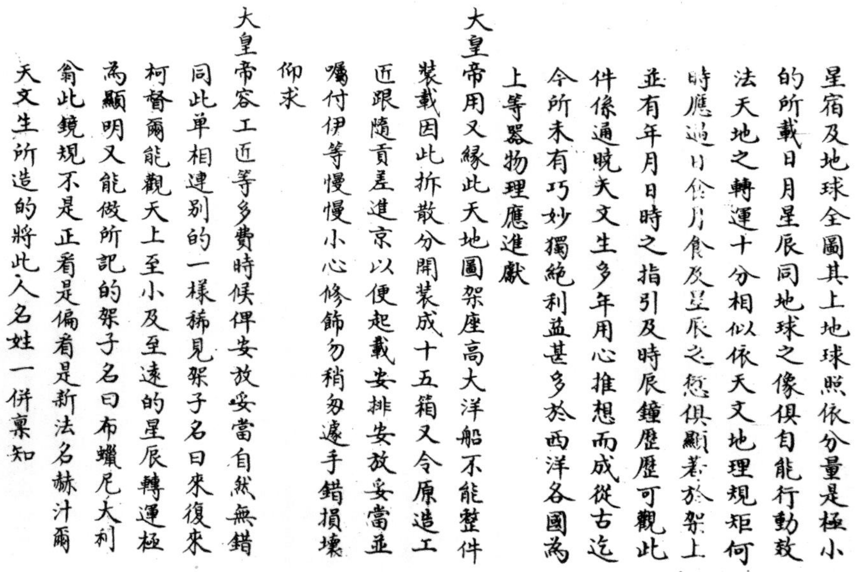

天文生所造的將此入名姓一併稟知

翁此鏡規不是正看是偏看是新法名赫汁爾

為顯明又能傚所記的架子名曰布蠟尼大利

柯督爾能觀天上至小及至遠的星辰轉運極

同此單相建別的一樣稀見架子名曰來復來

大皇帝容工匠等多費時候俾安放受當自然無錯

仰求

囑付伊等慢慢小心修飾勿稍勞遂手錯損壞

匠跟隨貢差進京以便起載安排妥當並

裝載因此拆散分開裝成十五箱又令原造工

大皇帝用又緣此天地圖架座高大洋船不能整件

上等器物理應進獻

今所未有巧妙獨絕利益甚多於西洋各國為

件係通曉天文生多年用心推想而成從古迄

並有年月日時之指引及時辰鐘歷歷可觀此

時應過日食月食及星辰之態俱顯著於架上

法天地之轉運十分相似依天文地理規矩何

的所載日月星辰同地球之像俱自能行動致

星宿及地球全圖其上地球照依分量是極小

[图 7] 清宫档案英使贡单中对天文地理大表的介绍
〔中国第一历史档案馆藏〕

看，是新法，名赫汁尔天文生所造的，将此人名姓一并禀之[1]〔图 7〕。

这段话中许多英文名称用了音译，听起来不太容易理解，各部分的交代也不甚明了。文中的"布蜡尼大得翁"即是英文天体运行仪"Planetarium"的音译，"来復来柯督尔"即英文反射望远镜"reflector"的音译。"赫汁尔"即英国天文学家"Herschel"〔1738-1822〕的音译，他发明了反射望远镜。当我们阅读了英文介绍之后便更清楚了：

礼品中的第一件包括许多物件，它们可以单独地，也可以结合起来，应用于了解宇宙。这些礼品代表着欧洲天文学和机械技术结合的最近的成就。它清楚而准确地体现出欧洲天文学家们指出的地球的运行；月亮围绕地球的离心的运动；太阳及其周围行星的运行；欧洲人所称的木星面上带有光环，有四个卫星围绕着它转；土星及其光环和卫星；以及日月星辰的全蚀或偏蚀；行星的交会或相冲等现象。另一件仪器能随时报告月份、

[1] 中国第一历史档案馆藏：《乾隆朝上谕档》，乾隆五十八年六月三十日。

日期和钟点。这些仪器虽然制造复杂，作用神妙，但操作运用却非常简单，欧洲同样物品中无出其右者。这种仪器可以计算千年，它象征着贵国大皇帝之声威将永远照耀世界远方各地。配合上述的天体运行仪，另一件是比过去设计出来的看得更远更清楚的望远镜，它可以清楚地观测出来天体各个部分在如何运行，同天体运行仪上所标示的模型完全一致。它不同于一般普通的望远镜，普通的望远镜通过镜头直接透视观测目标，这样望远的程度是有限的，它是从旁面透视观测目标在镜头上的反射，这是我国大科学家牛顿所发明，其后又为我国天文学家赫斯色尔所改进。这两个人在科学上的重大发明创造值得将他们的名字上达贵国大皇帝的听闻。他们所设计出来的望远仪器大大超出前人想象之外，望远能力是一切前人所梦想不到的[1]。

从中可知，这架太阳系仪至少包括太阳系运转模型，指出天体蚀、合、冲等现象确切时间的计时装置，用以验证以上现象的反射望远镜等几个部分。为了制作这件太阳系仪，英国政府耗费了巨大资金。从外表的铜镀金饰件到底座的具体形状；从行星运行轨道到机械齿轮转动装置，都特意向实力最雄厚的厂商定做，精益求精，一丝不苟，总计投资达 1 253 英镑 13 先令[2]。此仪周围约一丈，高一丈五尺，体量之巨大前所未有，按英国人的说法，要将此仪安装完整需一月之久。后来，这架太阳系仪经过在京西方传教士的润色，定名为"天文地理大表"，成为使团礼品中最引人注目者。

另一件英文名称为"A Large Orrery"的仪器很清楚地告诉我们是一架太阳系仪。在礼品清单中被列为第二件。但当时人却把它的中文名称定为坐钟〔图 8〕，很容易让人产生误解。

第二件，坐钟一架，亦是天文器具。以此架容易显明解说清白及指引如何地球与天上日月星宿一起运动，与学习天文地理者有益，拆散分

⑴ ［英］斯当东著，叶笃义译：《英使谒见乾隆纪实》页248，商务印书馆，1963年。
⑵ 据英国方面提供的有关档案。

第二件

坐钟一架亦是天文器具以此架容易题明解说清白及指引如何地球与天上日月星宿一起运动奥学习天文地理者有益拆散分作三盒便于携带其原匠亦跟随贡差进京以便安

[图8] 清宫档案英使贡单中对另一架太阳系仪的介绍
〔中国第一历史档案馆藏〕

作三盒，便于携带，其原匠亦跟随贡差进京以便安装[1]。

同一件仪器英国人的记载是这样的：

天文学不只可以应用于改进地理和航海的知识，而且从它所观测的目标来说，宇宙之大俱在其规律之中，这样的视野和胸襟正适合帝王的气度。因此，英王陛下促成并鼓励这门科学的发展。在这类礼物中增加一种仪器，说明地球的运行与太阳和其他天体运行的联系[2]。

可见，这件仪器只是一架演示天体运行的模型，而非计时的钟表。

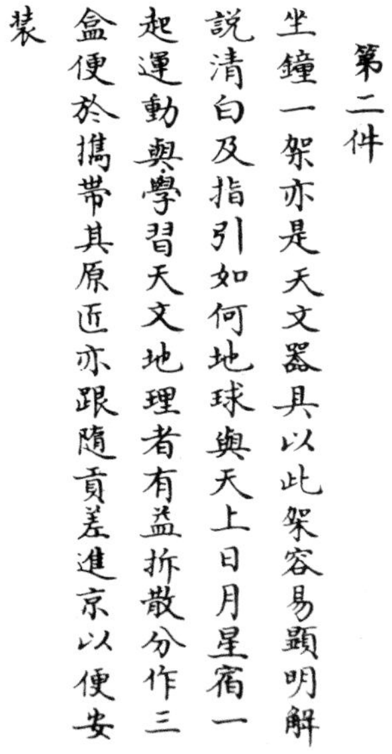

英使的礼品原打算全部运往热河，以便在乾隆帝八旬万寿时进呈，但由于天文地理大表等件制作极为细巧，体积庞大，加之通往热河之路多为山区，运输很不方便，故最终将这两件太阳系仪及其他六件较重的仪器留在了北京，安放在圆明园正大光明殿内。1860 年，英法联军焚烧圆明园，这两件太阳系仪可能亦毁于其中，因此现在的我们已经无法再见到这两件绝世珍品了，这是非常令人遗憾的事情。

以上是曾经入藏清宫的五件太阳系仪的大致情况。我们注意到，这几件太阳系仪都是在 18 世纪下半叶传到中国来的，尽管它们的组合不同，精度各异，但却表现出一个共同的主题，即哥白尼日心地动的太阳系学说，这对我们认识哥白尼学说在中国传播的历史是非常重要的。

[1] 中国第一历史档案馆藏：《乾隆朝上谕档》，乾隆五十八年六月三十日。
[2] ［英］斯当东著，叶笃义译：《英使谒见乾隆纪实》页 248，商务印书馆，1963 年。

二 太阳系仪入宫的历史背景——哥白尼学说在中国的传播

在半个多世纪的时间里，西方制造的太阳系仪频频进入清宫，这种现象并不是偶然的，而是有其深刻的社会历史背景。历史告诉我们，哥白尼学说在西方的发展本身就充满了血腥和残酷。《天体运行论》一出版，便遭到了顽固坚持托勒密地心说的教会势力的反对。他们对维护和宣传哥白尼学说的学者横加迫害，布鲁诺被活活烧死，伽利略两次受到审判。1616 年，又将《天体运行论》列为禁书，不许其传播，直到 1757 年才解禁。尽管如此，我们认为作为西方颇具影响颇具革命性的哥白尼学说，在中国天文学交流的长河中势必有所反映。只不过这种颇具挑战性的学说要想在传统观念根深蒂固的中国获得承认，其历程更曲折、更艰难而已。此中来华传教士之功当居其首。这里我们根据现在能接触到的文献资料把哥白尼及其学说在中国传播的历史分为四个阶段并略作分析。

〔一〕第一阶段——17 世纪 30 年代至 1646 年波兰传教士穆尼阁
〔Nicolas Smoglenski, 1609-1655〕来华

在这短短的十几年时间里，以徐光启组建和主持历局，编译系统介绍西方天文学的大型丛书《崇祯历书》为契机，哥白尼的名字在中国学者当中迅速传播。当时参加此书编纂的传教士有龙华民、邓玉函、罗雅谷、汤若望等人，其中西方著作的选取和翻译都由他们负责。他们深知要想赢得中国人的信任，必须使自己所介绍的科学知识经得起实践的考验。在这样的情况下，尽管当时的教会不允许传教士们宣传哥白尼学说，但他们仍自觉不自觉地运用了哥白尼、伽利略等人的科学成果。通观《崇祯历书》，其中的宇宙体系和天体运动几何模型基本上以第谷体系为准，但在叙述第谷理论之前往往先介绍托勒密和哥白尼的方法。书中摘译了哥白尼《天体运行论》中的十余章内容及 17 项观测结果[1]，哥白尼的名字屡屡出现。如：

---

[1] 席宗泽等：《日心地动说在中国》，《中国科学》1973 年第 3 期；石云里《中国古代科学技术史纲·天文卷》，辽宁教育出版社，1996 年。

月离之成，依歌白泥论，有本圈，有本轮，有次轮[1]。

按西历近世名家，先有歌白泥，后有第谷，从前所论会法，两家之说略同[2]。

法同上用三会食，此近世歌白泥法，今时通用[3]。

前卷推月不平行之缘，为有本轮次轮，因立两均数以定其实行，此歌白泥术[4]。

以上系古法，后世累代密推，有亚巴德于总积五千六百零四年为唐昭宗大顺二年辛亥推得一千一百四十六倍，歌白泥于正德间推得一千一百七十九倍，第谷于万历间推得一千一百八十四倍，此差列数至微，推算极难。或日经月经加减以分计，则其差以数百倍计。故各历家于此殚思竭虑焉。今时所用，大都歌白泥之率也[5]。

另外，汤若望在 1640 年左右撰写的《历法西传》中也对哥白尼的著作进行了介绍："又其后四百年，有歌白泥，验多禄某法，虽全备微欠晓明，乃别作新图，著书六卷。今为序次之如左……以上歌白泥所著，后人多祖述焉"。鉴于哥白尼宇宙体系的非正统性，传教士们不可能加以全面介绍，故而当时的中国人也不可能了解他的日心地动学说，但通过上述著作，却得知哥白尼精于观测，是与托勒密、第谷等齐名的四大天文学家之一。

〔二〕第二阶段——1646 ～ 1757 年《天体运行论》在欧洲解禁

这一时期哥白尼的日心说在欧洲仍被严行禁止，同样在中国的西方传教

[1] 《西洋新法历书·交食历指》卷二 "太阳朔望本行图"。
[2] 《西洋新法历书·交食历指》卷二 "求实会法"。
[3] 《西洋新法历书·月离历指》卷一 "测本轮大小远近及加减差后法第七"。
[4] 《西洋新法历书·月离历指》卷一 "测本轮大小远近及加减差后法第七"。
[5] 《西洋新法历书·月离历指》卷二 "日月距地率日月实径率地景长总论第二十三"。

士也没有在官方场合宣传之。但在中西天文学家的私人接触中，日心地动说却被屡屡提及。在这方面波兰传教士穆尼阁颇具代表性。穆尼阁出身于波兰贵族家庭，1635 年加入耶稣会，此后在意大利教会学校罗马学院学习过两年，大约在 1643 年前后被派往中国，先后在福建、南京、广东等地传教。

> 顺治十年，被召至内廷，穆氏请求准往关外传教，顺治帝认为尚非其时，但赐谕准其前往各省传教，氏乃得遍交各地官绅[1]。

在和穆尼阁接触的中国人当中，有许多是当时著名的学者和天文学家。如在南京时，就曾向薛凤祚、方中通、汤濩等讲授西洋天文学和数学知识。这些人对穆尼阁留下了极深的印象，对他的学问和为人大加赞赏。有证据表明穆尼阁本人更倾向于日心地动说[2]。在他们的交流过程中，极有可能谈到这个问题。虽然留下来的文字材料不多，但从清代学者的著作中我们仍可发现些许蛛丝马迹。在方以智〔1611 ～ 1671 年〕所著《物理小识》中，有两处提到了穆尼阁宣讲日心地动学说的情况。其一是在卷一《历类·岁差》一节的正文中，有"穆公曰：'地亦有游'"。其二是在卷二《地类·地游地动》一节方中通所作的小注中，注云："穆先生有地游之说"。据此可以判断，穆尼阁曾口头向中国学者透露过日心说。

此外，清初学者黄百家也有完整介绍日心地动学说的文字，云：

> 百家谨案：地转之说，西人歌白泥立法最奇：太阳居天地之正中，永古不动，地球循环转旋，太阴又附地球而行。依法以推，薄食陵犯，不爽纤毫。盖彼国历有三家，一多禄茂，一歌白泥，一第谷。三家立法，迥然不同，而所推之验不异。究竟地转之法难信[3]。

这表明除了穆尼阁之外其他西方传教士也曾私下向中国人全面介绍过哥

[1] 方豪：《中国天主教史人物传》，中华书局，1988 年。
[2] 胡铁珠：《〈历学会通〉中的宇宙模式》，《自然科学史研究》第 11 卷第 3 期。
[3] 〔清〕黄宗羲、黄百家：《宋元学案》卷一七"横渠学案"。

白尼学说。只不过限于教会的禁令，他们不好对其加以肯定而已。这股私下传播的暗流，为以后哥白尼学说被正式介绍到中国奠定了思想基础。

〔三〕第三阶段——1757～1859 年李善兰翻译出版《谈天》

随着天文观测手段的不断进步，日心地动说不断被实践所证实，哥白尼理论在欧洲越来越得到公认，强权已经无法阻止它的传播。基于此，罗马教廷于 1757 年宣布解除对《天体运行论》的禁令。这不但是对欧洲天文学的解放，同时也是对在华西方传教士的解放。从此，他们可以光明正大合理合法地宣传哥白尼的理论。

1760 年，法国传教士蒋友仁〔Michael Benoist〕向乾隆帝进献了一幅世界地图，名《坤舆全图》，此图高 1.84 米，长 3.66 米，分东西两个半球绘出，直径各 1.4 米。在图的周围又布置了说明文字和解说文字的精美插图，其说明文字由何国宗和钱大昕两人帮助润色。其中的太阳系图即取自哥白尼理论。在以"七曜序次"为名的说明文字中，第一次向中国人明确宣布哥白尼学说是唯一正确的。

> 自古天文学家推七政躔离行度，其法详矣。西士殚其聪明，各自推算，乃创想宇内诸曜之序次，各成一家之论，今姑取其紧要四宗，以齐诸曜之运动而已。第一，多禄亩……然此论不足以明七政运行之诸理，今人无从之者；第二，的谷……第三，玛尔象……以上二家虽有可取，然皆不如哥白尼之密；第四，哥白尼，置太阳于宇宙中心，太阳最近者水星、次金星、次地、次火星、次木星、次土星，太阴之本轮绕地球。土星旁有五小星绕之，木星旁有四小星绕之，各有本轮，绕本星而行，距斯诸轮最远者，乃为恒星天，常静不动。

但蒋友仁的地图一直深锁于宫中，世人难以接触。嘉庆五年前后，钱大昕把自己保留的一份润色稿拿出来，让自己的学生李锐按文意补充了两幅地图及 19 幅天文图，把文字和图合为一册，定名《地球图说》公开出版。至此，哥白尼的日心地动说才为多数中国人所知晓。

与日心地动说在欧洲的经历一样，其在中国也遭到了一些人的反对，其中著名学者阮元的言论最具代表性。他批评地动说是：

> 且以为地球动而太阳静，是西人亦不能坚守其前说也。夫第假象以明算理，则谓为椭圆面积，可谓为地球动而太阳静，亦何所不可。然其为说，至于上下易位，动静倒置，则离经叛道，不可为训，固未有若是甚焉者也[1]。

阮元是乾嘉学派具有重要影响的人物，他的言论在一定程度上左右了当时人们的思想，并在相当长的一段时间里阻碍着中国人对哥白尼学说的正确理解和认识，至使这段时期内中国学者一直将奉第谷体系为圭臬的《历象考成》及其后编作为天文学经典相沿使用。这种局面直到鸦片战争之后中国人改变了对西学的态度才有所改观。著名学者魏源在"师夷之长技以制夷"的思想旗帜下，编纂完成了《海国图志》一书，其中再一次肯定了哥白尼学说的正确性。

> 前明嘉靖二十年间，有伯罢尼亚国人哥白尼各者，深悉天文地理，言地球与各政相类，日则居中，地与各政皆循环于日球外，川流不息，周而复始，并非如昔人所云静而不动，日月各星循环于其外者也。以后各精习天文诸人，多方推算，屡屡考验，方知地球之理，哥伯尼各所言者不谬矣[2]。

> 按哥伯尼各之法，以日居中，地球与五星循环于其外。本体无光，皆受日光而明。近远之度数相别，循环之日期不同，因其法顺情合理，故今之讲习天文者无不从之[3]。

如此经过一百多年的斗争，哥白尼学说终于在中国赢得了其应有的地

---

[1]〔清〕阮元：《畴人传》卷四六。

[2]〔清〕魏源：《海国图志》卷九六。

[3]〔清〕魏源：《海国图志》卷九六。

位，其标志则是 1859 年由李善兰翻译的天文学著作《谈天》的出版。

〔四〕第四阶段——1859 年以后

这一年，李善兰与伟烈亚力共同翻译出版了英国著名天文学家约翰·赫歇耳的《天文学纲要》，取名《谈天》，系统介绍了近代天文学的全貌。在这部书的序言中，李善兰针对阮元等人的论点进行了强有力的批驳：

> 西士言天者，曰恒星与日不动，地与五星俱绕日而行，故一岁者，地球绕日一周也；一昼夜者，地球自转一周也。议者曰：以天为静，以地为动，动静倒置，违经叛道，不可信也。西士又曰：地与五星及月之道俱系椭圆，而历时等则所过面积亦等。议者曰：此假象也。以本轮均轮推之而合，则设其象为本轮均轮；以椭圆面积推之而合，则设其象为椭圆面积，其实不过假以推步，非真有此象也。窃谓议者未尝精心考察，而拘牵经义，妄生议论，甚无谓也……余与伟烈君所译《谈天》一书，皆主地动及椭圆面积立说。此二者之故不明，此书不能读。故先详论之[1]。

此后直至 20 世纪初的几十年里，又陆续出现了一系列天文学译著，中国人自己也不断有阐释哥白尼学说的著作问世。哥白尼学说最终以其科学真理的面目而为中国人所认同。

三 结 语

从以上介绍中，我们发现前述五件太阳系仪都是在第三阶段进入清宫的，而这个阶段正是哥白尼学说在中国经历着支持与反对相互对峙的关键时期。一个明显的事实是，铜镀金七政仪和铜镀金浑天合七政仪在 1859 年即已被纂入乾隆帝钦定的《皇朝礼器图式》中，比最早公开系统介绍哥白尼学说的蒋友仁的《坤舆全图》还要早为清宫所知。人们不禁要问，何以表现哥白尼学说的实物要早于文字进入清宫呢？这大概与传教士的一贯做法有关。

[1] 〔清〕李善兰译：《谈天·序》，《丛书集成续编》第 78 册。

1757 年哥白尼学说在欧洲一解禁，西方传教士即已意识到其对于中国的重要意义，故以最快的速度将表现哥白尼学说的演示仪器带到了中国，直接献给了当时中国的最高层。因为在他们看来，实物的演示更形象，更易为人所接受，而且只有从至高无上的皇帝入手，赢得他的支持，才有可能在更大范围内宣传。在这一点上，又不禁使我们想起了早于此一个世纪之前利玛窦持自鸣钟打开中国皇宫大门时的情形。事实上，在蒋友仁进献《坤舆全图》之前，乾隆帝已经对包括哥白尼学说在内的西方天文学有了一定的了解。无论是蒋友仁翻译坤舆图说，还是何国宗、钱大昕帮助修改润色，都是奉了乾隆的旨意进行的。因为在钱大昕刊行的《地球图说》正文前面，就有："西洋人臣蒋友仁奉旨翻译，内阁学士兼礼部侍郎臣何国宗、左春坊左赞善翰林院编修臣钱大昕同奉旨润色"的记载。而乾隆帝最早接触哥白尼日心地动说恐怕就是通过"七政仪"和"浑天合七政仪"的演示，可见这两件仪器在中国哥白尼学说传播史上是非常重要的。

另外，半个世纪以后的马戛尔尼使团来华时，在礼品的准备上是经过审慎考虑的。此时尽管蒋友仁向乾隆进呈《坤舆全图》已经过了很长时间，但哥白尼学说并没有在中国得到认同，英国方面对这一情况肯定是了解的，否则就不会把两件太阳系仪当做最能说明自己国家现代化程度的重器送给乾隆帝。乾隆帝在观看了这些仪器后，并没有表露出多么惊奇之态，说明其对仪器所演示的内容早已有所涉猎。只不过此次印象更深刻而已。由此可以推断，与哥白尼学说在民间所引起的争论相比，其在清宫中的传播却要平静得多。

到现在为止，我们还没有任何证据表明太阳系仪曾传入中国民间，也就是说这种形象演示日心地动说的太阳系仪进入中国后都被清宫收存，从中不难看出在中西文化交流中清宫廷这块阵地的重要地位。哥白尼学说在中国传播的过程中，这五件太阳系仪所起的作用是值得我们注意的。

故宫博物院所藏与钟表相关之文物

清宫旧藏的文物中以钟表为题材的装饰纹样在绘画、家具、瓷器、玉器、珐琅器以及室内装修上均有出现，说明钟表的形象已经深深浸润于人们的脑海中，创作时随手拈来灵活施用显得自然而然。笔者于 2004 年在主持澳门艺术博物馆《日升月恒——故宫珍藏钟表文物》大型展览过程中曾对这些资料进行过系统调查和整理，本文拟分门别类对其予以介绍。

一　宫廷家具上的钟表形象

我们在故宫博物院收藏中发现了几件描绘有钟表形象的家具，主要是在插屏、挂屏的屏心装饰部分以及嵌玻璃隔扇的玻璃画上。包括：

1. 紫檀边框嵌珐琅仕女画插屏

插屏为一对。每件高 218 厘米，宽 114 厘米，体量硕大。紫檀边座，站牙、披水牙等部分皆浮雕龙纹，屏心为整幅铜胎画珐琅西洋仕女画，如此巨大的珐琅画作品制作繁难，十分少见。从屏心的珐琅画和紫檀边座的木工做法推断，此对插屏很可能是乾隆时期广州地方的工匠专门为宫廷制作的。屏心的两幅巨幅铜胎珐琅画不仅技术上难度甚大，要求甚高，显示出广州画珐琅工艺的水平，而且在内容上也映射出广州作为中西文化交流连接点的特殊历史状况。两幅画画的都是伊斯兰建筑场景中西洋仕女的鉴赏活动。值得注意的是两幅屏心上竟出现了三件钟表形象，两件座钟，一件怀表。其中一幅，在建筑窗户外面的圆桌上摆放着果盘、花觚、六角式盒和镀金怀表。怀表呈圆鼓形，外壳四面各有一圆环，并系一丝带，白珐琅表盘。建筑内一女倚窗而立，身侧摆放一大型自鸣钟，因窗帘遮挡，只露出钟体的一部分和钟盘的一角。该钟白珐琅表盘，24 小时的显时盘面，从钟壳金色框架和蓝色珐琅的搭配来看，是相当典型的伊斯兰风格〔图 1〕。而另一幅中，建筑前三位女士各执金塔、折扇、如意、花瓶，似在相互交流，引得另一女倚窗倾听。建筑外的空地上立一大型钟表，钟架为黑漆描金外框，镶嵌蓝色珐琅，顶部圆形钟壳黑漆描金，白珐琅钟盘，单指针，盘上显时数字似属臆造，其整体的黑、蓝、金色搭配也同样是典型的伊斯兰风格〔图 2〕。我们也注意到，珐琅画的创作者对钟表具体细节的描摹并不十分到位，如钟盘上的显时数字或为臆造、或布局错位，表盘上弦孔、指针缺失等，由此可以推知画面的内容只

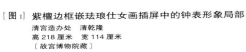

[图1] 紫檀边框嵌珐琅仕女画插屏中的钟表形象局部
清宫造办处　清乾隆
高218厘米　宽114厘米
〔故宫博物院藏〕

[图2] 紫檀边框嵌珐琅仕女画插屏
清宫造办处　清乾隆
高218厘米　宽114厘米
〔故宫博物院藏〕

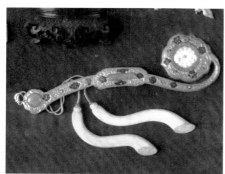

〔图 3〕 **紫檀边框嵌大吉葫芦花卉挂屏**
清宫造办处　清乾隆
高 125 厘米　宽 82 厘米
〔故宫博物院藏〕

是普通的仕女画，并非写实。但创作中钟表形象的融入，多少可以折射出钟表在当时生活中的影响。

2. 紫檀边框嵌大吉葫芦花卉挂屏〔图 3〕

挂屏为一对，图案呈对称分布。高 125 厘米，宽 82 厘米。紫檀雕西番莲边框，屏心蓝绒地。屏心上部镶着五块镂空带福字宫灯图案的牙雕牌，中心镶珐琅大吉葫芦，内插花卉，大吉葫芦一边是珐琅带宝盖玻璃灯扇宫灯，宫灯四角下垂流苏，一边是带紫檀座玉碗，碗内有蜜蜡制作的佛手、柿子等水果。另有散布的爆竹、水仙、寿星瓷偶等。大吉葫芦下边有一只镀金嵌料石花如意，如意头部镶嵌表盘，表盘外罩玻璃表蒙，表蒙边缘镶嵌红绿料石，白珐琅表盘上表示小时的罗马字母、表示分钟的阿拉伯数字以及双镀金指针都有如真正的钟表，惟妙惟肖。与此类似的如意表在故宫钟表收藏中还可以见到。

3. 紫檀边框多宝格式博古挂屏〔图 4〕

高 122 厘米，宽 80 厘米。用紫檀木作成多宝格式框子，框内黄漆地上镶百宝嵌博古、钟表、如意、花卉等图案。其中的钟表图案为木楼式座钟。须弥式底座。中间四角

〔图 4〕**紫檀边框多宝格式博古挂屏**
　　清宫造办处　　清乾隆
　　高 122 厘米　宽 80 厘米
　　〔故宫博物院藏〕

以镀金立柱支撑，玻璃门内为银镀金表盘，四角镶嵌花饰，双表针。上部双层方形钟楼，四角饰镀金塔，上罩圆玻璃顶，内部有可以活动的人物。从整体形态来看，显然是有所本的。

　　4. 黄花梨框嵌玻璃画隔扇屏

　　计 11 扇，每扇高 280 厘米，宽 45.5 厘米，现陈设于体和殿东次间内东墙上，为原状陈设之物。隔扇屏以黄花梨木制成，每扇上楣板、下裙板均有开光，上楣板雕刻拐子龙捧寿图案，下裙板雕刻吉庆有余和拐子龙纹。屏心部分分为四格，每格皆镶嵌玻璃画或容镜。上面一格嵌绘道教各仙人玻璃画，下面一格稍大，绘广东罗浮全图玻璃画，第三格嵌水银玻璃容镜，第四格嵌绘番人进宝图玻璃画。其中两件钟表的形象就出现在第 4 扇和第 11 扇的番人进宝图中。第四扇绘西洋人驾一双轮马车行进于途中，车厢后尾平台上安有一座自鸣钟，镀金方形钟身，尖塔状顶，钟身正面白珐琅钟盘，双指针〔图 5〕。第 11 扇绘一船停于水岸，4 名西洋人在向船上装载宝物。其中岸上一人

［图5］黄花梨框嵌玻璃画扇屏中车上
安放的钟表
　清宫造办处　清乾隆
　高280厘米　宽45.5厘米
　〔故宫博物院藏〕

怀抱一镀金方形座钟，尖塔式顶，白珐琅表盘，与欧洲早期的座钟形制十分
相似〔图6〕。另一人头顶托盘内则有四轮自行狮、镀金盆景等珍物。

以上带有钟表形象的家具都是清乾隆时期的作品。

［图6］黄花梨框嵌玻璃画扇屏番人进宝图中的钟表
　清宫造办处　清乾隆
　高280厘米　宽45.5厘米
　〔故宫博物院藏〕

二 宫廷绘画中的钟表形象

与家具相比，宫廷绘画中的钟表形象大部分相当写实，这可能与宫廷绘画的纪实性有关。这些作品与文献记载相互印证，反映出当时宫廷中钟表在来源、陈设、使用等方面的具体情形。而依据这些形象资料，对某些清宫钟表收藏进行重新认识和定位的情况亦不乏其例。

1.《雍亲王题书堂深居图》

一套计 12 幅，每幅纵 184 厘米，横 98 厘米。为描绘贵族女子闲雅清娱生活的组画，创作于康熙至雍正时期，出于宫廷画家之手，经过朱家溍先生的考证，定名为《雍亲王题书堂深居图》[1]。该组图画摹写当时宫中生活之场景，所画室内陈设富丽堂皇，各具特色，是清宫豪华生活的真实写照。其中的《持表对菊图》〔图 7〕表现身着素雅汉装的女子倚桌而坐，凝目沉思的情景。身后悬挂着书录明代著名文人董其昌诗句的贴落，酣畅淋漓的书法与桌案上陈放着的线装书籍构筑出儒雅的东方文化气韵。它们与窗下精美的西洋天文仪器、女子手中小巧精致的珐琅表形成了富有情趣的对比，来自西方的先进科技与东方传统文化，在宫廷生活中相得益彰。该图中女

〔图 7〕《雍亲王题书堂深居图·持表对菊图》
清宫廷画家绘　清康熙至雍正
纵 184 厘米　横 98 厘米
〔故宫博物院藏〕

⑴　朱家溍：《关于雍正时期十二幅美人画的问题》，《紫禁城》1986 年第 3 期。

子手中的珐琅表具有同时代的典型特征：珐琅表盘中间绘盆景花卉图案，外面一圈为表示时间的罗马数字占据表盘的绝大部分空间，白底黑字，清晰明了，双指针造型简洁，在三点、四点位之间置上弦孔；画珐琅表壳，表壳四周侧面紫红色地上分布椭圆形开光，开光内微绘风景。从手形判断，是女子的拇指放在玻璃表蒙上，且表蒙玻璃弧度较大，使整个表外形近于球体。这应该是 17 世纪至 18 世纪初，也就是中国的康熙至雍正时期〔1662 ～ 1735 年〕珐琅怀表的标准形态。根据这一图像线索，我们对故宫博物院的钟表藏品进行筛查，发现确有几件与此相类似的怀表，有的做法甚至完全一样。比如"铜壳画珐琅怀表一对"，皆黑鲨鱼皮表套，上用镀金钉嵌出精美图案。白珐琅表盘，盘中心有仕女肖像画，单套双针，三点、四点位之间置上弦孔，白地黑罗马显时数字与画中一样。铜胎画珐琅表壳，表壳内绘自然风景，外侧面均匀分布四个椭圆形开光，开光内同样绘风景画。中间圆形部分同样为绘珐琅画，一只绘一女神手抚五弦琴，小天使拨动琴弦的情景，另一只则绘一女子倚靠在栏杆上，摆弄头上的花冠。这两件小表为同一位作者 Samuel Jaquin 制作，是康熙至雍正时期宫廷收藏的西方怀表的典型。同样，故宫博物院收藏的其他几件与此相类似的画珐琅怀表的时代也可以通过此图得到确认。

另一幅《捻珠观猫图》描绘的是一仕女于圆窗前端坐，轻倚桌案，一手闲雅地捻着念珠，正观赏两只嬉戏顽皮的猫咪，窗下几案上亦可见绘有嵌珐琅木楼钟的图像。此钟双针双弦孔，珐琅表盘，正面四周及顶部嵌彩色珐琅片。从纹饰和造型看，此钟为地道的中国作品，而且极有可能是清宫造办处的杰作〔图 8〕。

这是迄今为止见到的宫中钟表最早的图像材料，而且其钟表形象的摹画有着充分的现实依据，可知当时宫中钟表使用的一般情形，精致的钟表不但皇帝喜欢，而且已经成为宫中后妃喜爱的玩物。

2.《万国来朝图》

乾隆皇帝为了弘扬清朝威德，谕命宫廷画家创作了多幅反映周边藩属国和西方诸国使臣在中国举国欢庆的日子里，如新春佳节或万寿节之际，在紫禁城朝觐乾隆帝的巨幅绘画作品，这些画作现在至少有六幅还保存在故宫博物院。图中喧杂热闹的场景，既有依据事实的部分，也有画家的想象成分。这些画作有着基本相同的构图，画面大部分描绘的是壮丽的紫禁城建筑，而在下部太和门外则簇拥着准备进贡的各国使臣。他们手捧各种奇珍异宝，翘首以待。在西洋诸国的使臣手中，我们发现了钟表的踪影。在历史上，不乏西方使臣以钟表作为送给中国皇帝礼物的记载[1]，而这些《万国来朝图》中的钟表，则形象地反映出当时钟表备受清皇室喜爱，西方国家将其作为礼品进献给中国皇帝的历史事实。

3.《威弧获鹿图》〔图 9〕

纸本设色。纵 37.6 厘米，横 195.5 厘米。此卷因乾隆皇帝御题引首"威弧获鹿"四字而得名。描绘的是乾隆皇帝骑马在秋季的木兰围场狩猎的场景。画中的乾隆皇帝身跨骏马、拉弓放矢，远处的奔鹿应声而倒。皇帝身旁的皇妃骑马紧紧追随侍奉，身体前倾，伸出左手将一只羽箭奉上。从而将乾隆皇帝木兰围场狩猎的瞬间永久定格在了画面之上。作品设色艳丽华美，笔触细腻，风格富贵，为清代宫廷画师所绘。图中所绘的乾隆皇帝形象正值壮年，举手投足强健有力；所绘皇妃年轻貌美，皮肤白皙，通过发式与衣服花纹及面部特征判断，很可能就是来自西域的容妃，也即传说中的香妃。该画一些细节反映出的真实历史同样引人注目，仔细观察，发现无论是乾隆皇帝还是皇妃乘坐的马鞍

〔图 8〕《雍亲王题书堂深居图·捻珠观猫图》
清宫廷画家绘　清康熙至雍正
纵 184 厘米　横 98 厘米
〔故宫博物院藏〕

[1] 参见本书关于康熙、雍正、乾隆朝钟表历史的论述。

[图 9] 《威狐获鹿图》
　　清宫廷画家绘　清乾隆
　　纵 37.6 厘米　横 195.5 厘米
　　〔故宫博物院藏〕

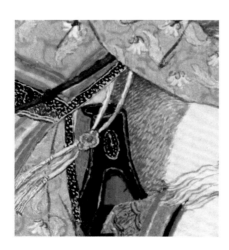

的鞍桥前面都镶嵌有钟表，这是准确反映乾隆时期马鞍表使用真实情形的十分难得的图像资料。

在清宫造办处的活计档中，不乏关于马鞍钟制作和使用的记录。如乾隆二年〔1737年〕八月乾隆帝传旨："着内大臣海望将做鞍子上问钟人员拟赏"，结果，第二天内大臣海望即作出赏首领赵进忠上用缎一匹，太监王国泰、李保柱、党进忠、谢起、领催白老格每人官用缎一匹，匠役九名每名银二两的决定[1]。马鞍表的制作是持续性的，如乾隆十九年〔1754年〕十二月，指示自

[1] 中国第一历史档案馆、香港中文大学文物馆合编：《清宫内务府造办处档案总汇》第7册，页785，乾隆二年八月"记事录"，人民出版社，2005年。

鸣钟处："鞍上着做金钉子儿皮盒套镀金表盘双针时问钟一个，随银梅花双锁"[1]。根据乾隆二十一年的点查记录，当时做钟处内计存有马鞍钟六件，分别为：

> 镀金拱花人形套镀金透花盒镀金锅镀金表盘双针问钟一个，镀金套环索；金钉子儿皮盒套镀金表盘双针时问钟一个，银绳双扁索；金钉子儿皮盒套镀金表盘双针时问钟一个，银梅花索；金钉子儿皮盒套镀金表盘双针时问钟一个，银梅花索；镀金拱花镶嵌梅花盆景式套镀金透花盒镀金表盘银锅双针问钟一个，镀金套环梅花索；金钉子儿皮盒套镀金表盘双针时问钟一个，镀金梅花索[2]。

乾隆皇帝几乎每年夏天都到热河避暑，赴木兰围场进行秋狝，相关部门都要为此进行一系列的准备工作，包括各种随围物品，其中御用鞍具是必不可少的。在这些御用鞍具中，就包括一定数量的嵌表马鞍。如乾隆十一年鞍甲作"司库白世秀将鞍库收贮造办处成造的鞍子并王子等呈进鞍共六十五副，怡亲王、海望拟得随围带去：上用安问钟鞦金花皮鞍板倭缎鞍坐绸绣花圆金梅花饰件暗三色丝线鞦辔鞍等十六副"[3]，获得批准。而乾隆三十九年〔1774年〕五月北鞍库为了运送"是次木兰皇上乘用西洋大钟鞍"，一次预领银达80两之多[4]。这些嵌有钟表的御用马鞍，平时管理时牵涉到武备院和做钟处等多个部门，多有不便，因此乾隆四十一年武备院折奏提出嵌表马鞍的具体管理办法：

[1] 中国第一历史档案馆、香港中文大学文物馆合编：《清宫内务府造办处档案总汇》第 20 册，页 401，乾隆十九年十二月"自鸣钟"，人民出版社，2005 年。

[2] 中国第一历史档案馆、香港中文大学文物馆合编：《清宫内务府造办处档案总汇》第 22 册，页 354，乾隆二十一年"做钟处宫内陈设钟表档"，人民出版社，2005 年。

[3] 中国第一历史档案馆、香港中文大学文物馆合编：《清宫内务府造办处档案总汇》第 14 册，页 409，乾隆十一年八月"鞍甲作"，人民出版社，2005 年。

[4] 中国第一历史档案馆、香港中文大学文物馆合编：《清宫内务府造办处档案总汇》第 37 册，页 824，乾隆三十九年"造办处钱粮库"，人民出版社，2005 年。

今查得北鞍库存储上用镶钟表鞍二十七副，内二十三副鞍上钟表向来俱交做钟处收存，随用随安，惟进献鞍四副之钟表又系连鞍收储，伏思钟表一项，必须不时比较修理，方能有准，若久存库内，不免涩滞，恐一时难以适用，理应请将进献鞍上之钟表一并交与做钟处收存，随用随安，以昭划一，谨此奏闻[1]。

也就是说马鞍平时存储于北鞍库，由武备院负责，而马鞍上的钟表则拆下存于做钟处，以便于维护修理，使用时再安装在一起。从档案记载看，乾隆皇帝御用嵌表马鞍数量不少，在乾隆时期的宫廷绘画中也不止一幅乾隆帝肖像画中出现过马鞍表的图像，除这幅《威弧获鹿图》外，还有郎世宁画《弘历射猎图轴》和清人画《弘历锦云良骏图轴》。所画的马鞍包括金钉绿鲨鱼皮嵌表马鞍和鞔金花黑漆皮嵌表马鞍等样式，非常具体形象。

结合此幅《威弧获鹿图》以及造办处活计档，基本上可以比较全面地了解清代宫廷马鞍表的制作、使用和管理情况。

4.《孝钦显皇后对弈图轴》

绢本设色。纵231.8厘米，横142厘米。孝钦显皇后即慈禧皇太后。图中孝钦显皇后端坐于瓷质绣墩之上，衣着华丽，正襟危坐，右手正从棋盒中取出棋子，而站在棋桌对面的男子则身穿华贵的团寿纹蓝色锦袍，手执黑棋子准备落子，其上身稍向孝钦方向倾斜，但神情安然自得，应是位拥有显赫地位的宫中权贵。画面中人物的一坐一立、一正一倾，显示出二人地位的主从尊卑。该图具有晚清宫廷肖像画的特点，环境为虚，但服饰、家具为实，指甲套、翡翠头花、扳指等都是晚清风尚的真实体现。在诸多的细节之中，对弈男子腰间佩挂的精美小怀表颇为引人注目。该表置于红地绣金色花卉的表套之内，只露出白珐琅表盘，大三针，罗马数字显时，表套下悬挂由珊瑚、珍珠、盘肠节组成的坠链，拴着镀金柄的表钥匙。无论是表盘还是表钥匙，绘制都十分准确。此图画描绘男子平日里将小表装在表套内佩于腰间的情形，正是晚清时期贵族怀表使用佩带的通例〔图10〕。

---

[1] 中国第一历史档案馆、香港中文大学文物馆合编:《清宫内务府造办处档案总汇》第39册，页389，乾隆四十一年十一月"做钟处"，人民出版社，2005年。

[图 10]《孝钦显皇后对弈图》局部
清宫廷画家绘　清晚期
纵 231.8 厘米　横 142 厘米
〔故宫博物院藏〕

5.《光绪大婚图册》

绢本设色。每开纵 60 厘米，横 112 厘米。在清朝二百余年的历史中，在紫禁城内举行大婚典礼册立皇后的只有顺治、康熙、同治、光绪四位幼年即位的皇帝。前三位皇帝的大婚盛况如今只能见诸档案记载，而光绪皇帝载湉〔1871～1908 年〕大婚的宏大场面却被图文并茂地记录下来，这就是故宫收藏的《光绪大婚图》册。光绪帝的皇后是慈禧太后的内侄女，太后之弟桂祥之女叶赫那拉氏，清光绪十三年〔1887 年〕被选为皇后，这套《光绪大婚图》册表现的就是清宫迎娶皇后入宫的一系列活动情景，以册页形式表现了礼节繁缛的宫廷大婚典礼的纳彩、大征、册立、奉迎、合卺、庆贺、赐宴七个主要程序，形象地再现了当时清宫婚庆的形式和过程。其中第五册《皇后妆奁图》即描绘了皇后家送嫁妆入宫的情景。宫内沉浸在一片喜气洋洋的氛围之中，主要御道红毯铺地，午门以内各宫门、殿门都是红灯高悬，太和门、太和殿、乾清宫、坤宁宫都悬挂了双喜彩绸，抬送妆奁的队伍从东华门外一直延续到乾清门。其中从协和门至太和门东边的昭德门一段，便绘有皇后妆奁中的四抬钟表，即金转花洋钟一对、金四面转花洋钟一对。从图上观察，这四件钟表高度可能都在一米左右，体量很大，制作精细，全身镀金，富丽堂皇。在总共一百抬的皇后妆奁中，两对四件铜镀金转花钟就占去四抬，极为引人注目。为我们了解晚清皇帝大婚中的钟表提供了翔实可靠的形象资料。

6.倦勤斋通景画

在宫廷装饰绘画艺术中，倦勤斋内的通景画是十分重要的作品。其内西边三间中间有小戏台一座，两边有用竹竿搭成的透空隔断墙，室内天顶部位及西墙和北墙上都贴满了画幅，画幅中的藤萝架、庭园建筑等与室内的环境和装饰巧妙衔接，融为一体，使室内空间和环境得到最大程度的视觉延伸。该通景画创作于乾隆三十九年至四十四年〔1774～1779年〕。

是由欧洲传教士画家及他们的中国助手，借鉴了欧洲教堂中的天顶画和全景画的形式而创作的……它使我们看到了欧洲文化艺术对于宫廷文化艺术影响的又一实例，故而非常值得珍视[1]。

〔图 11〕倦勤斋通景画局部

与这些通景画相对的东面一间为宝座间，分为上下两层，两层中间炕上皆放宝座。其天顶和墙面亦与前述通景画衔接，组成统一的整体。在宝座间二层北墙上的通景画描绘的是另一房间的室内景观，其中一座木制挂钟就挂在屋门旁边的墙上，这也是清宫室内装修中出现的不多的钟表形象的实例。所绘钟表为木质外壳，下部前板的镂空花纹间可见镀金长圆摆。中部为圆形表身，铜质表盘，中间浅浮雕花卉纹饰，四周嵌白底蓝字珐琅圈，双针。上部为装饰有花叶纹的木雕楼式顶盖。整个钟的做法装潢具有西洋风格特点〔图11〕。这种木制挂钟在清宫钟表收藏中迄今未见，有可能是通景画创作者根据西洋资料设计创作的。

[1] 聂崇正：《清宫绘画与"西画东渐"》页 243，紫禁城出版社，2008 年。

[图 12] 清乾隆金彩凸花嵌表式瓷盒
清宫造办处　乾隆时期
直径 5.5 厘米　厚 3 厘米
〔故宫博物院藏〕

三　宫廷工艺品上的钟表纹饰

1. 金彩凸花嵌表式瓷盒

瓷盒直径 5.5 厘米，厚 3 厘米。为乾隆时期的作品。盒盖外面正中圆形开光内用白色油漆画出表盘，上嵌双针，但没有机芯，为单纯的装饰纹样，外罩玻璃表蒙，从外面看恰似一件小表。表盘四周为凸起的金彩花卉纹。盒底亦装饰凸出的金彩花卉图案，与金属表壳上的浮雕图案极为相似。盒上盖下底合在一起，从外形看恰如一件钟表，设计巧妙而独特。用钟表图案作为瓷器装饰，在清代十分少见〔图 12〕。

2. 和田玉钟表纹六方瓶

青玉雕六方形器，前后略扁。高 28.8 厘米，宽 14.5 厘米，厚 5.5 厘米。盖分多层，为上小下大的锥形，并随器身雕成六角。器身于六角转折处上下出戟，颈部前后凸起开光，内饰"卍"字纹，腹部浅浮雕钟表纹，足部前后凸起开光，内饰变形的寿字，组成"万寿"的寓意。足底刻有"大清乾隆仿古"款。乾隆时期的仿古玉器，虽追形求意，却并不在意细节的完全一致，时有新意，名为仿古，实有创新。此件方瓶组成六出戟的凤鸟纹和夔纹，是将商周青铜器纹饰立体化的结果，而腹部的钟表纹则是乾隆宫廷接受外来文化的形象反映。该钟表

[图 13] 青玉钟表纹六方瓶
清宫造办处　清乾隆
高 28.8 厘米　宽 14.5 厘米　厚 5.5 厘米
〔故宫博物院藏〕

[图 14] 掐丝珐琅象驮宝瓶陈设
清宫造办处　清乾隆
高 52 厘米　宽 41 厘米
〔故宫博物院藏〕

纹占据了瓶腹的中心部位，圆形表盘，双花式表针，罗马数字显时，而钟座和钟壳外围的装饰又是中国的传统纹样，显示出中西合璧的特色〔图 13〕。

3. 掐丝珐琅象驮宝瓶陈设

象驮宝瓶陈设为一对。高 52 厘米，宽 41 厘米。象作站立姿势，鼻内卷，牙外伸，大耳贴身，背披鞍架，上驮圆形鼓腹宝瓶，蕴含"太平有象"之意。瓶的腹部前后各饰圆形表盘，以掐丝珐琅制作，上嵌表针〔图 14〕。象驮宝瓶是清宫使用极为普遍的陈设器具，各种质地均有，制作数量很大，然而装饰有钟表纹饰者极为少见，在笔者所见资料中仅此一例。

以上都是乾隆时期的作品，用钟表图案作为瓷器、珐琅、玉器上的装饰，反映出乾隆时期钟表在工艺美术领域的影响。

四 表 套

在故宫博物院的文物收藏钟，表套是特别值得关注的，其收藏总量超过
千件。

这些表套在质地上有金的，有织绣品。金质表套现存不超过 10 件，均
六成金，呈花蕾状，正面有一圆形开光，镶竹节式圈口，以纳钟表。整个表
套运用镂空、累丝、点翠、点蓝等工艺，装饰各种吉祥图案，配五彩丝穗
〔图 15〕。这些表套有的还拴有小表钥匙，显然是实际使用过。而织绣表套
则不仅数量多，而且大小规格不一，纹饰多种多样，使用的制作技术繁多，
美轮美奂，令人爱不释手。这种表套往往是成组佩饰中的一件，常与盛行
一时的荷包、扇套、扳指套、眼镜袋、槟榔袋、火镰套、褡裢、镜套等一
同佩戴，悬挂于腰间带环之上，佩戴者可以根据时令节气的变化，更换不
同纹样的佩饰及组合〔图 16〕。当然，成组佩饰中表套的出现，也可以折射
出中外文化交流的细微侧面。在清早期的传统成套佩饰中，大多数是荷包、

〔图 15〕金表套
清晚期
高 8.1 厘米　宽 8.6 厘米
〔故宫博物院藏〕

[图 16] 红缎平金锁线龙凤呈祥活计

清宫造办处　光绪时期

10～31 厘米不等

〔故宫博物院藏〕

[图 17] 黄缎平金五毒葫芦纹表套
清宫造办处　清光绪
高 7.5 厘米　宽 7.7 厘米
〔故宫博物院藏〕

香囊、扇套、火镰套、扳指套等，并无表套一款，随着中外交流的频繁，钟表输入的增加，清代晚期才出现了这种极具中国特色、有别于西方男用表链、兼具实用和装饰的怀表用品。仅此即可反映出当时钟表的普及程度，若没有相当的数量积累和长期流行，很难发展出这种专门的佩表用具〔图 17、图 18〕。

至于表套如何使用，前述《孝钦显皇后对弈图》轴中描画的正是平日里男子将小表装在表套内拴在腰带上佩于腰间的情形，形

[图 18] 雪灰缎平金钉线玉堂富贵表套
清宫造办处　清光绪
高 7.2 厘米　宽 7.5 厘米
〔故宫博物院藏〕

象具体，明白易懂，可以参阅。

五　结　语

西方钟表的传入使中国有了一种便于普及且实用性能较好的计时器。同时，也为这个古老的国家带来了新的实用技术，弥补了传统技术的不足。与中国传统的计时器相比，机械钟表具有走时精度高，使用方便，报时直观，造型新颖等特点，因此受到上至皇帝下到平民百姓各个阶层的喜爱。而故宫博物院珍藏的这些带有钟表形象和纹饰的文物遗存虽然不是钟表，但都与钟表有着密切的关系。透过这些形式不同表象各异的作品，可以使我们真切地感受到钟表在中国的传播和影响究竟有多深多远。

现有材料表明，钟表在民间被广泛使用，装点寻常百姓家的居室是很晚时候的事情，但在社会的上层其普及却远比想象要迅速得多。这在清代的文学作品中是有所反映的，《红楼梦》里的贾府就具有相当的代表性。锦衣卫查抄宁国府时，一下子就抄出钟表 18 件[1]，平日里"外间房中什锦格上的自鸣钟"当当响[2]，宝二爷"回手向怀内"一掏，便能"掏出一个核桃大的金表来"[3]，就连伺候主子的奴仆差役"随身俱有钟表，不论大小事都有一定的时辰"[4]，可见在贾府钟表已经不是一般的玩物，而成为安排家人劳作的工具。钟表的普及还可以从当时各级官吏办公时钟表的使用情况中得到进一步验证，乾隆年间入值内宫的大臣多有佩带洋表以验时刻者。

通过上述与钟表相关之各类文物的介绍，可窥见机械钟表对中国人的生活和观念影响日见深入的状况，恐怕对生活于现今的人们亦不能不有所启发。

[1] 〔清〕曹雪芹、高鹗：《红楼梦》第 105 回，人民文学出版社，1982 年。
[2] 〔清〕曹雪芹、高鹗：《红楼梦》第 51 回，人民文学出版社，1982 年。
[3] 〔清〕曹雪芹、高鹗：《红楼梦》第 45 回，人民文学出版社，1982 年。
[4] 〔清〕曹雪芹、高鹗：《红楼梦》第 14 回，人民文学出版社，1982 年。

关于苏钟的考察

　　"苏钟"是清代苏州所制钟表的简称，这一词汇的出现与当代学者对清代钟表制造情况的研究有密切关系。一般认为，苏州地区钟表制造的起源甚早，水平很高，其产品堪与广州地区制造的广钟和北京宫廷所造的御制钟相媲美，是清代中国钟表产品的代表之一[1]。因此之故，苏钟便与广钟、御制钟一样，成为历史上中国钟表名品的标签不胫而走。关于苏钟，以往已有学者进行了卓有成效的研究，发表了多篇学术论文。笔者在对清代钟表史进行研究过程中，接触了有关材料，觉得苏州钟表关涉到对中国钟表史的总体评价问题，而以往的研究又带有较多的推测演绎成分，故有必要再对其进行一番清理工作。本文即在前人研究的基础上，从文献和实物等方面对苏钟历史重新考察，以期获得对苏钟历史较为客观的描述。

一　苏钟研究状况回顾

　　当代最早研究苏钟的著作当属《谈清代的钟表制作》[2]一文，其作者徐文璘、李文光先生曾长期在故宫博物院从事钟表的修复工作，对故宫钟表的收藏情况非常了解，对有关的掌故也很熟悉。该文以当时故宫博物院所藏和南京博物院新收藏的几件钟表为基本依据，参照《红楼梦》等文学作品中对钟表的描写，大致推断了清代的钟表制作情况。文中讲道：

　　　　清代制造钟表，要推苏州和广州，这是人们都知道的。故宫博物院所藏苏、广造的钟很多，都是十八世纪的，而一般家庭旧有的苏、广钟，如苏插屏等，都是十九世纪的。因此，很难确知开始制造这类钟的年代。有关的府志和县志也没有明文记载。

　　在介绍了这些钟表的情况以后，作者认为：

---

[1] "苏钟"一词的含义，也有人认为是江苏所造钟表的省称。如吴少华编著《古董钟》云："南京钟，因最早起源于南京，故名。后来制造地遍及江苏，人们称其为'苏钟'。"此文仍从"苏钟"为苏州地区所制钟表的传统说法。

[2]《文物》1959 年第 2 期。

最近南京博物院收到钟表两件，是用中国固有的时辰来计时……可以证明南京博物院的时辰钟表当是清代苏州制造的……用中国固有的十二辰来计时的钟表，当是在清康熙年间开始制造的。

广州制造的也始于康熙年间，可能苏造要在广造之先。

清宫正式设厂制造钟表是在乾隆五年〔1740年〕造办处成立以后，纯粹是为宫廷使用而制造，所以称为"御制"，钟上多有"乾隆御制"字样。

据此不难得出苏州是清代最早制造钟表并形成自己特色的地方的结论。由于有实物的支持，文中关于苏钟的意见广为研究者所接受，对后来人们的认识影响极大，几乎成为苏钟历史研究的不易之论。

1981年，陈凯歌先生发表了《清代苏州的钟表制造》[1]一文，这是迄今为止关于苏州钟表史的最为完备的论著。文章从"苏州钟表制造的历史及文献记载"、"古代苏州钟表制造的专业化分工情况"、《钟表义冢碑记》、"苏造钟的结构和特点"等几方面对苏造钟及其历史进行了详尽阐述，认为：

钟表制造自成体系是在十三世纪以后，我国首先制成钟表，后来才西传，在欧洲发展普及开来。十六世纪以后，欧洲钟表制造反以其独特形式影响中国，从而我国近代钟表制造开始兴旺起来。苏州钟表制造的发展正是在明末清初时期。

该文还依据实物资料，对苏州钟表制造的历史进行分期，并讨论了各个阶段苏造钟的结构特点。如：明、清初时期的苏钟制品应是西洋钟和中国传统钟结合后的产物。因钟机字盘和指针均采用中国独有的时辰为计时单位，其报时打法也与众不同，和后来乾隆时代制作的钟相比，形式大不相同；清中期乾隆至嘉庆时期的制品几乎都是双针指示时间，动力源用重锤或用法条，

〔1〕《故宫博物院院刊》1981年4期。

字盘有中国式的时辰显示，也有采用罗马字的，大多有附加装置。从而凸显出了苏钟在中国钟表发展史中的重要地位。在另外的相关文章中，作者更进一步指出"中国现存最古老的钟表是苏州制造，中国最古老的钟表生产基地在苏州"[1]。

应该说，上述两文基本奠定了苏州钟表研究的基本格局，以后对苏钟历史的论述多源于此。如：

> 除国立制钟工厂外，苏州制钟业可列为最先发展的重要城市之一。据文献记载，苏州制钟业在清代初期就已经具备了一定的规模[2]。

> 明末清初，苏州即能制造自鸣钟，当时被称为"苏钟"[3]。

在业内人士的心目中，苏钟已经成为中国早期钟表发展史中不可或缺的重要部分，甚至形成了"自康熙后期至清末，在长达二百年的时间里，国内形成'御制钟'、'广造钟'和'苏造钟'三足鼎立之势"[4]的结论。

综合以上这些成果，大致可以勾勒出苏州钟表制作的历史脉络：苏州的钟表制造是在16世纪以后，欧洲钟表制造影响中国的大历史背景之下开始兴旺起来的，其发展正是在明末清初时期，康熙时期的苏州钟表作品至今仍有遗存，为苏州早期钟表制造的历史提供了证据。至清中叶的乾隆、嘉庆时期，尽管苏钟因制作者不同而各异，制造水平高低不一，质量差别也大，但总的趋向是越来越复杂。大多附加福禄寿三星、八仙过海、铜人敲钟及其他吉祥花卉、禽兽、水法、奏乐等造型装置，并均可与走时联动。晚清苏钟则以插屏钟为主。

问题的关键是，上述结论究竟在多大程度上反映了苏州钟表历史的真实状况？其所赖以立论的依据是否存在可商榷之处？这正是我们后面将要讨论的。

[1] 参见《苏州钟表文化古今谈》，《苏州市科技史文集》〔内部交流〕第一辑，1998年。

[2] 李豫：《钟表春秋》页96，学术期刊出版社，1988年。

[3] 廖志豪：《苏钟二三事》，《计时仪器史论丛》第一辑，中国计时仪器史学会，1994年。

[4] 商芝楠：《清代宫中的广东钟表》，《故宫博物院院刊》1986年第3期。

二　苏钟的文献考察

尽管钟表制作只是普通工匠赖以生存的技艺，不为当时史学家所重视，要获得详尽全面的材料十分不易，但作为苏州历史上重要的手工业门类，历史上总会留下或多或少的记载。这里不妨对有关苏州钟表的文献略作梳理。

1. 清宫档案

众所周知，苏州是我国著名的手工业城市，百工云集，有"苏州巧手"之誉。清代在这里设有专门负责清宫御用物品制作的苏州织造，每年以织造或其他官员名义进贡的物品为数不少，其中不仅有纺织品，也包括其他种类的艺术品和实用品。如果苏州曾为清宫制造或进献过钟表，在档案中应该有所反映。但查阅现存的档案，相关的记述非常之少，只在陈设库贮类档案中有这样一条记载：

> 嘉庆十九年二月初十日福喜交：贴金倒环顶黑擦漆架铜花铜条油画屉板单针时乐钟一对〔苏做，无等〕[1]。

从这简单的描述中，可知此钟的样式、产地、等级等状况。按清宫在清查宫中物品的档案中经常标明物品的产地，"苏做"即是由苏州制作。又清宫对所用物品有一套评定标准，钟表则分为头等、二等、三等、四等和无等几个等级。此钟在当时宫中大量的钟表藏品中样式一般，结构简单，等级不高，属普通之器。尽管如此，这条档案对苏钟历史仍具有重要价值，因为它是迄今为止所知道的关于苏做钟最早的文献记载。

2.《钟表义冢碑记》

现知有关苏州钟表制造的文献记载中，以《钟表义冢碑记》最为重要。此碑是 1957 年南京博物院宋伯胤先生调查苏州明、清碑刻时在苏州郊外陆墓镇五里村发现的。对其经过宋先生曾有过生动的记述：

---

[1] 中国第一历史档案馆藏"陈设、库贮类 396 项"《城内、圆明园做钟处钟表处细数清册》。

1957 年春，当我在苏州调查明清碑刻的时候，为了寻找西园后面葛仙翁庙附近的"钟表公所"而访问了饮马桥钟表修配生产合作社的朱云笙先生。由是我结识了王宽良、成霭生、严镕甫、易道德、张庚生、曹子兰等造钟匠师，并通过现场观察、个别访问和开座谈会的方法，开始对苏州造钟业的历史作了记录，搜集到一些极有科技价值的实物资料。特别使我不能忘却的是在曹子兰和朱云笙二位先生的亲自带领下，在离开陆墓七八华里的五里村杨姓耕地内找到了清嘉庆二十一年〔1816 年〕的"钟表义冢碑记"。荡荡平畴，惟一石岿然独存，当时我们三人真是喜出望外，意愿得到满足[1]。

其后，宋先生在大作《清代末年南京苏州造钟手工业调查》[2]中首先披露此碑之内容，引起研究者的重视，成为研究苏州钟表必征之文献。此碑由"钟表义冢众友姓同行公立"于嘉庆二十一年，记述了从事钟表制造的唐明远等人购买田地，申报捐设钟表义冢以埋葬同业，及苏州府、元和县核实批复之经过。但迄今未见有全文引述者。为更好地理解这一珍贵文献，不妨将碑文录于文后。七百多字的碑文，为我们研究苏州钟表历史提供了准确的信息。首先，通过碑文可以清楚地知道嘉庆中后期苏州已经有了相当数量的钟表制造者"同业"，这些"同业"、"友姓"之间关系密切，相互扶持，形成了紧密的联合体。唐明远可能是其中经营状况较好，业内声誉较高的领军人物。因此，在筹办像捐设义冢这样的公益事业时就由他出面筹策。其次，这些钟表同业的经济状况差别较大，有的境况并不太好，甚至达到了需要救济的程度。捐设义冢，埋葬同业，正是当时苏州钟表从业人员针对这种窘况所采取的应对措施。第三，也是最重要的一点，碑文中"身等籍隶金陵"和"生向置元邑念三都北四图官田三亩九分四厘，今售与金陵唐明远等，为同业义冢"的记载显示这些钟表从业人员大多来自于江南重镇南京，尽管他们当时是附从于元和县治内的商户，但他们自己及本地居民都认为他们是金陵人，来到苏州只是由于生意上的需要。由此不难推知南京与苏州钟表业的密切关系，南

[1] 宋伯胤：《我们应该有钟表博物馆》，《计时仪器史论丛》第一辑，中国计时仪器史学会，1994 年。

[2] 《文物》1960 年第 1 期。

京的钟表从业人员向包括苏州在内的周围地区流动，从而对这些地区的钟表制造产生了相当的影响。

3. 清梁章钜《浪迹续谈》卷八"自鸣钟"条

该书记云：

> 《枫牕小牍》云："太平兴国中，蜀人张思训制上浑仪，其制与旧仪不同，为楼阁数层，高丈余，以木偶为七直人，以直七政，自能撞钟击鼓，又有十二神，各直一时，至其时，即执辰牌循环而出。"此全与今之自鸣钟相似。吾乡福州鼓楼上，旧设十二辰牌，届时自能更换，相传此器是元时福宁陈石堂先生普所制，传流至康熙间，为周栎园方伯取去，则亦中土人所造巧捷之法，又岂必索之外洋人哉！今闽、广及苏州等处，皆能制自鸣钟，而齐梅麓太守彦槐以精铜制天球全具，界以地平，中用钟表之法，自能报时报刻，以测星象节候，不差毫厘，则虽以西人为之，亦不过如此矣[1]。

此书作者梁章钜祖籍福州府长乐县，嘉庆壬戌〔1802年〕进士，历任军机章京、礼部仪制司员外郎、湖北荆州府知府、江苏按察使、山东按察使、江苏布政使、护理江苏巡抚、甘肃布政使、广西巡抚、江苏巡抚、兼署两江总督等职，道光壬寅〔1842年〕正月因病辞官，此后即闲居家中，专事著述。梁氏长期在外省任职，于时事掌故非常熟悉。《浪迹续谈》作于道光丁未〔1847年〕至道光戊申〔1848年〕，多记温州、杭州、苏州等地的名胜、风俗和物产，此条即载于卷八中。梁氏所记苏州能制作自鸣钟，并将其与福建、广东并论，当是道光时期的情形，从而为研究苏州钟表制造提供了重要线索。

4. 国外的统计数字

1851年，曾长期在我国江南行医和传教的美国传教士玛高温〔D.J.MacGowan〕为美国专利委员会编辑了一份关于鸦片战争以后长江中下游一带钟表制作情况的报告，提到了当时一些城市中钟表作坊的统计数字。

---

[1] 梁章钜著，陈铁民点校：《浪迹丛谈 续谈 三谈》卷八，中华书局，1981年。

其中写道：

> 在南京有 40 家钟表作坊，苏州有 30 家，杭州有 17 家，宁波有 7 家，每家作坊平均雇佣不到 4 位雇员。他们大多数从事钟表的修理，而这些钟表并不是他们自己的产品。据一个制造商推测，估计全中国每年的钟表产量不超过 1500 个，每个售价在 7 至 100 元之间[1]。

当然，这些统计数字并不一定经过仔细核实，但作为当时人的调查记录，估计相差不会太远，可以作为了解当时苏州钟表业情况的参考。

5.1949 年后关于清代末年苏州钟表业的调查

20 世纪 50 年代，南京博物院曾组织人员对清末苏州造钟业进行调查，发表了调查报告[2]。根据报告，清末苏州计有协成、姜源昌、姚义源、刘永兴、刘永顺、潘信康、易顺兴、王源兴、张余源、表万成、易隆昌、潘信昌、潘兴隆、吴慎泰、珊宝斋、成元盛、潘德升、严宝昌等二十余家造钟作坊，其中以珊宝斋为最早，是道光三年〔1823 年〕由李玉堂从南京迁到苏州的。这些作坊基本上以家庭生产为主，规模很小，产量有限。进入民国以后，由于国外钟表的输入，这些作坊逐渐衰落并最终关闭。

综合以上文献资料，苏州钟表制造最早的记载出现在嘉庆时期，在此之前，没有迹象表明苏州曾出现过技术成熟的钟表从业人员，苏州的钟表制造是在嘉庆时期才兴起并迅速发展起来的。那么，苏州钟表制造为何能够在嘉庆朝很短的时间内异军突起呢？这种现象可以在前述材料中得到合理的解释。苏州钟表制造能够迅速兴起，与其所处的地理位置及其周边的技术环境有很大关系。我们知道，苏州周围地区与钟表的因缘是由来已久的，如上海、南京等地很早便接触到了自鸣钟，这种新奇的舶来品当时曾引起人们极大的兴趣，一些手工业者逐渐掌握了制钟技术，进行仿制和创造，使长江中下游

---

[1] D.J.MacGowan : *Modes of Timekeeping Known Among the Chinese* Patent Office Report，Washington，Government Printing Office，1851，pp.335-42。转引自 S.E.Bedini : *Oriental Concepts of the Measure of Time* The Study of Time Ⅱ，New York，1975，pp.453-84。

[2] 宋伯胤：《清代末年的苏州造钟业调查》，《钟表》1978 年第 1 期。

一带成为中国最早独立制作钟表的地区之一。人们对钟表的需求、制作实力的增强并逐渐形成规模，为技术的播散提供了条件。与苏州毗邻的南京等地区成熟的制造技术和人员直接流向苏州开设作坊，这种技术和人员的流动使得苏州的钟表制作无须经过长期的技术积累和人员培训，就直接达到了与其他地方相当的技术水平。

三　苏钟的实物考察

对于苏钟的认识很大程度上得自于现存的几件被认为是苏州制造的钟表实物。这几件钟表分别是南京博物院收藏的十二时辰坠力铁壳单针自鸣钟、梳摆式时辰钟、立体竖表和故宫博物院收藏的时辰醒钟、铜镀金日升月恒鸟音钟。在以往的研究成果中，都认为它们是康熙和乾隆时期苏州的产品。但根据现有资料，可以肯定这几件钟表都存在时代和产地误定的问题，有必要重新考察。

1. 十二时辰坠力铁壳单针自鸣钟

南京博物院藏。

此钟在前述徐文璘、李文光的《谈清代的钟表制作》一文中定名为"铁制梳摆时辰钟"，指出：

> 这种钟和一般经常习见的罗马字盘钟不一样，它的报时打法也不同。……子时〔夜半〕、午时〔日中〕是时辰上的两个重点，所以都打九下。为了分明昼夜各时辰的初、正，在各时辰交正时加打一下或两下来表示。统计一昼夜共打九十六下。

> 这类时辰钟，既然在《红楼梦》中提到，很可能在康熙年间就已然有了……广州造的钟表字盘都没有时辰字样，因此，可以证明南京博物院的时辰钟表当是清代苏州制造的……刘姥姥所见到的钟，因为有悠子摆晃，应是锯齿摆的。那么，这件梳摆的钟可能是更早一些的。总之，用中国固有的十二辰来计时的钟表，当是在清康熙年间开始制造的。

从而将这件钟定为康熙时期的苏州产品。此说一直为后来的研究者所沿用。

就苏钟来说，南博收藏现存最古的苏钟，当推康熙年制造的'十二时辰坠力铁壳单针自鸣钟'为最早，此钟由走时、报时、闹时三个部分组成。走时、报时动源是利用重锤的下坠力，闹时有发条。每一辰时初敲钟，时正加打一下或两下，报时记数为'九、八、七、六、五、四'式。闹时每行至一昼夜一次。钟盘显示为中国传统的十二时辰，以单针指示时间。此为苏钟早期代表作品，极为难得，在苏制钟表中堪称稀见的珍品[1]。

1999年，笔者赴日本举办故宫藏钟表展览，其间对日本钟表历史及实物进行了考察。发现这种钟表是日本特有的和式钟表，在日本渊源有自，是西方传入的定时法机械钟表与日本江户时代的不定时法时刻制度相互结合的产物，与此类似的钟表在日本许多博物馆中都可以见到。所谓"不定时法"，即是将一天的时间分为长短不同的若干时段。日本江户时代的不定时法则是将一天分为白天和黑夜两部分，每一部分又被分成六等份，分别以中国的十二时辰标注。由于一年之中不同季节白天和黑夜的时间长短不同，每一单位时间的长短也就随之改变。白天和黑夜的分界以天亮时的"卯"刻和日暮时的"酉"为基准，分别用"六"代表，而白天内的"辰、巳、午、未、申"各刻和黑夜内的"戌、亥、子、丑、寅"各刻分别用"五、四、九、八、七"代表，数字与十二时辰相互对应，共现于同一表盘之上[2]。根据这种不定时计时法制成的钟表，或者是机械匀速走时而通过调节表盘上的各时刻的间距，或者是表盘上的各时刻等距而通过调节机械走时的快慢，使其与不定时法的时刻制度相吻合，从而形成自己的特点。包括：第一，表盘显时方式与定时法钟表截然不同，看上去相对复杂，十二时辰与数字相互对应。有的表盘把时刻文字分开刻在小文字板上，小文字板的间距可以沿轨道人工调节，称"割驹式表盘"。第二，多采用梳摆调速装置，有一根梳摆和两根梳摆之分。如果

---

[1] 陈尔俊：《时光流逝 艺术永存 ——南京博物院所藏自鸣钟》，《中国文物报》1990年11月6日第4版。

[2] 日本东京国立科学博物馆编：《和时计》，平成五年。

是两根梳摆，则分别负责白天和夜间的走时速度，可以通过机械自动转换。第三，表针多为单针〔图1〕。

南博的这件十二时辰坠力铁壳单针自鸣钟为重锤动力源，两根梳摆，单针，表盘刻度等距分布。既可作为挂时计单独固定在墙上或柱子上〔图2〕，也可固定在金字塔形底座或有四个脚的台上成为橹时计〔图3〕或台时计〔图4〕，是典型的日本江户时代的不定时计时法钟表。

〔图1〕 日式不定时法钟表表盘及梳摆
〔采自：日本东京国立科学博物馆编《和时计》，平成五年出版〕

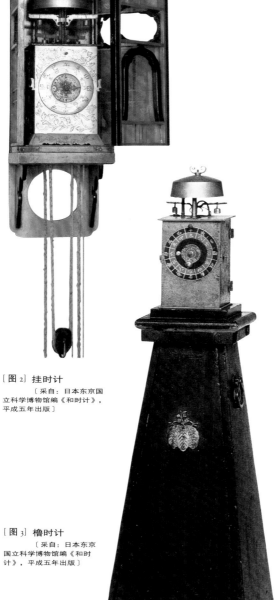

[图 2] 挂时计
　〔采自：日本东京国立科学博物馆编《和时计》，平成五年出版〕

[图 3] 橹时计
　〔采自：日本东京国立科学博物馆编《和时计》，平成五年出版〕

[图 4] 台时计
　〔采自：日本东京国立科学博物馆编《和时计》，平成五年出版〕

2. 梳摆式时辰钟

南京博物院藏。

此钟形式和前述十二时辰坠力铁壳单针自鸣钟大同小异，只是上部的钟碗形状不同，重锤动力源，两根梳摆，单针，表盘刻度等距分布。最初发表于《故宫博物院院刊》1981 年第 4 期，同样被认为是康熙初期苏州制品。结合前面的讨论，不难确定此钟也是日本江户时代的不定时计时法钟表。

3. 立体竖表

南京博物院藏。

关于此钟，徐文璘、李文光先生在《谈清代的钟表制作》中认为："竖表在铁制钟之先，仍是坠力筒子钟的形式。因为它走到下半部的时候必快，发动力前后不平衡，所以又改为圆盘。"把它的时代定为康熙时期。此钟同样不是苏州制造的产品，而是日本和式钟表中很重要的一个品种，称为"尺时计"。这种尺时计基本上都以重锤的重力为动源，其外表形状像一只细长的箱子，箱子的上部一般较厚，内装机芯，下部相对较薄，中空，为重锤升降的通道，表面有时间刻度，多采用十二时辰与"九、八、七、六、五、四"对应的显时方式，刻度的间距有的可以伸缩调节。运行时，重锤在箱子中慢慢地下降，安在重锤之上的指针亦随之移动，指向箱子表面的时间刻度，从而达到计时功能。这种尺时计计时精度并不是很高，但却是日本江户时代制作比较多、使用比较普遍的钟表，并且多是根据日本独特的不定时计时法制作的，具有鲜明的日式风格。在日本收藏界及博物馆中保存很多〔图 5〕，可与此钟对比参照。

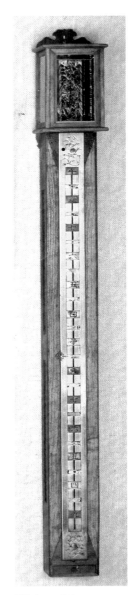

〔图 5〕 尺时计

〔采自：日本东京国立科学博物馆编《和时计》，平成五年出版〕

4. 时辰醒钟

直径 12.5 厘米，厚 7.5 厘米。故宫博物院藏。

徐文璘、李文光先生对此钟的意见为："故宫博物院旧有发条动力的时辰醒钟一件，是苏州制造的，同铁制时辰钟是一类的东西，不过它是后来的产品。"具体是后来什么时候的产品，文章中没有说明。陈凯歌先生可能就是据此将其定为康熙初期的制品。故宫从事钟表研究的同志则认为此钟是清宫造办处做钟处乾隆初期的产品。

> 醒钟就是闹钟，圆盒形，钟套周围镂雕八宝纹，顺序是轮、伞、肠、螺、花、罐、鱼、盖花纹。按八宝排列顺序应是乾隆十年以前制造的[1]。

该钟钟盘中心有二圈黄铜盘，外围是白珐琅盘，在中心第一圈黄铜盘下伸出一时针指示时间，同一圈内有一方口，内可调节闹响时辰，白珐琅盘周围标注汉字十二时辰〔图 6〕。其内部结构与普通机械钟表相似，发条动源、机轴擒纵器、游丝摆轮。

实际上，此钟表面部分的单针指时、中文十二时辰显时等做法都具有明显的日本和式钟表的特点。与此钟形式、结构相同的钟表在日本各博物馆中还有相当数量的收藏。如东京国立科学博物就馆藏有两件〔图 7、图 8〕，大小分别为直径 11.5 厘米，厚 7 厘米和直径 12 厘米，厚 7.5 厘米，时针、调节闹响窗口、中文十二时辰显示以及周围花纹雕刻与故宫所藏时辰醒钟一模一样,如出一手。可知故宫所藏的这件时表醒钟是日本的产品而非苏州制作。另外，由于日本不定时法与中国传统计时法的差异，也不太可能出现中国内地完全仿制日式不定时法钟表用于计时之用的情况，故基本可以排除此四件日式钟表为中国内地仿造的可能性。

以上四件钟表都是日本制造的，与中国制造的西洋式钟表有明显不同，而当时又缺乏可资比对的材料，才致使研究者在很长一段时间内都将其误定为苏州的产品。

⑴ 故宫博物院编：《清宫钟表珍藏》页 46，香港麒麟书业有限公司、紫禁城出版社联合出版，1995 年。

[图 6] 时辰醒钟
　日本　18～19世纪
　直径 12.5 厘米　厚 7.5 厘米
　〔故宫博物院藏〕

[图 7] 圆形桌钟
　〔采自：日本东京国立科学博物馆编《和时计》。
平成五年出版〕

[图 8] 圆形桌钟
　〔采自：日本东京国立科学博物馆编《和时计》，平成
五年出版〕

5.铜镀金日升月恒鸟音钟

通高 131 厘米，面宽 69 厘米，厚 44 厘米。故宫博物院藏。

其顶部是一座龙脊方亭，亭内横杠上站着一只小鸟，上弦后不停地摇头、摆尾、张嘴，发出清脆婉转的叫声。钟的正面和两侧面镶蓝玻璃，正面蓝玻璃当中为铜镀金镂花面板，面板正中是三针白珐琅钟盘，钟盘上边有自动开关门的洞口，里面布置可转换的花枝。钟盘下边并列三小盘，左边的为星期盘，指针随走时指示星期一至星期日各天。右边的为标注着 1 至 12 月的年历盘，可以指示月份。中间的盘稍大，玻璃面盘，上画交于中心的交叉线，标注二十四节气及"地球"字样，盘内对应着可以模拟太阳和月亮升降的机械装置，与走时同步进行，其变化与天象的实际运行情况相符〔图 9〕。

由于此钟结构复杂，变化多样，因此，研究者一直将其定为乾隆时期苏州产品的代表[1]。1999 年笔者在筹备故宫博物院赴日本钟表展览过程中，曾让故宫博物院科技部钟表室将其拆卸检修，发现钟机后背板上镌有"10th June. 1868 London 11274"的铭记，同时在底座一固定木柱的圆形铜盖口周边又有"WATERBURY. CLOCK. Co"〔瓦特伯利钟表公司〕的英文标记，瓦特伯利是位于美国康乃狄格州中西部的一个城市。至此才知道其机芯是英国伦敦 1868 年制造的，是比较晚的产品。从其内部所使用的英国机芯、美国零件以及中国特点的外部造型等方面分析，此钟只不过是清晚期宫中利用原有的机芯拼装组合起来的杂拌货，根本不是什么苏州的产品。

通过以上对现存被认为是乾隆以前苏州制造的钟表的逐件考察，可以肯定这几件钟表都不是苏州制造的。也就是说，用实物证明乾隆以前苏州就制造钟表的看法是站不住脚的，这和考察文献所得出的苏州钟表制造兴起于嘉庆时期的结论是一致的。需要说明的是，故宫钟表藏品中还有几件作品被认为是苏州制造的，但只是凭感觉而论，并没有确实的证据，如木楼四面钟、铜镀金自开门变戏法钟、紫檀木北极恒星图节气时辰钟等，而且都被定为是比较晚的光绪时期的产品，对苏州钟表历史的总体评价没有什么影响，故不再讨论。

⑴ 故宫博物院编：《清宫钟表珍藏》页 46，香港麒麟书业有限公司、紫禁城出版社联合出版，1995 年。

[图 9] 铜镀金日升月恒鸟音钟
19 世纪
高 131 厘米　宽 69 厘米　厚 44 厘米
〔故宫博物院藏〕

四　结　语

通过以上对苏钟历史文献和实物的考察，对清代苏州钟表制造可以得到以下几点认识：

其一，苏州钟表制造的历史并不是太长，大约开始于清嘉庆时期，而不像过去认为的那样始于明末清初。不能简单地用西方机械钟表传入中国的历史去附会推测苏州钟表制造的历史。

其二，苏州钟表制造业的兴起和发展与周边地区技术的长期积累有密切关系，长江中下游地区作为一个整体经济区域，其内各城市之间既相互联系又各具优势，为相互学习和补充创造了条件。就苏州钟表制造而言，是在直接承续了其周边城市如南京等地的技术和人员的基础上快速发展起来的，而且这些城市还不断地对其进行补充，使之始终保持一定的规模。文献中南京、苏州两地的钟表从业人员多为同姓本家以及实物中两地品种样式基本相同，有时甚至分不出彼此的现象便可说明这一点。

其三，苏州钟表制造一直处于家庭式的小手工业阶段，家店合一，从业人员较少，资金有限，品种比较单一，主要是从南京等地移植过来的插屏钟，自己的特色不甚明显，产品也主要是适应当地民间的需求。而不像北京、广州那样，已部分地成为御用或官府手工业的一部分，资金雄厚，制作精良，消费群体较多来自于上层，从而产生广泛的影响。对于苏州的钟表制造，由于直接源于周边地区的发展，是其所处的长江中下游地区整体中的有机组成部分，故应将其纳入到这一整体中去考察。

附：钟表义冢碑记〔图 10〕

特授江南苏州府元和县即用州正堂加五级纪录七次周，为掩骼埋胔等事：案奉府宪批，据附元和县人唐明远等呈称，身等籍隶金陵，于元和县廿三都北四图创设义冢，系即字圩鸟号七十二、三、四、五丘，计官田二亩九分四厘。本图钟表义冢办粮，专葬同业，环叩给示勒碑等情词。奉批：据呈捐设义冢，埋葬同业，亦属义举。仰元和县核明户册，给示勒碑，报府备案，毋任经胥后中弊掳。粘单并发。等因。蒙此。当经饬查，并吊〔调〕方单查验去后，即据将方单契据禀呈查核。所呈方单田数，与原呈抄粘不符。又经饬，据唐明远呈称：凭中买得吴寄庐用三亩九分四厘，与原呈所抄田数不符，实因倩〔请〕人代写，以致错误。今将推票呈请验明更正。等情。当查推票内止有田一亩四厘五毫，具禀内出名，一系曹廷荣；一系吴壬林，均非卖主吴寄庐的名，批饬另禀确覆在案。嗣蒙府宪札，据监生吴鋆即吴寄庐呈称：生向置元邑念三都北四图官田三亩九分四厘，今售与金陵唐明远等，为同业义冢。呈蒙批县查明给示。因词内误书田数，叩饬速核给示情由，饬催下县。蒙经饬催，今据唐明远呈称，向卖主吴

[图 10] 钟表义冢碑碑文

寄庐确查，据云共田三亩九分四厘，内一亩四分五毫，系于十九年买得曹廷荣官田五分，又吴壬林官田五分四厘五毫，其粮顺入上廿五都九图办粮，余田皆吴寄庐祖遗之产，原名邵赓亮户办粮。吴寄庐即将原推票交身立户，故票内均非卖主吴寄庐的名。今已更正的户，钟表义办粮并无弊混。为将条漕即串呈请查核等情前来，合行给示遵守。为此示，仰该地保以及居民人等知悉：所有唐明远等买得吴寄庐田三亩九分四厘，以作埋葬同业义冢，应用土工夫役等项，悉听自行倩〔请〕雇，毋许地匪棍徒藉端勒索，把持阻挠，有妨善举。如敢故违，许即指名禀县，以凭拿究。地保徇隐，查出并处。各宜凛遵毋违。特示遵。

嘉庆二十一年六月初五日示。

甲山庚南兼卯酉三分

钟表义冢众友姓同行公立

苏州钟表制造起始年代的再考察

苏州钟表在中国钟表史上占有十分重要的地位。对于苏州钟表的历史，本人曾写过一篇《关于清代的苏钟》专门进行讨论，该文发表在《故宫博物院院刊》2004 年第 1 期上。2006 年暨南大学汤开建教授和他的弟子黄春艳女士联合署名发表了三篇论述清代前期各地西洋钟表仿制和生产的文章[1]，这三篇文章内容大致相同而详略有差，但都对本文苏州钟表制造出现的年代提出了不同的看法，认为"明末苏州生产西洋钟表，目前尚未发现任何文献记录和实物作证，但将苏州钟表制造定在'开始于嘉庆时期'则未免失之过晚。我们认为，根据现有的资料分析，将苏州钟表生产的出现放在康熙时期是比较合适的"[2]，"苏州钟表生产的出现应在康熙时期"[3]，并提出了相应的依据。汤、黄二位的文章乍看之下似乎言之凿凿，但仔细推敲，他们针对苏州钟表制造出现的年代问题所进行的论述包括对文献的解读等都存在可商榷之处，故在这里仅就苏州钟表制造的起始年代问题再做一些说明，以期使这一问题的讨论更趋深入，也算是我对汤、黄二位质疑的一点回应。

一　苏钟考察的两方面资料

在进行具体的讨论之前，有必要将我《关于清代的苏钟》一文的主要内容和观点略作重申，以便于了解相关的背景。

以往对苏州钟表的研究和认识，主要基于两个方面的材料。一是零星的文献记载，一是现存被认为是康熙、乾隆时期苏州制造的几件钟表实物，尤其是对实物的鉴定失误，极大地影响了对苏州钟表制造历史的总体把握。因此，我在《关于清代的苏钟》一文中回顾了学术界对苏州钟表研究和认识形成的过程之后，主要从文献和实物两个方面对苏州钟表的历史进行了考察。

文献记载方面，在引证了嘉庆十九年的清宫档案、嘉庆二十一年的《钟

---

[1] 这三篇文章分别是：汤开建、黄春艳：《清朝前期西洋钟表的仿制与生产》，《中国经济史研究》2006 年第 3 期；汤开建、黄春艳：《明清之际自鸣钟在江南地区的传播与生产》，《史林》2006 年第 3 期；汤开建、黄春艳：《清朝前期西洋钟表的仿制与生产》，《西学与清代文化》，中华书局，2008 年。

[2] 汤开建、黄春艳：《明清之际自鸣钟在江南地区的传播与生产》，《史林》2006 年第 3 期；《清朝前期西洋钟表的仿制与生产》，《西学与清代文化》，中华书局，2008 年。

[3] 汤开建、黄春艳：《清朝前期西洋钟表的仿制与生产》，《中国经济史研究》2006 年第 3 期。

表义冢碑记》、道光年间梁章钜《浪迹续谈》、1851 年美国传教士玛高温〔D.J.MacGowan〕的统计数字、建国后对清末苏州钟表业的调查等材料后发现，苏州钟表制造最早的记载出现在嘉庆时期，在此之前，没有迹象表明苏州曾出现过技术成熟的钟表从业人员，苏州的钟表制造是在嘉庆时期才兴起并迅速发展起来的，并依据上述文献对此进行了解释。

实物方面，考察了南京博物院收藏的十二时辰坠力铁壳单针自鸣钟、梳摆式时辰钟、立体竖表和故宫博物院收藏的时辰醒钟、铜镀金日升月恒鸟音钟这几件一直被认为是苏州康熙、乾隆时期制作的钟表，实际上都不是苏州的产品，和苏州的钟表制造没有任何关系。

通过文献和实物的考证分析，对于苏州的钟表制造，我在文章最后得到的基本结论是：

通过以上对苏钟历史文献和实物的考察，对清代苏州钟表制造可以得到以下几点认识：其一，苏州钟表制造的历史并不是太长，大约开始于清嘉庆时期，而不像过去认为的那样始于明末清初。不能简单地用西方机械钟表传入中国的历史去附会推测苏州钟表制造的历史。其二，苏州钟表制造业的兴起和发展与周边地区技术的长期积累有密切关系，长江中下游地区作为一个整体经济区域，其内各城市之间既相互联系又各具优势，为相互学习和补充创造了条件。就苏州钟表制造而言，是在直接承续了其周边城市如南京等地的技术和人员的基础上快速发展起来的，而且这些城市还不断地对其进行补充，使之始终保持一定的规模。文献中南京、苏州两地的钟表从业人员多为同姓本家以及实物中两地品种样式基本相同，有时甚至分不出彼此的现象便可说明这一点。其三，苏州钟表制造一直处于家庭式的小手工业阶段，家店合一，从业人员较少，资金有限，品种比较单一，主要是从南京等地移植过来的插屏钟，自己的特色不甚明显，产品也主要是适应当地民间的需求。而不像北京、广州那样，已部分地成为御用或官府手工业的一部分，资金雄厚，制作精良，消费群体较多来自于上层，从而产生广泛的影响。对于苏州的钟表制造，由于直接源于周边地区的发展，是其所处的长江中下游地区整体中的有机组成部分，故应将其纳入到这一整体中去考察[1]。

对于以上结论，汤、黄二位的疑问主要集中在第一点，即苏州钟表制造出现的具体年代上，他们在发表的文章中关于苏州钟表的论述也主要集中在这一点，也就是苏州钟表制造的出现并不是在嘉庆时期，而是更早的康熙时期。

二　有关证据的考证与辨析

为了证实其"苏州钟表生产的出现应在康熙时期"的观点，汤、黄二位在文章中列举了三条理由，下面针对这几条理由一一进行辨析。为方便起见，只好先抄其原文，然后再做分析。

第一条理由是：

> 从明万历年间开始，西方传教士既在江南地区展开了频繁的传教活动……当时在江南地区传教的西教士主要是耶稣会士，而耶稣会士又是多以科技传教为手段，江南地区亦是明末最早受西方科技影响的地区，故在明末，上海、南京等地已经出现学会制造自鸣钟的中国人。……苏州在江南地区并非天主教传播之中心，从当时的文献看，传教士在苏州的活动相对较少，故我们推估，苏州人仿制西洋钟表应晚于南京、上海。正是在南京、上海钟表生产的影响下，苏州才开始出现钟表生产，这就是将苏州钟表生产定在康熙时期的理由之一[2]。

由引文可知，此条理由是属于"推估"性质的，在叙述了传教士在江南地区传教的历史大势之后，在没有确实证据的前提下，就突然"推估"出苏州钟表生产始于康熙时期。这种推估与以往的研究一样带有较多的推测演绎

---

[1] 郭福祥：《关于清代的苏钟》，《故宫博物院院刊》2004 年第 1 期。

[2] 汤开建、黄春艳：《清朝前期西洋钟表的仿制与生产》，《中国经济史研究》2006 年第 3 期；汤开建、黄春艳：《明清之际自鸣钟在江南地区的传播与生产》，《史林》2006 年第 3 期。

成分，也就是我前面所说的"简单地用西方机械钟表传入中国的历史去附会推测苏州钟表制造的历史"。按照这样的推估，因为苏州附近的南京、上海早在明末就有人制作钟表，所以苏州也一定会有，只不过稍晚而已。这样的推估恐怕是站不住脚的，而将其作为苏州在康熙时期即已出现钟表制作的理由同样是不充分的。汤、黄二位在文章中曾这样评述以往钟表的研究："科技史和钟表史的研究者，虽然撰写了不少文章，但由于对文献、档案及调查材料的搜集整理缺乏系统性，使用材料而又太多随意性。故各种结论、推断层层桀讹，相互矛盾，且缺乏第一手资料的凭证，很难令人信服。"[1]但反观他们自己的上述推断，不也同样存在使用材料"太多随意性"的问题吗？这样的推断同样也就不怎么"令人信服"了。

第二条理由是：

从新公布的西文档案中发现了康熙时苏州钟表业的资料。比利时鲁汶大学高华士〔Noël Golvers〕博士在他的新著中，公布了康熙年间在常熟地区传教的耶稣会士鲁日满〔Francois de Rougemont〕的"帐簿"，其中有四条柏应理〔Philippe Couplee〕和鲁日满交给工匠修理钟表的账单……虽然，鲁日满和柏应理的钟表均应是欧洲带来，但十分明显的是，这四次钟表均交由一位姓 Cham（常）的苏州人修理。根据 C.Pagani 的研究，在嘉庆时期的苏州城外有一家钟表店，店主名叫 Chang Jung（常君），其姓与鲁日满账本中的 Cham 姓常吻合，而常君既为这一钟表店的第三代店主，考虑到中国钟表业的家传习俗，嘉庆时期出现的这位苏州钟表店店主"常君"很可能即是鲁日满账本经常出现的苏州钟表匠 Cham 姓之后人。这一新资料的发现为我们确定苏州钟表生产至少起始于康熙之时提供了十分有利的证据[2]。

这条理由基本上引自高华士博士的著作[3]。可以分成两个部分，前半部

[1] 汤开建、黄春艳：《清朝前期西洋钟表的仿制与生产》，《中国经济史研究》2006 年第 3 期。
[2] 汤开建、黄春艳：《明清之际自鸣钟在江南地区的传播与生产》，《史林》2006 年第 3 期。
[3] ［比］高华士著，赵殿红译：《清初耶稣会士鲁日满常熟账本及灵修笔记研究》，大象出版社，2007 年。

分是鲁日满神父修理钟表的账目记录，后半部分是对从事这些修理工作的工匠身世的推定。这里有必要将两个部分分开来讨论。

关于前者，高华士博士写道：

> 账本显示，常熟的鲁日满和上海的柏应理都有钟表。账目如下：
>
> 预付给为我修理钟表的工匠 Cham：1.050 两。……为我的钟表做架子：0.030 两。……再次修理我的钟表：约 0.070 两。……为柏应理神父修理他的那座大钟：0.500 两。……
>
> 上述四条账目时间和地点都非常清楚，时间是 1676 年 1 月至 3 月，地点都是在苏州[1]。

这的确是迄今为止发现的与苏州有关的关于钟表历史最早的文献记载，无疑具有重要意义。但比较遗憾的是，由于是账目记录，这些账目并没有提供相应的技术细节。首先，修理工作的内容是什么？是针对于钟表的哪个部分进行的修理？是钟壳还是机芯？如果是钟壳，则完全是其他工艺可以解决的，与钟表机械本身的关系并不密切，就像账本中提到的为钟表做架子一样。如果是机芯，那么是机件完好只需调试还是重新制作补配零件？我看重新制作补配零件的可能性不大，因为高华士博士在其著作中同时还给我们提供了另一份资料："根据东印度公司档案记录，柏应理大约在两年以后，拼命地寻找一只钟的'摆轮'"[2]，并在注释中注出档案原文是："只要一只钟的钟摆，此外无复他求"[3]。应该说，对于一个娴熟的钟表修理工匠而言，配制一个钟的钟摆并不是什么特别难的事，柏应理为什么没有像两年前一样把钟表让苏州的工匠修理补配，而是舍近求远让东印度公司特意去寻觅一只钟摆呢？我们是否可以理解为苏州的工匠还不能胜任补配钟摆的工作，所以柏应理才不得已求助于东印度公司的呢？至少有一些修理工作苏州的工匠是无法完成的，诸

[1] ［比］高华士著，赵殿红译：《清初耶稣会士鲁日满常熟账本及灵修笔记研究》页 456，大象出版社，2007 年。

[2] ［比］高华士著，赵殿红译：《清初耶稣会士鲁日满常熟账本及灵修笔记研究》页 456，大象出版社，2007 年。

[3] ［比］高华士著，赵殿红译：《清初耶稣会士鲁日满常熟账本及灵修笔记研究》页 456 注 4，大象出版社，2007 年。

如钟摆的补配，说明苏州钟表修理工匠进行钟表修理的技巧和水准是有一定限度的。其次，退一步讲，能够修理钟表就一定能够制造出钟表吗？实际上，钟表的修理并不能等同于钟表的制造，这是显而易见的事情。钟表的制造需要机械加工、金属切割工艺、齿轮计量、材料等诸多方面的要求，远比钟表维修要复杂得多。因此，我认为仅仅根据这几条简单的账目记录，还不足以证明当时的苏州有人或者有人能够从事钟表的制造。也就是说，这份账本只能告诉我们在康熙时期已经有苏州人接触到了自鸣钟，甚至还能够对钟表的某些部分进行维修，但并不能说明当时苏州人已经能够进行钟表的制造。

关于后者，也就是 Cham 姓修理工匠身世的推定，同样也是汤、黄二位立论的重要依据，实际上也存在问题。这里我们不妨将文中所用的关于 Cham 姓工匠的材料逐一向前溯源。

对于账本中的 Cham 姓工匠，高华士博士是这样写的：

> 但是这里一个明显的事实是，钟表的修理工作交给了一个姓 Cham 的中国人，这说明他掌握了一定的修理钟表技术。……苏州的钟表店出现于清初，其后迅速发展并闻名全国。而在鲁日满账本发现之前，我们所看到的书面材料只局限于 19 世纪的记载。非常巧合的是，根据 C.Pagani 的研究，在嘉庆时期的苏州城外有一家钟表店，店主名叫 Chang Jung，其姓与账本中的 Cham 姓相吻合，而 Chang Jung 正是这个钟表店的第三代店主，考虑到中国钟表业的家传习俗，我认为我们有必要注意两者之间的关系 [1]。

根据高华士博士的表述和注释，很明显，其前述文字的主要依据来自于 C.Pagani 的研究。C.Pagani 的研究文章《康熙、乾隆时期中国的钟表制造》一文 1995 年发表于《Arts Asiatiques》杂志。这篇文章手头就有，查检很方便，但仔细检阅高华士博士所依据的这篇文章，却没有发现有关 Cham 姓钟表店主的部分，但是文中有一段关于苏州城外"张荣"钟表店的文字倒是与高华

---

[1] ［比］高华士著，赵殿红译：《清初耶稣会士鲁日满常熟账本及灵修笔记研究》页 456 ～ 457，大象出版社，2007 年。

　　有记录记载了嘉庆年间一家主人叫张荣的作坊的活动情况。张荣居住在苏州城门之外，他的爷爷就在苏州制作和修理钟表，在张荣十二三岁的时候，他便开始在他爸爸的指导下学习制作[1]。

　　与高华士博士的"Chang Jung"是嘉庆时期人，店在苏州城外，为第三代店主的情况相比，C.Pagani 记述的"张荣〔Zhang Rong 〕"也是嘉庆时期人，也住在苏州城门外，同样为第三代主人，而且"Chang Jung"和"Zhang Rong"写法读音非常相似,估计这个"Zhang Rong"就是高华士博士"Chang Jung"的依据之所在。据此，张荣并不是"Chang Jung"，更是和鲁日满账簿中的修理钟表的 Cham 姓工匠毫无关系，说"嘉庆时期出现的这位苏州钟表店店主'常君'很可能即是鲁日满账本经常出现的苏州钟表匠 Cham 姓之后人"也就自然站不住脚了，如此，"确定苏州钟表生产至少起始于康熙之时"的这一条理由和证据也就不怎么十分有力了。

　　再进一步溯源，C.Pagani《康熙、乾隆时期中国的钟表制造》一文中关于张荣钟表店的文献依据又是何在呢？ C.Pagani 的注释显示，她依据的正是我在前面提到的陈凯歌先生发表的《清代苏州的钟表制造》一文。陈先生在该文"古代苏州钟表制造的专业化分工情况"一节中写道：

　　据文献记载，清代嘉庆时期，苏州有一个专制钟碗的"张荣记"作坊。作坊主人叫张荣贵,住在阊门外渡僧桥附近。他的祖父辈就在苏州从事钟表修理和制造。张荣贵十三四岁时，开始跟父亲学修钟表。……他的钟碗销售范围很广，当时四川、北京、天津、杭州、南京、扬州、上

⟨1⟩　C.Pagani, *Clockmaking in China under the Kangxi and Qianlong Emperors, in Arts Asiatiques*, 50,1995,P.80。其英文如下："There are records of a workshop active during the Jiaqing period headed by Zhang Rong who lived just outside the city gate. His grandfather made and repaired clocks in Suzhou, and when Zhang was twelve or Thirteen years of age, he began to study the craft under the direction of his father."

海等地都争相上门订货。后来随着需求量的增加，他干脆放弃制钟业务，专做钟碗^⑴。

陈先生说"据文献记载"，但并没有清楚交代根据的是什么文献，但从其行文风格和内容来看，是作者"向一些七十开外现仍健在的钟表业老前辈作了了解"^⑵后得到的情况。而最早进行这种钟表业田野调查的是南京博物院的宋伯胤先生，并发表了关于晚清南京、苏州钟表业的调查报告^⑶。宋先生在其《清代末年的苏州造钟业调查》^⑷中最早提到了"张荣记"钟碗作坊的情况：

> 钟碗是"张荣记"做的。张荣记钟碗作坊，在嘉庆以前就开起来。老作坊开在马医科，只有三个人。光绪年间，分设"张文记"、"张培记"二个作坊，"张培记"是开在上海的。……随着造钟业的衰落，从1921年就不做了^⑸。

很显然，陈凯歌先生关于"张荣记"钟碗作坊的描述是在宋伯胤先生调查的基础上进一步了解后形成的。

至此，这样一条由田野调查得到的口传资料是如何通过中外研究者一次次的转述而不断被附加新的内容，最后又成为汤、黄二位"苏州钟表生产至少起始于康熙之时"之有力证据的过程便一目了然了。

首先，宋伯胤先生在《清代末年的苏州造钟业调查》中谈到张荣记钟碗作坊的情况，最早发表的时间是1960年，但还比较简略。之后是1981年陈凯歌先生在此基础上于《清代苏州的钟表制造》中对"张荣记"作坊的记述，与宋先生平实的记述相比，陈先生的记述增加了不少细节，诸如主人张荣贵家庭情况、创业的经过等。再之后便是1995年C.Pagani《康熙、乾隆时期中国的钟表制造》中对陈先生记述的转引，应该说C.Pagani的引文是比较忠实

⑴ 陈凯歌：《清代苏州的钟表制造》，《故宫博物院院刊》1981年4期。

⑵ 陈凯歌：《清代苏州的钟表制造》，《故宫博物院院刊》1981年4期。

⑶ 宋伯胤：《清代末年的苏州造钟业调查》，《文物》1960年第1期。

⑷ 宋伯胤：《清代末年的苏州造钟业调查》，《钟表》1978年第1期。

⑸ 宋伯胤：《清代末年的苏州造钟业调查》，《钟表》1978年第1期。

于陈先生原文原意的，通过 C.Pagani 的引用，陈先生关于"张荣记"作坊及其主人的记述被作为信史为西方钟表研究者所熟知。1999 年，高华士博士在研究鲁日满账簿的著作中注意到了这条资料并加以利用，但在"张荣"名字转译过程中出现了失误，而把"Zhang"误读为"Chang"，从而使嘉庆时期苏州做钟碗的"张荣"通过其父祖的追溯与康熙时期苏州的 Cham 姓工匠发生了联系。到 2006 年汤、黄二位撰文时沿袭了高华士博士的失误，高华士博士只是提醒"我们有必要注意两者之间的关系"，而汤、黄二位则进一步把"张荣"变成了"很可能即是鲁日满账本经常出现的苏州钟表匠 Cham 姓之后人"，从而使"Cham"姓成为自康熙至嘉庆朝绵延不断的钟表制作世家，这一世家也就成为"苏州钟表生产至少起始于康熙之时"的铁证。这一典型的史料出口而后再转内销过程中发生畸变的例子给我们的警示是饶有趣味的。

不过，再回到这一史料出现的源头，个人认为这种口传资料具有很大的随意性和局限性，需要进行甄别。试想，作为被调查对象的老钟表艺人，如果让他们回忆自己亲身经历或同时代发生的事，甚至距他们不甚太远的往事，应该说可信的成分会大一些。但要让他们对距自己 150 年前的人和事还详说如昨，恐怕不能不令人心存疑虑。传说并非信史。正因为如此，我在《关于清代的苏钟》一文中才没有将其作为可靠的信史加以使用。

第三条理由是：

在文献中出现的苏州钟表生产即可证明，苏州钟表生产应早于嘉庆时期[1]。

文中主要列举了 5 项文献记载。分别是：清宫档案中嘉庆十九年关于"苏钟"的记载、嘉道时人顾禄《桐桥倚棹录》中关于虎丘一带自行人玩具店铺的记载、乾嘉时人钱泳《履园丛话》中对自鸣钟的记载、嘉道时人梁章钜《浪迹续谈》中对自鸣钟的记载、嘉庆二十一年的《钟表义冢碑》记。其中嘉庆十九年的档案、梁章钜《浪迹续谈》、《钟表义冢碑》记我在《关于清代的苏钟》文中已经有过介绍和讨论。但是汤、黄二位在运用这些材料时对

---

[1] 汤开建、黄春艳：《明清之际自鸣钟在江南地区的传播与生产》，《史林》2006 年第 3 期。

这些文献的解读是存在问题的，得出的结论有些勉强，故不能不辨。

关于嘉庆十九年的档案，我在前文中已经分析过，档案中提到的苏钟在宫中大量的钟表藏品中是样式一般，结构简单，等级不高的普通之器，这个结论对于稍有钟表文物常识的人都是不难得出的。大概是由于对钟表实物接触不多所致，对于同一条史料，汤、黄二位却偏偏得出了下面这样截然不同的结论：

> 在嘉庆时苏州制造的钟表已出现"贴金倒环顶黑擦漆架铜花铜条油画屉板"如此复杂工艺的钟表，恰恰可以反映，苏州钟表的生产绝非始于嘉庆，而是反映到嘉庆时，"苏钟"已进入"成熟期"[1]。

在此我们不妨分析一下这对钟表所谓的"复杂工艺"。从钟表的名称中，可知此钟计有贴金、油漆、镶铜、油画四种装饰工艺，这些工艺在钟表中都属于钟壳制作的范畴，也就是说，此钟的钟壳总体是木胎黑漆，顶部安装有一个简单的贴金铜环，下部有一抽屉，抽屉的正面画油画，局部镶有铜雕的饰件。将这些元素组合起来，我们大致可以想见这个钟壳的样式，就是简单的黑漆木楼式。实际上，名称中直接涉及钟表技术本身的正是后面的"单针时乐钟"五个字。在钟表发展的早期，基本是只有时针的单针钟，后来随着技术的发展，才有时针和分针。嘉庆时期，钟表已经是秒、分、时针十分通行的时代，这种单针钟就显得单调而不合时宜，正是以为如此，当时才把其定为最低等级的"无等"。与当时宫中收存的附有各种变动机械的钟表相比，这件黑漆木楼单针钟无论是从钟壳还是机芯本身考量都确实是太简单了。如果苏钟成熟期的作品是这样一种情况，那也只能说明此时苏州的钟表制作水平十分一般。这样的水平，与其说是长时间技术积累达到的成熟作品，毋宁说是技术初期才会具有的一种状态。这件档案之所以重要，不仅在于它是迄今为止所知道的关于苏做钟最早的文献记载，而且通过它可以使我们对早期苏钟的制造水平有了一个基本的认识。

关于苏州钟表制造的三条私人笔记著作中的记载，它们所反映的时代和

---

[1] 汤开建、黄春艳：《明清之际自鸣钟在江南地区的传播与生产》，《史林》2006 年第 3 期。

内容大体相同，可以合并讨论。除了梁章钜《浪迹续谈》中的记述我在《关于清代的苏钟》已经引述外，对于其他两条文献，汤、黄文中只是节引，由于关系到对所记载文献的理解问题，故讨论之前先将两文的全文引述于下：

顾禄《桐桥倚棹录》中记载：

> 自走洋人，机轴如自鸣钟，不过一发条为关键，其店俱在山塘。腹中铜轴，皆附近乡人为之，转售于店者。有寿星骑鹿、三换面、老牸少、僧尼会、昭君出塞、刘海洒金钱、长亭分别、麒麟送子、骑马靴子之属。其眼舌盘旋时，皆能自动。其直走者，只肖京师之后铛车，一人坐车中，一人跨辕，不过数步而止，不耐久行也[1]。

钱泳《履园丛话》记载：

> 自鸣钟表皆出自西洋，本朝康熙间始进中国，今世大夫家皆用之。案张鷟《朝野金载》言：武后如意中海州进一匠，能造十二辰车，回辕正南则午门开，有一人骑马出，手持一牌，上书"午时"二字，如璇机玉衡十二时，循环不爽。则唐时已有之矣。近广州、江宁、苏州工匠亦能造，然较西法究隔一层[2]。

要充分解读这三条文献，首要的问题是要弄清楚它们所记述的是什么时期的历史事实。

按《桐桥倚棹录》于道光二十二年刻印问世。依照《桐桥倚棹录》点校者王稼句先生的研究："道光二十年，顾禄因病移居山塘，先是塔影山馆，再是报绿渔庄，即东溪别业。……如果顾禄未曾移居山塘，或许就不会有这本《桐桥倚棹录》。"[3] 再结合《桐桥倚棹录》前褚逢椿序中"顾君总之有别业在甑酌桥西，年来养疴水阁，白袷芒鞋，间与花农钓叟相往还，遍历名胜，周知故事。仿顾云美《虎丘志》例，辑成一书，病乾隆间任《志》之浅陋而一归精当，名曰《桐桥倚棹录》。"[1]以及顾禄自己在该书《凡例》中所言："是书皆躬自采访，山前山后，风雨无间，或窄舟访古，或载笔讨金，抑且询诸父老，证以前闻，始采入集。"[2]可以证实《桐桥倚棹录》是顾禄道光二十年移居山塘之后在实地调查的基础上撰写的，写作时间持续约两年。该书虽然不乏溯古的成分，但大部分还是他撰写本书时当地的实在景况。具体于这条"自走洋人"，则可以肯定是作者亲眼所见的道光二十年左右虎丘附近自走洋人玩具店的情况。但这里的问题是，自走洋人和钟表虽然同属机械制品，但二者的区别也是显而易见的，二者之间并非是有你即有我的共生关系，这一点后面还要谈到。

至于《履园丛话》的作者钱泳，虽然生于乾隆二十四年，但其主要活动则是在嘉庆、道光两朝。《履园丛话》书前的道光十八年作者自记中有"曩尝与友人徐厚卿明经同辑《熙朝新语》十六卷，已行于世。兹复得二十四卷，分为三集，以续其后云"[3]的记载，而《西朝新语》完全成书是在嘉庆二十三年[4]，可知《履园丛话》最早于嘉庆二十三年开始辑录撰写，几年后便已成书。根据书前孙原湘序，全书主体于道光五年已经完成，因此该书的内容应该是嘉庆二十三年至道光五年间汇辑写就的。但是，从书中的内证来看，在道光十八年书稿全部刻成之前，钱泳仍在对其进行补充[5]。这使我们有理由相信《履园丛话》中的这条记载即使不是在书稿开镌以后补充进去的，也应该

[1] ［清］顾禄：《桐桥倚棹录·褚逢椿序》，中华书局，2008 年。
[2] ［清］顾禄：《桐桥倚棹录·凡例》，中华书局，2008 年。
[3] ［清］钱泳：《履园丛话·序目》，中华书局，1979 年。
[4] 据《熙朝新语》翁履庄识语："岁乙亥自滇南归里，道出武昌，于市肆中得歙人余德水所辑《熙朝新语》一书，展卷读之，与余曩昔传闻异辞，俱足互相印证。……丞令生徒钞录成帙，略加编次，厘为十六卷，以公同好"，则该书至迟成于嘉庆乙亥年，即嘉庆二十年〔1815〕。但该书卷一六又有"元和俞冠三瀔，于乾隆戊寅入学时，有白鹤翔于庭，咸以为瑞。至嘉庆丁丑，冠三年已八十，躒铄异常，又见白鹤来翔。拟于戊寅秋应恩科乡试，是冬循例应得重游泮宫。亦熙朝人瑞也。"之文，可知该书纪事止于嘉庆二十三年。《熙朝新语》刊行于道光四年，有上海古籍书店 1983 年《清代历史资料丛刊》影印本。
[5] 〔清〕钱泳：《履园丛话》卷八"蓍旧"之"黼堂少宰"条，中华书局，1979 年。条中有："少宰殁后二十年，其令子熙属余刻神道碑，立于墓左，裴回丙舍者三日而去，时道光壬辰四月也。"道光壬辰为道光十二年，即 1832 年，可证此条为书稿开镌后所补充。

是在嘉庆二十三年至道光五年之间写就的。其中的"今"字、"近"字则明确地告诉我们，记载中的钟表"世大夫家皆用之"和"广州、江宁、苏州工匠亦能造"应该是书稿写就之时或稍前几年的情况。

而梁章钜《浪迹续谈》中的记载，我在前面的考察中已经分析过。《浪迹续谈》写作于道光丁未〔1847 年〕至道光戊申〔1848 年〕，也就是道光二十七年至道光二十八年，多记温州、杭州、苏州等地的名胜、风俗和物产，那么，书中所记"今闽、广及苏州等处，皆能造自鸣钟"的状况当然是指他写作时的情况而言，也就是道光时期的状况。

以上这几部书都成书于道光时期。之所以要对这几部私人笔记的写作时间进行考证，是因为在书中提到的这几条有关苏州钟表制造的文献记载中，都不约而同地用到了"今"、"近"等具有明显时间限定的词语，难道这会是偶然的巧合吗？"今"无疑是指这些作者写作该书的时间，而"近"的时间指示稍微模糊一些，是可以向前逆推的，但到底应该"近"到什么时候？按照常理，三年五年可以说"近"，八年十年也可以说"近"，但三四十年、四五十年还能说是"近"吗？如此分析，我们最多也只能说，以上诸书中所提到的苏州的钟表制作反映的也就是嘉庆时期的基本状况，这样说应该不会有什么大的问题。

其次是我们应该如何看待和解读这些文献的问题。

在汤、黄文中，重点分析了顾禄《桐桥倚棹录》中"自走洋人"的记载。"苏州生产自鸣钟之类'自走洋人'已成为市场上的普通商品，连'附近乡人'均能生产自动机械玩具中的"铜轴"，可以反映，苏州地区早已出现生产自鸣钟的作坊是不足为奇的"。不可否认，自走洋人等自动机械玩具与钟表原理有相同的地方，都是通过发条和齿轮驱动和传动。但是，二者之间的区别也是明显的。正如顾禄所说，自走洋人等机械玩具"不过一法条为关键"，而钟表除了以发条为中心的动力源系统外，还必须有使钟表匀速走时，控制动力源匀速释放动能的擒纵系统，传递动能每个齿轮的齿距都要经过计算和测量。当然，由于机械玩具本身的繁简程度不同，其对技术的要求差别是很大的。简单的只有一两个动作，只需一盘发条几个齿轮足矣；复杂的则形态逼真，动作连贯协调，内部机件繁复，非得有专业技能、专门设计和精确计算才能完成。那么，《桐桥倚棹录》中记载的这些"自走洋人"是怎样的呢？

从顾禄的记载或"眼舌盘旋时，皆能自动"或直走"不过数步而止，不耐久行"来看，这些玩具都是属于较简单的那种。从技术水准和知识结构的要求方面考虑，这种简单的玩具是无法和钟表的制造等量齐观的。也就是说，这种简单的机械玩具即使出现再早也不能就此得出"苏州地区早已出现生产自鸣钟的作坊"这样的结论的。顾禄记载的这些机械玩具店并没有同时生产钟表，也说明二者之间并非一定是共生的关系。实际上，在道光二十年顾禄记载这些自走洋人玩具店的时候，苏州的钟表制造已经出现至少三十年了，制作钟表的作坊肯定也不止一家，但仍然玩具店是玩具店，钟表作坊是钟表作坊，二者仍然各自并行，互不浸润。因此，我认为不能简单地以自走洋人玩具店去比附苏州钟表制作的历史，这些自走洋人玩具店和苏州钟表制作之间并没有什么密切的关联。

正是因为上述由自走洋人玩具店生发出来的"苏州地区早已出现生产自鸣钟的作坊"的结论，汤、黄二位才有了下面进一步的引申论述：

> 《桐桥倚棹录》虽然记录的是嘉庆、道光时期的苏州之事，但嘉庆以后，清廷对全国天主教的严禁，故西洋钟表的生产技术不可能在嘉庆以后才传入苏州。换言之，在嘉庆、道光时期记录的苏州钟表技术应来源于嘉、道以前，应是明末清初传入江南地区的西洋钟表技术的延续与发展。这样对文献解读，才能真正意义地挖掘文献内容的真实内涵[1]。

按照这种说法，由于嘉庆以后清廷对天主教的严禁，和天主教有关的一切包括技术的交流和传播都被禁止了，当然也包括钟表技术的传播。因此，钟表制作技术是不可能在禁教期内的嘉庆、道光朝内传入苏州的，而是更早的时期传入的。但问题的关键是，这样说的前提必须是有充分的证据表明苏州的钟表制造技术是由西洋传教士传入的，而且这是唯一的传入途径。而前面我们已经讨论过，由《桐桥倚棹录》中自走洋人玩具店的记载是无法得出"苏州地区早已出现生产自鸣钟的作坊"这个结论的，更不能得出苏州的钟表

---

[1] 汤开建、黄春艳：《明清之际自鸣钟在江南地区的传播与生产》，《史林》2006 年第 3 期；汤开建、黄春艳：《清朝前期西洋钟表的仿制与生产》，《中国经济史研究》2006 年第 3 期。

制作技术是由天主教传教士传入的这样一个结论，因此，这些所谓"真正意义地挖掘文献内容的真实内涵"的引申也就失去了基本的前提。既然苏州钟表制造技术的传入不是由西洋传教士完成的，那么清廷的禁教政策也就和苏州钟表制造技术的传入没有什么必然的联系了，这种引申与其说是挖掘文献的真实内涵，还不如说是对文献的误读。实际上，钟表制造技术最早由西洋传教士传入中国，在为中国工匠所掌握以后，西洋传教士已经不可能再对钟表制造技术进行垄断和控制，中国工匠完全可以通过自身的流动进行钟表制造技术的传播。

从现存文献和实物可以证实，苏州的钟表制造并不是由西洋传教士直接传入的，而是由周边地区主要是南京地区掌握了钟表技术的中国工匠带来的。证据有三：一是嘉庆二十一年的《钟表义冢碑》记中"据附元和县人唐明远等呈称，身等籍隶金陵，于元和县廿三都北四图创设义冢"和"生向置元邑念三都北四图官田三亩九分四厘，今售与金陵唐明远等，为同业义冢"的记载显示这些钟表从业人员大多来自于江南重镇南京，尽管他们现时附从于元和县治内，但他们自己及本地居民都认为他们是金陵人，来到苏州只是由于生意上的需要。这些来自于金陵的钟表从业人员原本在金陵时就有接触，当他们来到苏州后，出于同乡的关系相互照应是自然的。对于这些靠钟表手艺维持生计的外乡人来说，要在死后将棺椁从苏州长途运回老家南京，经济上的压力可想而知，因此，大家才一起出资买地就近安葬死者。对于这种情况，汤、黄二位的结论是："苏州钟表业发展到嘉庆时已经出现了这一行业的同业组织。从苏州钟表生产制造的开始，到钟表行业的同业组织的出现，这绝不是一两年，甚至十年、八年之事，这是一个相对长时间才有可能形成的一个过程。"①这样的结论恐怕与当时的实际相去太远，因为直到晚清，也没有记载说苏州钟表业出现过具有行会性质的"同业组织"。反倒是因为同乡的关系，所以大家联系密切，相互扶持，在这里与其说是所谓的"同业组织"在起作用，毋宁说是地缘关系起了决定性作用。二是对晚清南京和苏州钟表业情况的调查也可以间接证明南京和苏州的钟表从业者之间的地缘承续

---

① 汤开建、黄春艳：《明清之际自鸣钟在江南地区的传播与生产》，《史林》2006 年第 3 期；汤开建、黄春艳：《清朝前期西洋钟表的仿制与生产》，《中国经济史研究》2006 年第 3 期。

关系。在两地从事钟表业的字号中，都有潘、王、易、刘、表、严、吴诸姓，而这几姓开设的字号占到了苏州已知十八家钟表字号的三分之二，这恐怕不是偶然的巧合[1]。三是从南京和苏州所生产的钟表品种同样可以证明二者间的密切关系。从现存的实物可以得知，无论是南京还是苏州，生产的钟表主要都是插屏钟，且两地生产的插屏钟式样相同，很难区分彼此。而这种插屏钟在南京被称为"本钟"，是最早在南京出现，后来才传到其他地方的，苏州的插屏钟也同样源自于南京。

从上述对汤、黄二位第三条理由中所引史料的分析，不难看出这些史料都出现在嘉庆末年和道光时期，除顾禄《桐桥倚棹录》外，反映的也都是那个时期苏州钟表制造的情况。这些文献材料时间限定都非常明显，没有一条涉及到乾隆以前苏州的钟表制造，因此，在解读这些材料的时候，我们只能依据材料本身，有一分证据说一分话，做实实在在的分析，而不能盲目无限制地向前推衍。从嘉庆二十一年档案和钱泳《履园丛话》中"然较西法究隔一层"来看，当时苏州钟表的制造怎么也不能用"有了一段相当长的发展历史"概括。

三　结　语

通过以上对汤、黄二位文章中提供的三个理由的分析和论证，可以肯定这三条理由中没有一条能够证明其"苏州钟表生产的出现应在康熙时期"的观点。第一条理由完全是作者理想化的推估，没有任何实实在在的证据，应该说不成其为一条理由。第二条理由虽然可以证实在康熙时期有苏州人接触到自鸣钟，甚至可以对其进行简单的维修，配一配钟表的架子等，但是对钟表机械进行维修的程度是相当有限的，连钟摆的补配都不能完成，更不用说制造钟表了。第三条理由所引用的文献，均出现在嘉庆、道光时期，且时间限定十分明确，所记均是嘉庆、道光时期苏州钟表制作的情况，说明嘉庆、道光时期是苏州钟表制造发展的重要时期。由于此一时期内苏州钟表制造出现并迅速发展，受到关注，才出现了关于其状况的记载便集中地出现在此一时

---

[1] 宋伯胤：《清代末年的南京造钟业调查》、《清代末年的苏州造钟业调查》，《钟表》1978 年第 1 期。

期这样的现象。

依据现有资料，我认为将苏州钟表制造的出现年代定在嘉庆初年是比较切近实际的。正如我在《关于清代的苏钟》中所说，苏州钟表制作的出现与周边地区有密切关系，是在直接承续了其周边城市如南京等地的技术和人员的基础上快速发展起来的，而且这些城市还不断地对其进行补充，使之始终保持一定的规模。钟表义冢碑记告诉我们在苏州钟表的从业人员可能很多都来自于南京。这种技术和人员的流动使得苏州的钟表制作无须经过长期的技术积累和人员培训，就直接达到了与其他地方相当的技术水平，但与西方产品相比还存在较大差异。唯其如此，诸如记载苏州钟表状况的文献为什么会在此一时期集中出现、尽管发展迅速但其制作水平并不是很高等一系列现象才可以得到合理的解释。

参考文献

一 清宫档案

故宫博物院图书馆藏：《陈设档》。

季永海、李盘胜、谢志宁翻译点校：《年羹尧满汉奏折译编》，天津古籍出版社，1995年。

辽宁社会科学院历史研究所、大连市图书馆文献研究室编：《清代内阁大库散佚满文档案选编》，天津古籍出版社，1992年。

刘芳辑，章文钦校：《葡萄牙东波塔档案馆藏清代澳门中文档案汇编》，澳门基金会，1999年。

中国第一历史档案馆藏：《内务府奏销档》。

中国第一历史档案馆藏：《内务府各作承做活计清档》。

中国第一历史档案馆藏：《内务府来文》。

中国第一历史档案馆藏：《清废帝溥仪全宗档》。

中国第一历史档案馆藏：《宫中杂件》。

中国第一历史档案馆藏：《宫中档·同治大婚红档》。

中国第一历史档案馆藏：《宫中档·光绪大婚红档》。

中国第一历史档案馆藏：《内务府·婚礼处奏案》。

中国第一历史档案馆藏：《宫中红事档·同治大婚典礼红档》。

中国第一历史档案馆藏：《陈设库贮档》。

中国第一历史档案馆、香港中文大学文物馆合编：《清宫内务府造办处档案总汇》，人民出版社，2005 年。

中国第一历史档案馆编：《康熙朝汉文硃批奏折汇编》，档案出版社，1985 年。

中国第一历史档案馆编：《康熙朝满文朱批奏折全译》，中国社会科学出版社，1996 年。

中国第一历史档案馆编：《雍正朝汉文朱批奏折汇编》，江苏古籍出版社，1986 年。

中国第一历史档案馆编：《雍正朝满文朱批奏折全译》，黄山书社，1998 年。

中国第一历史档案馆编：《乾隆朝上谕档》，档案出版社，1991 年。

中国第一历史档案馆编：《清代档案史料：圆明园》，上海古籍出版社，1991 年。

中国第一历史档案馆编：《乾隆朝惩办贪污档案选编》，中华书局，1994 年。

中国第一历史档案馆、澳门基金会、暨南大学古籍研究所编：《明清时期澳门问题档案文献汇编》，人民出版社，1999 年。

中国第一历史档案馆、广州荔湾区人民政府合编：《清宫广州十三行档案精选》，广东经济出版社，2002 年。

中国第一历史档案馆编：《清中前期西洋天主教在华活动档案史料》，中华书局，2003 年。

二 中文古籍

〔汉〕班固撰、〔清〕陈立疏证：《白虎通疏证》，中华书局，1994 年。

〔唐〕房玄龄等撰：《晋书》，中华书局，1974 年。

〔唐〕徐坚等编纂：《初学记》，中华书局，1962 年。

〔后晋〕刘昫 等撰：《旧唐书》，中华书局，1975 年。

〔元〕脱脱：《宋史》，中华书局，1977 年。

〔明〕宋濂等纂：《元史》，中华书局，1976 年。

〔明〕宋濂：《宋文宪公全集》，上海中华书局《四部备要》本。

〔明〕王徵：《两理略》，见李之勤校点：《王徵遗著》，陕西人民出版社，1987 年。

〔明〕谢肇淛撰，郭熙途点校：《五杂俎》，辽宁教育出版社，2001 年。

〔明〕沈德符：《万历野获编》，中华书局，1959 年。

〔明〕徐光启等：《西洋新法历书》，故宫博物院图书馆藏顺治二年〔1645 年〕刊本。

清圣祖《御制诗初集》，故宫博物院图书馆藏清代殿本。

清圣祖《御制诗二集》，故宫博物院图书馆藏清代殿本。

清圣祖《御制诗三集》，故宫博物院图书馆藏清代殿本。

《清圣祖御制文》初集、二集、三集、四集，故宫博物院图书馆藏清代殿本。

《清世宗御制诗文集》，故宫博物院图书馆藏清代殿本。

《清高宗乐善堂全集定本》，故宫博物院图书馆藏清代殿本。

《清高宗御制诗初集》，故宫博物院图书馆藏清代殿本。

《清高宗御制诗二集》，故宫博物院图书馆藏清代殿本。

《清高宗御制诗三集》，故宫博物院图书馆藏清代殿本。

《清高宗御制诗四集》，故宫博物院图书馆藏清代殿本。

《清高宗御制诗五集》，故宫博物院图书馆藏清代殿本。

《清高宗御制诗余集》，故宫博物院图书馆藏清代殿本。

《清高宗御制文初集》，故宫博物院图书馆藏清代殿本。

《清高宗御制文二集》，故宫博物院图书馆藏清代殿本。

《清高宗御制文三集》，故宫博物院图书馆藏清代殿本。

《清高宗御制文余集》，故宫博物院图书馆藏清代殿本。

《清仁宗御制诗初集》，故宫博物院图书馆藏清代殿本。

《清仁宗御制文初集》，故宫博物院图书馆藏清代殿本。

《清文宗御制诗文全集》，故宫博物院图书馆藏清代殿本。

《清圣祖实录》，中华书局，1985 年。

《清高宗实录》，中华书局，1985 年。

《清仁宗实录》，中华书局，1985 年。

《清文宗实录》，中华书局，1985 年。

《皇朝礼器图式》，故宫博物院图书馆藏清代殿本。

《清朝文献通考》，浙江古籍出版社，1988 年。

〔清〕葛元煦：《沪游杂记》，上海书店出版社，2006 年。

〔清〕李宝嘉：《官场现形记》，三秦出版社，2006 年。

〔清〕玄烨：《庭训格言》，《影印文渊阁四库全书》第 717 册，台北商务印书馆，1998 年。

〔清〕庆桂等编纂：《国朝宫史续编》，北京古籍出版社，1994 年。

〔清〕张廷玉等纂：《明史》，中华书局，1974 年。

〔清〕赵尔巽等纂：《清史稿》，中华书局，1977 年。

〔清〕钱泳：《履园丛话》，中华书局，1979 年。

〔清〕陆陇其：《三鱼堂日记》，北京故宫博物院图书馆藏清刻本。

〔清〕王士祯：《池北偶谈》，中华书局，1982 年。

〔清〕刘献廷：《广阳杂记》，中华书局，1957 年。

〔清〕梁章钜著，陈铁民点校：《浪迹丛谈 续谈 三谈》卷八，中华书局，1981 年。

〔清〕王胜时：《漫游纪略》，新文化书社，1934 年。

〔清〕沈初：《西清笔记》，《笔记小说大观》第 24 册，广陵古籍刻印社，1983 年。

〔清〕赵翼：《檐曝杂记》，中华书局，1982 年。

〔清〕徐朝俊：《自鸣钟表图说》，《高厚蒙求》三集，嘉庆二十一年刻本。

〔清〕陈森：《品花宝鉴》，中华书局，2004 年。

〔清〕黄伯禄：《正教奉褒》，清光绪三十年上海慈母堂刊印。

〔清〕黄宗羲、黄百家：《宋元学案》，中华书局，1986 年。

〔清〕阮元：《畴人传》，广陵书社，2009 年。

〔清〕魏源著，李巨澜评注：《海国图志》，中州古籍出版社，1999 年。

〔清〕曹雪芹、高鹗：《红楼梦》，人民文学出版社，1982 年。

〔清〕顾禄：《桐桥倚棹录》，中华书局，2008 年。

〔清〕余德水辑：《熙朝新语》，道光四年刊行。

〔清〕李善兰译：《谈天》"序"，载《丛书集成续编》第 78 册。

〔清〕张风纲编，李菊侪、胡竹溪绘：《醒世画报》，中国文联出版社，2003 年。

王重民辑校：《徐光启集》，上海古籍出版社，1984 年。

三　中文论著及译著

陈凯歌：《苏州钟表文化古今谈》，《苏州市科技史文集》〔内部交流〕第一辑，1998
年；《清代苏州的钟表制造》，《故宫博物院院刊》1981 年 4 期。

陈尔俊：《时光流逝　艺术永存 —— 南京博物院所藏自鸣钟》，《中国文物报》1990 年
11 月 6 日第 4 版。

丁贤勇：《新式交通与生活中的时间——以近代江南为例》，《史林》2005 年第 4 期。

方豪：《中西交通史》，岳麓书社，1987 年；《中国天主教史人物传》，中华书局，1988 年。

冯佐哲：《和珅评传》，中国青年出版社，1998 年。

故宫博物院编：《清宫钟表珍藏》，香港麒麟书业有限公司、紫禁城出版社联合出版，
1995 年。

关雪玲：《清宫做钟处及其钟表》，《日升月恒——故宫珍藏钟表文物》，澳门艺术博物馆，2004 年；《乾隆时期的钟表改造》，《故宫博物院院刊》2000 年第 2 期；《清宫做钟处》，《明清论丛》第五辑，紫禁城出版社，2004 年。

郭春华：《上海钟表形成与发展》，中国计时仪器史学会编：《计时仪器史论丛》第三辑，1998 年。

郭福祥：《乾隆皇帝与清宫钟表的鉴赏和收藏》，台北故宫博物院《故宫文物月刊》12 卷第 11 期；《佳士得钟表专拍述评》，《日本东京根津美术馆藏清宫御藏钟表》，香港佳士得公司，2008 年 5 月 27 日；《宫廷与苏州——乾隆宫廷里的苏州玉工》，《宫廷与地方：十七至十八世纪的技术交流》，紫禁城出版社，2010 年。

耿昇译：《16 ～ 20 世纪入华天主教传教士列传》，广西师范大学出版社，2010 年。

华同旭：《中国漏刻》，安徽科学技术出版社，1991 年。

胡铁珠：《〈历学会通〉中的宇宙模式》，《自然科学史研究》第 11 卷第 3 期。

黄裕生：《时间与永恒——论海德格尔哲学中的时间问题》，社会科学文献出版社，1997 年。

矫大羽：《大八件怀表》，香港天地图书有限公司，2006 年。

鞠德源：《清代耶稣会士与西洋奇器》，《故宫博物院院刊》1989 年第 1 ～ 2 期。

李豫：《钟表春秋》，学术期刊出版社，1988 年。

廖志豪：《苏钟二三事》，中国计时仪器史学会编：《计时仪器史论丛》第一辑，1994 年。

李志超：《水运仪象志——中国古代天文钟的历史》，中国科学技术大学出版社，1997 年。

刘月芳：《清宫做钟处》，《故宫博物院院刊》1989 年第 4 期。

刘芳辑，章文钦校：《葡萄牙东波塔档案馆藏清代澳门中文档案汇编》，澳门基金会，1999 年。

刘炳森、马玉良、薄树人、刘金沂：《略谈故宫博物院所藏七政仪和浑天合七政仪》，《文物》1973 年第 9 期。

刘潞辑：《清宫词选》，紫禁城出版社，1985 年。

孟森：《明清史讲义》，中华书局，1981 年。

孟华：《启蒙泰斗伏尔泰向中国销售钟表的计划》，《东西交流论谭》第二集，上海文艺出版社，2001 年。

牟润孙：《论乾隆时期的贪污》，《注史斋丛稿》，中华书局，1987 年。

聂崇正：《清宫绘画与"西画东渐"》，紫禁城出版社，2008 年。

商芝楠：《清代宫中的广东钟表》，《故宫博物院院刊》1986 年第 3 期。

宋伯胤：《我们应该有钟表博物馆》，中国计时仪器史学会编：《计时仪器史论丛》第一辑，1994 年；《清代末年南京苏州造钟手工业调查》，《文物》1960 年第 1 期；《清代末年的苏州造钟业调查》，《钟表》1978 年第 1 期。

水木：《清代西洋画师的膳食》，《紫禁城》1983 年第 2 期。

石云里：《中国古代科学技术史纲·天文卷》，辽宁教育出版社，1996 年。

汤象龙：《十八世纪中叶粤海关的腐败》，包遵彭、李定一、吴相湘编纂：《中国近代史论丛》第一辑第三册，台北正中书局，1950 年。

汤开建、黄春燕：《明清之际自鸣钟在江南地区的传播与生产》，《史林》2006 年第 3 期。

王佐贤：《清代满族嫁女妆奁》，《紫禁城》1987 年第 6 期。

徐文璘、李文光：《谈清代的钟表制作》，《文物》1959 年第 2 期。

席宗泽等：《日心地动说在中国》，《中国科学》1973 年第 3 期。

阎宗临：《传教士与法国早期汉学》，大象出版社，2003 年。

于善浦、董乃强编：《香妃》，书目文献出版社，1985 年。

张柏春：《明清时期欧洲机械钟表给中国带来的新技术及其对王徵的影响》，中国计时仪器史学会编：《计时仪器史论丛》第三辑，1998 年。

章乃炜、王蔼人编：《清宫述闻》，紫禁城出版社，1990 年。

张江华：《明清时期我国的自动机械制造》，《传统文化和现代化》1995 年第 5 期。

朱家溍：《关于雍正时期十二幅美人画的问题》，《紫禁城》1986 年第 3 期。

朱静编译：《洋教士看中国朝廷》，上海人民出版社，1995 年。

朱文哲：《近代中国时间观念研究述评》，《燕山大学学报〔哲学社会科学版〕》12 卷 1 期。

邹振环：《西方传教士与晚清西史东渐》，上海古籍出版社，2007 年。

郑曦原编：《帝国的回忆：纽约时报晚清观察记》，三联书店，2001 年。

〔比〕高华士著，赵殿红译：《清初耶稣会士鲁日满常熟账本及灵修笔记研究》，大象出版社，2007 年。

〔俄〕尼古拉·班蒂什－卡缅斯基编著：《俄中两国外交文献汇编》，商务印书馆，1982 年。

〔俄〕伊·温科夫斯基著，宋嗣喜译：《十八世纪俄国炮兵大尉新疆见闻录》，黑龙江教育出版社，1999 年。

［法］张诚著，陈霞飞译：《张诚日记》，商务印书馆，1973 年。

［法］费赖之著，冯承钧译：《在华耶稣会士列传及书目》，中华书局，1995 年。

［法］加斯东·加恩著，江载华、郑永泰译：《彼得大帝时期的俄中关系史》，商务印书馆，1980 年。

［法］白晋著，赵晨译：《康熙皇帝》，黑龙江人民出版社，1981 年。

［法］杜赫德编，耿升等译：《耶稣会士中国书简集：中国回忆录》，大象出版社，2005 年。

［法］伯德莱著，耿昇译：《清宫洋画家》，山东画报出版社，2002 年。

［法］阿兰·佩雷菲特著，王国卿等译：《停滞的帝国——两个世界的撞击》，生活·读书·新知三联书店，1993 年。

［荷］伊兹勃兰特·伊台斯等编：《俄国使团使华笔记》，商务印书馆，1980 年。

［捷克］严嘉乐著，丛林、李梅译：《中国来信》，大象出版社，2002 年。

［美］马士著，区宗华译：《东印度公司对华贸易编年史》，中山大学出版社，1991 年。

［美］史景迁：《中国皇帝康熙自画像》，远东出版社，2001 年。

［美］罗有枝著，周卫平译：《清代宫廷社会史》，中国人民大学出版社，2009 年。

［葡］安文思著，何高济、李申译：《中国新史》，大象出版社，2004 年。

［日］平川祐弘著，刘岸伟、徐一平译：《利玛窦传》，光明日报出版社，1999 年。

［意］马国贤著，李天纲译：《清廷十三年——马国贤在华回忆录》，上海古籍出版社，2004 年。

［意］利玛窦、金尼阁著，何高济等译：《利玛窦中国札记》，中华书局，1983 年。

［英］李约瑟：《中国科学技术史·天文卷》，科学出版社，1975 年。

［英］格林堡著，康成译：《鸦片战争前中英通商史》，商务印书馆，1961 年。

［英］约翰·巴罗著，李国庆、欧阳少春译：《我看乾隆盛世》，北京图书馆出版社，2007 年。

［英］斯当东著，叶笃义译：《英使谒见乾隆纪实》，商务印书馆，1963 年。

［英］约·弗·巴德利著，吴持哲、吴有刚译：《俄国·蒙古·中国》，商务印书馆，1981 年。

四　外文著作

Alfred Chapuis，*La Montre Chinoise*，Geneve，1983.

Alfred Chapuis and Eugene Jaquet，*The History of The Self-Winding Watch 1770-1931*，Neuchatel，1952.

Carlo M.Cipolla，*Clocks and Culture 1300-1700*，New York · London，1977.

C.Pagani，*"Eastern Magnifience and European Ingenuity": Clocks of Late Imperial China*，The University of Michigan Press，2001；*Clockmaking in China under the Kangxi and Qianlong Emperors, in Arts Asiatiques*, 50,1995,P.80.

Catherine Cardinal，*Watchmaking in History, Art and Science*，Scriptar S.A，1984.

D.J.MacGowan，*Modes of Timekeeping Known Among the Chinese*，Patent Office Report，Washington，Government Printing Office，1851，pp.335-42.

Daniel J.Boorstin，*The Discoverers*，Random House，New York，1983.

Eugene Jaquet，Alfred Chapuis，*Technique and History of the Swiss Watch: From the Beginnings to the Present Day*，Olten,1953.

George Staunton，*An Autuentic Account Of An Embassy From The King Of Great Britain To The Emperor Of China.*

G.H.Baillie，*Watchmakers and Clockmakers of the World*，London，1969.

G.H.Baillie，F.B.H.I.，C.Clutton，*Britten's Old Clocks and Watches and Their Makers*，New york，1956.

John Bell，*A Journey from St Petersburg to Pekin*，*1719-22*，ed.J.L.Stevenson，from the 1763 edition，Edinburge：University Press，1965，pp.137-38.

*Mitja Saje ed., A. Hallerstein - Liu Songling-*刘松龄*: the multicultural legacy of Jesuit wisdom and piety of the Qing dynasty court, Maribor: Association for Culture and Education Kibla, 2009.*

O.Kurz，*European Clocks and Watches in the Near East*，London，1975.

S.E.Bedini，*Oriental Concepts of the Measure of Time*，The Study of Time Ⅱ，New York，1975，pp.453-84.

Watch the China World，Watch The World Publishing Ltd，HongKong，1999.

《和时计》，日本东京国立科学博物馆，平成五年出版。

后记

自大学毕业来到故宫博物院工作后，笔者的研究主要集中于帝后玺印和钟表历史方面。关于帝后宝玺，已经完成并出版了《明清帝后玺印》〔国际文化出版公司，2003 年〕、《明清帝后玺印谱》〔紫禁城出版社，2005 年〕、《受命于天——故宫博物院藏清代御宝》〔紫禁城出版社，2009 年〕等专著，奠定了帝后玺印研究的基础。而对于中国钟表史，虽一直以来总想完成一部比较完备的著述，但限于各方面的条件，此种想法只是存于愿望之中。现在终于可以将十几年来发表的有关论文结成一个相对完整的集子，对中国钟表史和宫廷钟表收藏史研究而言算是一个阶段性成果，于埋藏心中长久以来的愿望也算有了一个比较完满的交待。

书中所选的论文绝大部分都发表过，收入本书时均有不同程度的修改和补充。当初发表这些论文的刊物包括《故宫博物院院刊》、《历史档案》、《中国历史文物》、《哈尔滨工业大学学报》、《史林》、《明清论丛》、《故宫学刊》等，感谢各刊编辑们的付出。其中《清宫钟表的陈设和使用》一篇是与关雪玲研究员合作完成的，发表于 2004 年澳门艺术博物馆举办的《日升月恒——故宫珍藏钟表文物》特展的图录中，不敢独擅，特此说明。另外，书中所利用的原始档案材料中存在误写字等问题，甚至是错误的，但为保持原貌，未予改动。

早在几年前本书就被列入紫禁城出版社《紫禁书系》的出版计划之中，由于杂事纷扰，稿子一直没有完成，出版计划一拖再拖。感谢故宫出版社领导的大力支持，特别要对为本书出版付出辛劳的万钧女士表示衷心的感谢，作为本书的责任编辑，如果不是她的一再催促，本书恐怕还在计划之中！

当然，书中一定存在不少问题和错谬，诚待同行和专家学者的批评赐正。

图书在版编目（ＣＩＰ）数据

时间的历史映像：中国钟表史论集 ／ 郭福祥著.
—北京 ： 故宫出版社，2013.4
（紫禁书系）
ISBN 978-7-5134-0354-2

Ⅰ．①时… Ⅱ．①郭… Ⅲ．①钟表－技术史－
中国－文集 Ⅳ．①TH714.5-53

中国版本图书馆CIP数据核字（2012）第308787号

时间的历史映像
——中国钟表史论集

著　　者：郭福祥
责任编辑：刘　辉　万　钧
装帧设计：李　猛
出版发行：故宫城出版社
　　　　　地址：北京东城区景山前街４号　邮编：100009
　　　　　电话：010-85007808　010-85007816　传真：010-65129479
　　　　　网址：www.culturefc.cn　邮箱：ggcb@culturefc.cn
印　　刷：北京图文天地制版印刷有限公司
开　　本：787×1092 毫米　1/16
印　　张：23.25
版　　次：2013 年 4 月第 1 版
　　　　　2013 年 4 月第 1 次印刷
印　　数：1~3,000 册
书　　号：978-7-5134-0354-2
定　　价：86.00 元

紫禁書系 第一辑

古诗文名物新证

明清室内陈设

古诗文名物新证·扬之水
定价：一九八元（全二册）
收入书中的二十六题，均由名物研究入手，试图在文献、实物、图像三者的碰合处复原起历史场景中的若干细节。用来表现"物"的数百幅图，是贴近历史而与书中文字默契的另一种形式的叙述，旨在使复原的古典以可靠的历史遗存为依据，文字与图像的契合处或许可以使人捕捉到一点细节的真实和清晰。

明清室内陈设·朱家溍 定价：七〇元
全书七万字，一九一幅图。
作者在数十年故宫博物院工作经历中，为使宫廷原状陈设的恢复合于情理，合于历史，查阅并摘录了大量宫私档案、笔记小说，从中寻找可信可行的依据。选辑了与明清两朝室内陈设有关的内容。既有陈设品的名目，也有陈设的具体方位，还有关于审美意趣的品评。

火坛与祭司鸟神

清代宫廷服饰

中国古代官窑制度

火坛与祭司鸟神·施安昌 定价：七五元
本书集结了作者十年来探索古代祆教遗迹和祆教美术的成果。内容涵盖地下墓葬和地上碑刻，涉及许多博物馆中保存已久的藏品和近期发掘的虞弘、安伽、史君三个萨宝墓的出土文物，对一千四百多年前的中国祆教遗存及其宗教图像系统作了别开生面的揭示与论证。
同时，也对人们所陌生的琐罗亚斯德教的教义、礼仪及其在中亚、中国的传播历史作了介绍。

清代宫廷服饰·宗凤英 定价：七五元
全书十万字，一百幅图。
介绍清代宫廷服饰制度的起源、形成和演变。详细描述了清代皇帝、皇后以及皇室成员和文武大臣在各种场合穿着的服饰，主要有礼服、吉服、常服、行服、雨服、便服等等。内容翔实可靠，图片精美、读者面广，适合服装服饰研究设计、宫廷史研究及爱好服饰的广大一般读者阅读欣赏。

中国古代官窑制度·王光尧 定价：七五元
在从事故宫博物院文物保管陈列工作的同时，密切关注考古发掘中的最新信息，阐述对于中国古代官窑制度的看法。本书以史料实物相互印证的方法，立足官窑瓷器实物，追溯唐至清数百年间官窑制度的变化和由此而来不同时代的官窑瓷器特点。

紫禁書系 第二辑

欧斋石墨题跋 上

欧斋石墨题跋 下

中国宫廷御览图书

欧斋石墨题跋·朱翼盦　定价：一五〇元（上、下）

翼盦先生曾以重金购获《九成宫醴泉铭》北宋初拓未剜本，遂自号「欧斋」。以三十年之精力，搜集汉唐碑版七百余种，多罕见之品。每得铭心之品，于研索考订之余，辄作跋尾，以志心得。历考传世善本，详征前人著述、参订比较。《欧斋石墨题跋》即为翼盦先生鉴定石墨文字所撰跋语题识。并附所藏碑帖目录，以见收藏全貌。其有前人题跋者，亦并缀于每目之后，用供征考。

中国宫廷御览图书·向斯　定价：八八元

故宫博物院所藏的善本书籍，是历代宫廷流传下来的皇帝和皇室成员所撰写、阅读的藏书精品，从未昭示于海内外，许多系宫廷秘藏孤本。这些善本图书，版本精良，装帧考究，具有鲜明的皇宫特色，在中国文化史、书史、版本史上占有重要的地位。本书权威、系统，准确地展示了故宫善本图书的全貌和精华、历史与现状及其重要学术文化价值，是一部关于中国宫廷古书鉴定、鉴赏方面的重要著作。

曲阳白石造像研究

龙袍与袈裟 上

龙袍与袈裟 上

曲阳白石造像研究·冯贺军　定价：九〇元

本书从绪论、发愿文内容、信仰与造像、思惟菩萨、基座的类型与题材等方面，论述了河北曲阳白石造像寺院归属、造像者身份、造像渊源与演变、题材与信仰等。本书后所附《从七帝寺看定州佛教》，借助七帝寺相关史实，在大的历史背景下探究曲阳乃至定州佛教造像的整体风貌。发愿文总录则为研究者提供了翔实的资料。

龙袍与袈裟·罗文华　定价：一九八元（上、下）

本书从清宫藏传佛教神系发展的基本脉络、皇家佛堂内部神秘的众神世界及其象征主义结构，以乾隆时期为代表的藏传佛教绘画和造像的真实状况、艺术风格及其重要作品等方面，全面揭示了清宫藏传佛教的基本面貌和主要特点，是近年来清代宫廷史研究的一部力作。

紫禁書系 第三辑

明代玉器

明代玉器·张广文 定价：六八元

在现存古代玉器中，明代玉器占有重要地位，但其作品多为传世品，与唐至元代作品混行于世，不易区别。本文据明代玉器的考古发掘、传世玉器的排比及明代工艺品的相互影响进行分析，对明代玉器的分期、用材及制造工艺、品种、类别、纹、仿古玉情况及特点得出明确认识，总结出规律，对了解明代玉器的源起、制造和使用、识别传世作品是非常有益的。

中華梳篦六千年

中华梳篦六千年·杨晶 定价：六八元

这是一本关于梳篦文化史的专著。书中运用考古学的层位学与类型学的研究方法，从不易被人们关注的小梳篦入手，由梳篦的种类、造型、装饰、风格的演变及其与人、时、空的关系中，爬梳出长达六千年中国文化的谱系与社会结构的变迁，从而成为一部以梳篦论史、见微思著、透梳篦见人、代梳篦说活，将梳篦说活的专著。

中国古代雕塑述要

中国古代雕塑述要·冯贺军 定价：六八元

本书分石窟寺与佛教造像，历代陶俑，陵墓雕刻三大部分十四章，基本涵盖了中国古代雕塑的主要门类。既有本民族传统神祇，也有受外来文化影响创造出的佛教造像，其题材庞杂，风格多样。作者用简洁的语言，勾勒出它的发展历程，希冀对热爱中国古代艺术的读者有所裨益。

王石谷绘画风格与真伪鉴定

王石谷绘画风格与真伪鉴定·谭述乐 定价：六八元

作者选择了中国绘画与书画鉴定学上争议较大、最有代表性的摹古画家王石谷进行个案研究。立足于风格把握与真伪辨析相结合的原则，将王石谷绘画按早、中、晚不同年代分期，根据丘壑笔墨特点分类，对王石谷作品进行了系统的清理鉴定，其新的观察视角与研究方法对中国美术史与古代书画鉴定研究不无启示。

紫禁城原状与原创(下)

紫禁城原状与原创(上)

紫禁城原状与原创·王子林 定价：一三六元(上、下)

本书以明清紫禁城最具有代表性的原状宫殿为研究对象，不仅阐释了原状宫殿的建筑形式、历史沿革、室内外陈设等方方面面，而且还紧扣历史脉搏，站在大历史的角度对紫禁城原状宫殿进行审视，并从帝王的个人喜好等方面加以深度的考察，使原状宫殿所反映出的信息更加广泛而具有深度。透过本书，可以窥见最真实状态下的明清时代帝王在紫禁城宫殿内外的生活场景及其所反映的传统文化思想。

明清闺阁绘画研究

明清闺阁绘画研究·李湜　定价：六八元

明清闺阁画家在中国古代女性绘画史上书写着最为重要的一页，但他们的历史却始终未被系统梳理。本书作为全国艺术科学「十五」规划课题研究成果，以地方志、文人笔记、官方史书、画史、画论等为基本文献资料，以国内外各大博物馆、美术馆现存明清女性绘画作品为基本图像资料，借助文献与解读图像意义，借助图像来丰富文献记载，通过文献与图像的相互参照，尽可能清晰地勾画出明清女画家的艺术风貌。

清宫绘画与「西画东渐」

清宫绘画与「西画东渐」·聂崇正　定价：六八元

本书为作者关于清代宫廷绘画的论文集，分为上下两编，上编为「清宫绘画述论」，下编为「清宫绘画中的『欧风』」。文章长短不一，角度各异，但都围绕清代宫廷绘画和宫廷中欧洲画风影响的诸多问题而写。长短文章，点面组合，图文并茂，有清一代宫廷绘画的状貌跃然纸上。

清代宫廷医学与医学文物

清代宫廷医学与医学文物·关雪玲　定价：六八元

清代宫廷医学在中国医学史的重要组成部分，在一定程度上代表着中国医学发展的最高水平。本书在全面占有第一手材料的基础上，利用清宫档案、各种官书、方志、私人笔记等文献资料，同时结合清代医学文物，系统地论述清代宫廷医学诸问题，弥补当前研究的缺陷和不足，同时使清代宫廷医学的表征得以淋漓尽致地体现。

乾隆「四美」与「三友」

乾隆「四美」与「三友」·段勇　定价：六八元

乾隆皇帝收藏的「四美」与「三友」七幅画作，涵盖了人物画、山水画、花鸟画三科，时代跨度从晋代直至明代，可以说反映了中国传统绘画的基本特征。同时，其传承、流失和收藏现状也堪称清宫散佚文物的缩影。本书对此七幅画作的创作过程、历代题跋、流传经过以及当年乾隆皇帝用来收藏画作的「四美具」和「三友轩」进行研究，在文物、历史和宫廷文化领域都有重要的意义。

明清文人園林藝術

元代晉南寺觀壁畫群研究

元代晉南寺觀壁畫群研究·孟嗣徽　定价：六八元

本書是對二十世紀初流出海外的一批元代晉南寺觀壁畫，和現存于晉南寺觀中的壁畫遺存所作的綜合研究。

通過對前輩學者的考察筆記和研究成果進行梳理和分析，結合相關的文獻典籍，考釋出興化寺寺院的身份、壁畫的年代。重構了興化寺寺院的結構、壁畫的配置和成畫程序，揭示出廣勝寺壁畫與元代平陽大地震后國家祭祀活動有關的史實。

此外，通過對壁畫中現存畫工題記的分析，將晉南有關寺觀壁畫與永樂宮三清殿壁畫進行比對，認為它們參照使用了同一套粉本，推斷壁畫作者應為元代晉南著名畫師朱好古的畫工班子，為中國美術史提供了修正的依據。

明清文人園林藝術·張淑嫻　定价：六八元

明清文人園林秉承「天人合一」的理念，遵循「宛自天開」的藝術宗旨，以活潑而巧妙的布局，精湛而高超的技藝，呈現山明水秀的風景，詩情畫意的境界。

文人園林是古代文人思想的產物，文人于此間寄托其理想，表現其智慧，體現了文人階層的文化、藝術特質。

通過中國傳統文化的滲透與時代精神的影響，分析明清文人園林的哲學根源、文化內涵和藝術特征。本書以明清文人園林理論和相關文獻為主要研究對象，考察現存的園林實物，借鑒學術界現有成果，采用動態的研究方法，從明清文人的視角詮釋文人園林的美學構成。

中国古代治玉工艺

中国古代琥珀艺术

中国古代琥珀艺术·许晓东　定价：六八元

本书是目前国内所知唯一一本关于中国古代琥珀的专著，作者通过对文献的梳理，利用近一个世纪的考古材料，在前人研究的基础上，对中国古代琥珀艺术，特别是契丹琥珀艺术作全面而系统地回顾和探讨，以揭示中西琥珀艺术的特征和异同，契丹琥珀艺术的成就及其内涵，以及中国古代琥珀原料来源本身包含的古代中西文化交流。

中国古代治玉工艺·徐琳　定价：六八元

中国古代治玉工艺一直因文献记载极少，玉器制作工艺技术保守而令人感到神秘，少有人真正进行通盘研究。本书从古代治玉工具入手，将八千年的中国玉器制作分为五大阶段，系统的总结了古代玉器不同时期的工艺特点。本书以考古出土品及博物馆藏品为标准器，结合作者几年来从事古代治玉工艺研究课题的心得加以归纳总结。相信在赝品泛滥的当今社会，该书对古代玉器的鉴定亦起到一定的参考作用。